U0883936

全国执业兽医资格考试推荐用书

执业兽医资格考试

考点突破

（兽医全科类）

基础科目

2025年

中国兽医协会　组编

陈明勇　编

机械工业出版社

本书由中国兽医协会邀请国家执业兽医资格考试资深培训专家陈明勇博士精心编写而成。全书紧密围绕考试大纲要求的知识点，采取思维导图、考点精讲与试题解析的形式，结合十余年考题的特点，深度剖析考试大纲核心考点，浓缩精华内容，助力考生精准锚定复习要点。

本书内容全面，重点突出，具有很强的针对性，条目清晰，重在提高考生的分析能力和判断能力，加深知识理解和记忆，强化学习效果，提高实战水平，适合动物医学相关专业专科和本科在校生以及已参加工作的人员备考使用。

图书在版编目（CIP）数据

执业兽医资格考试考点突破（兽医全科类）基础科目. 2025年 / 中国兽医协会组编 ; 陈明勇编. -- 北京 : 机械工业出版社，2025. 4. -- (全国执业兽医资格考试推荐用书). -- ISBN 978-7-111-78174-5

Ⅰ. S85

中国国家版本馆 CIP 数据核字第 2025ET2565 号

机械工业出版社（北京市百万庄大街22号　邮政编码100037）
策划编辑：周晓伟　高　伟　　责任编辑：周晓伟　高　伟　章承林　刘　源
责任校对：陈　越　张　征　　责任印制：单爱军
保定市中画美凯印刷有限公司印刷
2025年5月第1版第1次印刷
184mm×260mm・13.5印张・332千字
标准书号：ISBN 978-7-111-78174-5
定价：69.80元

电话服务　　网络服务
客服电话：010-88361066　　机　工　官　网：www.cmpbook.com
010-88379833　　机　工　官　博：weibo.com/cmp1952
010-68326294　　金　书　网：www.golden-book.com

机工教育服务网：www.cmpedu.com

编审委员会

序

兽医，即给动物看病的医生，这大概是兽医最初的定义，也是现代民众对兽医的直观认识。据记载，兽医职业行为最早可以追溯到3800多年前。在农耕社会，兽医的主要工作内容以治疗畜禽疾病为主；20世纪初到20世纪80年代，动物规模化饲养日益普遍，动物传染病对畜牧业发展构成了极大威胁，控制和消灭重大动物疫病成为这一时期兽医工作的主要内容；20世纪末至今，动物饲养规模进一步扩大，集约化程度进一步提高，动物产品国际贸易日益频繁，且食品安全和环境保护问题日益突出，公共卫生问题越来越受关注，社会对兽医职业的要求使得兽医工作的领域不断拓宽，除保障畜牧业生产安全外，保障动物源性食品安全、公共卫生安全和生态环境安全也逐渐成了兽医工作的重要内容。

社会需求多元化引发了兽医职业在发展过程中的功能分化，兽医专业人员的从业渠道逐渐拓宽，承担不同的社会职责，因而，兽医这一古老而传统的职业在当下社会中并未随着工业化、信息化进程的加速而衰落，相反以强劲的发展势头紧跟时代的脚步。

我国社会、经济的发展对兽医的要求不断提高，兽医职业关系公共利益，这种职业特性决定了政府要规定从事兽医工作应具备的专业知识、技术和能力的从业资格标准，还要规定实行执业许可（执照）管理。2005年，在《国务院关于推进兽医管理体制改革的若干意见》（国发〔2005〕15号）中，第一次提出“要逐步推行执业兽医制度”。随后，在2008年实施的新修订的《中华人民共和国动物防疫法》中，明确提出“国家实行执业兽医制度”，以法律的形式确定了执业兽医制度。农业部（现农业农村部）高度重视执业兽医制度建设，颁布实施了《执业兽医管理办法》和《动物诊疗机构管理办法》，于2009年在吉林、河南、广西、重庆、宁夏五省（区、市）开展了执业兽医资格考试试点工作，并于2010年起在全国推行。通过执业兽医资格考试成为兽医取得执业资格的准入条件。

通过执业兽医资格考试，确保从事动物诊疗活动的兽医具备必要的知识和技能，具备正确的疫病防控知识和技能，有助于动物疫病的有效控制，同时也是与国际接轨、实现相互认证的需要，便于国际上兽医资格认证和动物诊疗服务的相互认可。随着当前我国畜牧业极大繁荣、宠物行业迅猛发展、动物疫病日益复杂以及公共卫生备受关注，对兽医专业人才的需求量加速增长。中国兽医协会作为国家级兽医行业协会，促进兽医职业更专业化，助力执业兽医的培养责无旁贷。

为帮助考生更好地应对执业兽医资格考试，中国兽医协会组织权威专家，依据考试大纲要求，于2010年开始组织编写执业兽医资格考试指南，为众多考生高效复习、备考、应试提供了全面系统的指引。光阴荏苒，“全国执业兽医资格考试推荐用书”系列焕新升级，将继续成为考生们的备考宝典。

我相信，“全国执业兽医资格考试推荐用书”系列图书的出版将对参加全国执业兽医资格考试考生的复习、应试提供很大帮助，将积极推动执业兽医人才培养、提升行业整体素质，进而为提高畜牧业、公共卫生和食品安全保障水平奠定坚实基础。我们期待通过本丛书，推动执业兽医队伍建设，为行业的发展和社会的进步贡献力量。

陈焕春
中国工程院院士
中国兽医协会会长
华中农业大学教授

前 言

依据《中华人民共和国动物防疫法》和《国务院关于推进兽医管理体制改革的若干意见》相关要求以及《执业兽医管理办法》规定，我国于 2009 年 1 月 1 日起实行执业兽医资格考试制度。为帮助考生更好地应对执业兽医资格考试，中国兽医协会组织权威专家，依据考试大纲要求，于 2010 年开始组织编写执业兽医资格考试指南，为众多考生高效复习、备考、应试提供了全面系统的指导。随着科技的发展，考生的学习习惯和考试形式发生了很大的变化。为了适应现在的备考环境和考试形式，中国兽医协会与机械工业出版社展开合作，将“全国执业兽医资格考试推荐用书”系列焕新升级，使其更直击考点，以提升考生的备考效率。

《执业兽医资格考试考点突破（兽医全科类）基础科目 2025 年》包括兽医法律法规和职业道德，动物解剖学、组织学与胚胎学，动物生理学，动物生物化学，动物病理学，兽医药理学 6 个部分的考点，具有以下特点：

思维清晰：每章开篇设有思维导图，对该章知识点进行梳理。

考点精讲：针对每一个考点进行精讲（高频考点），便于考生理解、掌握。

试题解析：考点下面配有试题及解析，强化考生对考点的掌握。

重点突出：采用双色印刷，对重点内容进行突出处理，利于考生掌握重点。

参加执业兽医资格考试的考生教育背景不同，基础各异，在复习考试时可以根据自己的情况灵活处理，但是对于本考点突破所列考点则均应掌握或熟悉，这是迎接执业兽医资格考试的基本要求。

本书力求体现指导性和实战性的特点。由于编者水平有限，时间仓促，书中难免存在错误和不妥之处，敬请广大读者和同仁不吝赐教，以便再版时修正提高。

中国兽医协会

目　录

第一篇

兽医法律法规和职业道德

第一章　中华人民共和国动物防疫法

轻装上阵

如何学？

中华人民共和国动物防疫法

- 《中华人民共和国动物防疫法》的概念和立法目的：加强管理　保障公共卫生安全和人体健康
- 动物防疫工作的方针和行政管理机构：预防为主　国务院农业农村主管部门
- 动物疫病的类型：一类疫病　二类疫病　三类疫病
- 常用术语：动物　动物产品　动物疫病
- 强制免疫计划的制定和疫病种类：国务院农业农村主管部门　非洲猪瘟　口蹄疫
- 动物疫病监测、动物防疫监督机构：动物疫病预防控制机构
- 重大动物疫情的分级与预警：特别重大　重大　较大　一般　红　橙　黄　蓝
- 动物疫情的报告和认定主体：县级以上人民政府农业农村主管部门
- 动物防疫的禁止性规定：患有人兽共患传染病人员　禁止动物和动物产品
- 一类动物疫病的控制和扑灭措施：疫点　疫区　封锁令　扑杀　销毁　封锁
- 动物和动物产品的检疫管理：检疫证明　检疫标志
- 动物诊疗相关的法律规定：动物诊疗活动　备案
- 动物防疫的监督管理措施：县级以上地方人民政府农业农村主管部门　监督检查
- 动物防疫的补偿制度：强制扑灭　销毁
- 违反《中华人民共和国动物防疫法》的法律责任：染疫动物处理　违法执业行为

如何考？

本章考点在考试中主要出现在A1型题中，每年分值平均3分。下列所述考点均需掌握。对于重点内容，希望考生予以特别关注。

考点冲浪

考点1：《中华人民共和国动物防疫法》的概念和立法目的★

《中华人民共和国动物防疫法》（以下简称《动物防疫法》）是指调整动物防疫活动的管理以及预防、控制和扑灭动物疫病过程中形成的各种社会关系的法律规范的总称。

立法目的是加强对动物防疫活动的管理，预防、控制和消灭动物疫病，促进养殖业发展，防控人畜共患传染病，保障公共卫生安全和人体健康。

考点2：动物防疫工作的方针和行政管理机构★★

我国对动物防疫实行预防为主，预防与控制、净化、消灭相结合的方针。

动物防疫工作的行政管理机构主要有人民政府、农业农村主管部门、其他政府部门、动

物卫生监督机构和动物疫病预防控制机构。

国务院农业农村主管部门主管全国的动物防疫工作。动物卫生监督机构负责动物、动物产品的检疫工作和其他有关动物防疫的监督管理执法工作。动物疫病预防控制机构承担动物疫病的监测、检测、诊断、流行病学调查、疫情报告，以及其他预防、控制等技术工作。县级以上人民政府主管建立健全动物防疫体系，制定并组织实施动物疫病防治规划。

【例题 1】《动物防疫法》规定，国家对动物疫病实行（D）。

A. 扑灭为主的方针　　B. 治疗为主的方针　　C. 净化为主的方针

D. 预防为主的方针　　E. 区域化管理的方针

【例题 2】我国主管动物防疫工作的主体是（C）。

A. 县级以上人民政府　　B. 县级以上人民政府卫生主管部门

C. 国务院农业农村主管部门　　D. 动物卫生监督机构

E. 动物疫病预防控制机构

【例题 3】根据《动物防疫法》，动物疫病预防控制机构的服务不包括（C）。

A. 动物疫病的诊断　　B. 动物疫病的监测

C. 动物防疫监督管理执法　　D. 动物疫病的检测

E. 动物疫病流行病学调查

【例题 4】《动物防疫法》规定，制定并组织实施动物疫病防治规划的主体是（B）。

A. 乡级人民政府　　B. 县级以上人民政府　　C. 动物卫生监督机构

D. 动物疫病预防控制机构　　E. 县级以上人民政府兽医主管部门

考点 3：动物疫病的类型★★

根据动物疫病对养殖业生产和人体健康的危害程度，《动物防疫法》规定的动物疫病分为一类疫病、二类疫病、三类疫病共 3 类。

一类疫病是指对人、动物构成特别严重危害，可能造成重大经济损失和社会影响，需要采取紧急、严厉的强制预防、控制等措施的动物疫病。二类疫病是指对人、动物构成严重危害，可能造成较大经济损失和社会影响，需要采取严格预防、控制等措施的动物疫病。三类疫病常见多发，是指对人、动物构成危害，可能造成一定程度的经济损失和社会影响，需要及时预防、控制的动物疫病。

【例题】《动物防疫法》将动物疫病分为（C）。

A. 一类　　B. 二类　　C. 三类　　D. 四类　　E. 五类

考点 4：常用术语★★

动物是指家畜、家禽和人工饲养、合法捕获的其他动物。动物产品是指动物的肉、生皮、原毛、绒、脏器、脂、血液、精液、卵、胚胎、骨、蹄、头、角、筋，以及可能传播动物疫病的奶、蛋等。

动物疫病是指动物传染病，包括寄生虫病。动物防疫是指动物疫病的预防、控制、诊疗、净化、消灭和动物、动物产品的检疫，以及病死动物、病害动物产品的无害化处理。

【例题 1】《动物防疫法》所称的动物产品不包括（D）。

A. 油脂　B. 胚胎　C. 血液　D. 皮革　E. 脏器

【例题 2】不属于《动物防疫法》规定管理的动物疫病是（C）。

A. 马立克病　B. 禽白血病　C. 肉鸡腹水综合征

D. 产蛋下降综合征　E. 低致病性禽流感

【解析】肉鸡腹水综合征是由于生长过快的禽类在多种因素作用下出现相对性缺氧，导致以血液黏稠、血容量增加和肺动脉高压，以及腹腔积液和心脏衰竭为特征的内科疾病，不是传染病，因此不属于《动物防疫法》规定管理的动物疫病。

【例题 3】《动物防疫法》所指动物防疫不包括（C）。

A. 动物的检疫　B. 动物疫病的控制　C. 动物疫病的研究

D. 动物疫病的预防　E. 动物产品的检疫

考点 5：强制免疫计划的制定和疫病种类★★

国家对严重危害养殖业生产和人体健康的动物疫病实施强制免疫。国务院农业农村主管部门确定强制免疫的动物疫病病种和区域，省、自治区、直辖市人民政府农业农村主管部门制定本行政区域的强制免疫计划。这些动物疫病主要是指国家规定的某些一类动物疫病。县级以上地方人民政府农业农村主管部门负责组织实施动物疫病强制免疫计划。

一类动物疫病共 11 种，包括口蹄疫、猪水疱病、非洲猪瘟、尼帕病毒性脑炎、非洲马瘟、牛瘟、牛传染性胸膜肺炎、牛海绵状脑病、痒病、小反刍兽疫、高致病性禽流感。

【例题 1】《动物防疫法》规定，确定全国强制免疫的动物疫病病种和区域的主体是（A）。

A. 国务院农业农村主管部门　B. 国务院卫生主管部门

C. 国务院商务主管部门　D. 国务院质检主管部门

E. 中国动物疫病预防控制中心

【例题 2】目前我国农业农村部确定实施强制免疫的动物疫病不包括（C）。

A. 非洲猪瘟　B. 口蹄疫　C. 奶牛结核病

D. 高致病性禽流感　E. 小反刍兽疫

考点 6：动物疫病监测、动物防疫监督机构★★

动物疫病预防控制机构应当按照国务院农业农村主管部门的规定和动物疫病监测计划，对动物疫病的发生、流行等情况进行监测，因此动物疫病监测的官方机构为动物疫病预防控制机构。

县级人民政府农业农村主管部门应当派人在所在地依法设立的现有检查站执行监督检查任务；必要时，经省、自治区、直辖市人民政府批准，可以设立临时性的动物防疫检查站，执行监督检查任务。

【例题 1】承担动物疫病监测的官方机构为（D）。

A. 卫生主管部门　B. 兽医主管部门　C. 动物卫生监督机构

D. 动物疫病预防控制机构　E. 畜产品质量安全检测机构

【例题 2】《动物防疫法》规定，批准设立临时性动物防疫检查站的主体是（A）。

A. 省级人民政府
B. 省级动物卫生监督机构
C. 省级人民政府公安部门
D. 省级人民政府兽医主管部门
E. 省级动物疫病预防控制机构

考点 7：重大动物疫情的分级与预警★

重大动物疫情分为特别重大（Ⅰ级）、重大（Ⅱ级）、较大（Ⅲ级）和一般（Ⅳ级），相应级别的疫情预警依次用红色、橙色、黄色和蓝色表示。

考点 8：动物疫情的报告和认定主体★

动物疫情由县级以上人民政府农业农村主管部门认定，其中重大动物疫情由省、自治区、直辖市人民政府农业农村主管部门认定，必要时报国务院农业农村主管部门认定。

动物疫情报告制度的内容包括动物疫情报告的义务主体、接受动物疫情报告的主体、动物疫情的认定主体、报告时采取的控制措施以及动物疫情报告的合适时机。

【例题 1】有权认定除重大动物疫情外的动物疫情的主体是（C）。

A. 县级人民政府
B. 县级人民政府卫生主管部门
C. 县级以上人民政府农业农村主管部门
D. 县级动物卫生监督机构
E. 县级动物疫病预防控制机构

【例题 2】《动物防疫法》规定的动物疫情报告制度的内容不包括（E）。

A. 报告时机
B. 报告的义务主体
C. 接受报告的主体
D. 报告时采取的控制措施
E. 兽医主管部门与同级卫生主管部门之间的相互通报

考点 9：动物防疫的禁止性规定★★★

患有人兽共患传染病的人员不得直接从事动物疫病监测、检测、检验检疫、诊疗以及易感染动物的饲养、屠宰、经营、隔离、运输等活动。

禁止屠宰、经营、运输下列动物和生产、经营、加工、贮藏、运输下列动物产品：封锁疫区内与所发生动物疫病有关的；疫区内易感染的；依法应当检疫而未经检疫或者检疫不合格的；染疫或者疑似染疫的；病死或者死因不明的；其他不符合国务院农业农村主管部门有关动物防疫规定的。

考点 10：一类动物疫病的控制和扑灭措施★★★★

发生一类动物疫病时，应当采取下列控制和扑灭措施。

① 划定疫点、疫区和受威胁区：所在地县级以上地方人民政府农业农村主管部门应当立即派人到现场，划定疫点、疫区、受威胁区，调查疫源，及时报请本级人民政府对疫区实行封锁。疫点、疫区和受威胁区的撤销和疫区封锁的解除，按照规定的标准和程序评估后，由原定机关决定并宣布。

② 发布封锁令：所在地县级以上人民政府接到农业农村主管部门的报告后，应对疫区实行封锁。疫区范围涉及两个以上行政区域的，由有关行政区域共同的上一级人民政府对疫区实行封锁。必要时，上级人民政府可以责成下级人民政府对疫区实行封锁。

③ 控制、扑灭措施：县级以上地方人民政府应当立即组织有关部门和单位采取封锁、隔离、扑杀、销毁、消毒、无害化处理、紧急免疫接种等强制性措施。对染疫动物及其排

泄物、染疫动物产品等污染物，应按照国务院农业农村主管部门的规定处理，不得随意处置。

封锁措施：在封锁期间，禁止染疫、疑似染疫和易感染的动物、动物产品流出疫区，禁止非疫区的易感染动物进入疫区，并根据需要对出入疫区的人员、运输工具及有关物品采取消毒和其他限制性措施。

二类、三类动物疫病呈暴发性流行时的处理按照一类动物疫病处理。发生三类动物疫病时，所在地县级、乡级人民政府应当按照国务院农业农村主管部门的规定组织防治。

【例题 1】发布疫区封锁令的主体是（A）。

A. 县级以上地方人民政府　B. 县级农业农村主管部门　C. 乡镇卫生主管部门
D. 县级动物疫病预防控制机构　E. 乡镇动物卫生监督机构

【例题 2】发生一类动物疫病时，应当采取的措施不包括（B）。

A. 对疫点进行严格消毒　B. 扑杀疫区内所有动物
C. 销毁被扑杀的染疫动物　D. 划定疫点、疫区、受威胁区
E. 对受威胁区易感染动物实施紧急免疫接种

【例题 3】根据《动物防疫法》规定，下列关于动物疫病控制和扑灭的表达不正确的是（B）。

A. 二类、三类动物疫病呈暴发流行时，按照一类动物疫病处理
B. 发生人兽共患传染病时，兽医主管部门应当组织对疫区易感染的人群进行监测
C. 疫点、疫区和受威胁区的撤销和疫区封锁的解除，由原决定机关决定并宣布
D. 发生三类动物疫病时，当地县级、乡级人民政府应当按照国务院农业农村主管部门的规定组织防治和净化
E. 为控制和扑灭动物疫病，县级人民政府农业农村主管部门应当派人在所在地依法设立的现有检查站执行监督检查任务

【例题 4】对染疫动物及其同群动物的处理，下列不正确的表述是（E）。

A. 一类动物疫病染疫动物必须扑杀
B. 一类动物疫病染疫动物的同群动物必须扑杀
C. 二类动物疫病呈一般流行性时，根据需要扑杀染疫动物
D. 二类动物疫病呈暴发流行性时，染疫动物必须扑杀
E. 二类动物疫病呈暴发流行性时，染疫动物的同群动物不扑杀

【例题 5】《动物防疫法》规定，对染疫动物及其排泄物、染疫动物产品，应当按照（E）的规定处理。

A. 县级人民政府　B. 县级以上人民政府生态环境部门
C. 省级人民政府农业农村主管部门　D. 省级人民政府卫生主管部门
E. 国务院农业农村主管部门

考点 11：动物和动物产品的检疫管理★★★

屠宰、经营、运输以及进行展示、演出和比赛等非食用性利用的动物，应当附有检疫证明；经营和运输的动物产品，应当附有检疫证明、检疫标志。

经铁路、公路、水路、航空运输动物和动物产品的，托运人托运时应当提供检疫证明；

没有检疫证明的，承运人不得承运。运载工具在装载前和卸载后应当及时清洗、消毒。

经检疫不合格的动物、动物产品，货主应当在农业农村主管部门的监督下按照国家有关规定处理，处理费由货主承担。

【例题1】根据《动物防疫法》，运载动物的车辆必须进行清洗、消毒的情形是（D）。

A. 运输途中　B. 起运前　C. 卸载前　D. 装载前　E. 进入屠宰场前

【例题2】《动物防疫法》规定，参加展览、演出和比赛的动物，应当附有（D）。

A. 养殖档案　B. 免疫证明　C. 检疫标志　D. 检疫证明　E. 畜禽标识

【例题3】根据《动物防疫法》规定，下列关于动物和动物产品检疫的表达不正确的是（D）。

A. 经铁路运输动物和动物产品的，托运人托运时应当提供检疫证明

B. 屠宰、经营、运输的动物，应当附有检疫证明

C. 经营的动物产品，应当附有检疫证明、检疫标志

D. 经检疫不合格的动物、动物产品，货主应当在动物卫生监督机构监督下处理，处理费用由国家承担

E. 动物卫生监督机构接到检疫申报后，应当及时指派官方兽医对动物、动物产品实行现场检疫

考点12：动物诊疗相关的法律规定★★★

执业兽医取得执业兽医资格证书，从事动物治疗等经营活动的，还应当向县级人民政府农业农村主管部门备案。执业兽医、乡村兽医应当按照所在地人民政府和农业农村主管部门的要求，参加动物疫病预防、控制和动物疫情扑灭等活动。

动物诊疗机构应当按照国务院农业农村主管部门的规定，做好动物诊疗活动中卫生安全防护、消毒、隔离和诊疗废弃物处置等工作。

【例题1】动物诊疗过程中的防疫要求不包括（E）。

A. 做好卫生安全防护　B. 做好消毒　C. 做好隔离

D. 做好诊疗废弃物的处置　E. 做好动物福利

【例题2】执业兽医从事动物诊疗活动的法定条件是（D）。

A. 具有兽医相关专业大学专科以上学历　B. 取得执业兽医师资格证书

C. 具有动物诊疗机构的聘用合同　D. 向县级人民政府农业农村主管部门备案

E. 具有1年以上临床诊疗实习经历

考点13：动物防疫的监督管理措施★★★★

县级以上地方人民政府农业农村主管部门执行监督检查任务，可以采取下列措施，有关单位和个人不得拒绝或者阻碍：①对动物、动物产品按照规定采样、留验、抽检；②对染疫或者疑似染疫的动物、动物产品及相关物品进行隔离、查封、扣押和处理；③对依法应当检疫而未经检疫的动物和动物产品，具备补检条件的实施补检，不具备补检条件的予以收缴销毁；④查验检疫证明、检疫标志和畜禽标识；⑤进入有关场所调查取证，查阅、复制与动物防疫有关的资料。

县级以上地方人民政府农业农村主管部门及其工作人员不得从事与动物防疫有关的经营性活动，进行监督检查不得收取任何费用。

【例题】县级以上地方人民政府农业农村主管部门执行监督检查任务，不得实施的行为是（C）。

A. 对动物产品按规定抽检 B. 对染疫动物进行隔离 C. 收取监督检查费
D. 查验畜禽标识 E. 查验检疫证明

考点 14：动物防疫的补偿制度★★

对在动物疫病预防、控制、净化、消灭过程中强制扑杀的动物、销毁的动物产品和相关物品，县级以上人民政府应当给予补偿。因依法实施强制免疫造成动物应激死亡的，给予补偿。县级人民政府应当将动物防疫工作纳入本级国民经济和社会发展规划及年度计划，应当储备动物疫情应急处置所需的防疫物资。

【例题 1】对在动物疫病扑灭过程中销毁的动物产品，应当给予补偿，补偿的主体是（E）。

A. 县级以上食品与药品监督管理部门 B. 县级以上动物卫生监督机构
C. 县级以上动物疫病预防控制机构 D. 县级以上人民政府农业农村主管部门
E. 县级以上人民政府

【例题 2】按照《动物防疫法》中动物防疫保障措施的规定，下列表述不正确的是（D）。

A. 县级人民政府对强制免疫应激死亡的动物给予补偿
B. 县级人民政府储备动物疫病应急处置所需物资
C. 县级人民政府对在动物疫病控制过程中强制扑杀的动物给予补偿
D. 县级人民政府无须将动物防疫纳入本级国民经济和社会发展年度计划
E. 县级人民政府将强制免疫所用疫苗的采购资金纳入财政预算

考点 15：违反《中华人民共和国动物防疫法》的法律责任★★★

（1）未按规定处置染疫动物、染疫动物产品及被污染的有关物品的法律责任　违反《动物防疫法》规定，对染疫动物及其排泄物、染疫动物产品或者被染疫动物、动物产品污染的运载工具、垫料、包装物、容器等未按照规定处置的，由县级以上地方人民政府农业农村主管部门责令限期处理；逾期不处理的，由县级以上地方人民政府农业农村主管部门委托有关单位代为处理，所需费用由违法行为人承担，处 5000 元以上 5 万元以下罚款。

（2）擅自发布动物疫情，不遵守有关控制动物疫病规定、破坏动物和动物产品有关处理措施的法律责任　违反《动物防疫法》规定，有下列行为之一的，由县级以上地方人民政府农业农村主管部门责令改正，处 3000 元以上 3 万元以下罚款：不遵守县级以上人民政府及其农业农村主管部门依法做出的有关动物疫病规定的；藏匿、转移、盗掘已被依法隔离、封存、处理的动物和动物产品的；擅自发布动物疫情的。

（3）执业兽医违反从业规范的法律责任　执业兽医有下列行为之一的，由县级以上地方人民政府农业农村主管部门给予警告，责令暂停 6 个月以上 1 年以下的动物诊疗活动，情节严重的，吊销执业兽医资格证书：违反有关动物诊疗的操作技术规范，造成或者可能造成动物疫病传播、流行的；使用不符合规定的兽药和兽医器械的；未按照当地人民政府或者农业农村主管部门要求参加动物疫病预防、控制和动物疫情扑灭活动的。

不履行动物疫情报告义务、不如实提供与动物防疫活动有关资料以及拒绝监督检查、监测、检测、评估或者拒绝官方兽医依法履行职责的法律责任：违反《动物防疫法》规定，从事动物疫病研究、诊疗和动物饲养、屠宰、经营、隔离、运输，以及动物产品生产、经营、加工、贮藏、无害化处理等活动的单位和个人，有下列行为之一的，由县级以上地方人民政府农业农村主管部门责令改正，可以处 1 万元以下罚款；拒不改正的，处 1 万元以上 5 万元以下罚款，并可以责令停业整顿：①发现动物染疫、疑似染疫未报告，或者未采取隔离等控制措施的；②不如实提供与动物防疫有关的资料的；③拒绝或者阻碍农业农村主管部门进行监督检查的；④拒绝或者阻碍动物疫病预防控制机构进行动物疫病监测、检测、评估的；⑤拒绝或者阻碍官方兽医依法履行职责的。

【例题】按照《动物防疫法》规定，下列表述不正确的是（D）。

A. 官方兽医不得从事与动物防疫有关的经营性活动

B. 官方兽医进行监督检查时不得收取任何费用

C. 官方兽医有权查阅养殖档案

D. 动物饲养场为防止带来疫病隐患，有权拒绝官方兽医进入饲养圈舍检查

E. 禁止伪造检疫证明

第二章　动物防疫条件审查和动物检疫管理法律制度

轻装上阵

如何学？

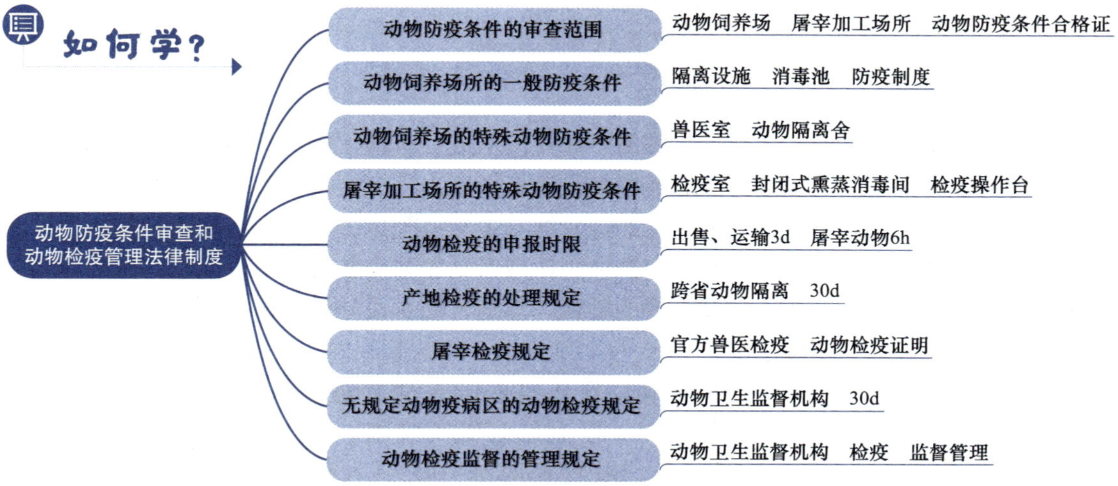

如何考？

本章考点在考试中主要出现在 A1 型题中，每年分值平均 2 分。下列所述考点均需掌握。对于重点内容，希望考生予以特别关注。

Ⅰ考点冲浪

考点 1：动物防疫条件的审查范围★★★

为了有效预防控制动物疫病，维护公共卫生安全，农业农村主管部门对动物饲养场、动物隔离场所、动物屠宰加工场所、动物和动物产品无害化处理场所及经营动物和动物产品的集贸市场的动物防疫条件进行审查，要求上述场所必须符合《动物防疫条件审查办法》规定的动物防疫条件。其中动物饲养场、动物隔离场所、动物屠宰加工场所、动物和动物产品无害化处理场所必须取得动物防疫条件合格证，才能从事相应的活动。县级以上地方人民政府兽医主管部门应当自收到申请单位申请之日起 20 个工作日内完成材料和现场审查，审查合格的，颁发动物防疫条件合格证。

上述场所取得合格证后，若变更场址或经营范围的，必须重新申请办理，同时交回原动物防疫条件合格证，由原发证机关予以注销；变更布局、设备设施或制度，可能引起动物防疫条件发生变化的，应提前 30d 向原发证机关报告；变更单位名称或法定代表人（负责人）的，应当在变更后 15d 内持有效证明申请变更动物防疫条件合格证。

【例题 1】根据《动物防疫法》，必须取得动物防疫条件合格证的场所不包括（D）。

A. 动物饲养场　B. 动物屠宰加工场所
C. 动物隔离场所　D. 经营动物、动物产品的集贸市场
E. 动物和动物产品无害化处理场所

【例题 2】颁发动物防疫条件合格证的主体是（C）。

A. 工商行政管理部门　B. 环境保护主管部门　C. 农业农村主管部门
D. 动物卫生监督机构　E. 动物疫病预防控制机构

【例题 3】取得动物防疫条件合格证的饲养场，必须重新申请办理动物防疫条件合格证的情况是（A）。

A. 变更地址　B. 变更布局　C. 变更单位名称
D. 变更单位负责人　E. 变更设备和制度

考点 2：动物饲养场所的一般防疫条件

各场所之间，各场所与动物诊疗场所、居民生活区、生活饮用水水源地等公共场所之间保持必要的距离；场区周围建有围墙等隔离设施；场区出入口处设置运输车辆消毒通道或者消毒池，并单独设置人员消毒通道；生产经营区与生活办公区分开，并有隔离设施；生产经营区入口处设置人员更衣消毒室；配备执业兽医或者动物防疫技术人员；配备污水、污物处理设施，清洗消毒设施设备，以及必要的防鼠、防鸟、防虫设施设备；建立隔离消毒、购销台账、日常巡查等动物防疫制度。

饲养场应具备的防疫条件主要有厂区入口处设置消毒池，生产区内分设清洁道和污染道；生产区内养殖栋舍间距在 5m 以上或有隔离设施；有与生产规模相适应的无害化处理、污水污物处理设施设备；设置相对独立的引入动物隔离舍和患病动物隔离舍。

考点 3：动物饲养场的特殊动物防疫条件

设置配备疫苗冷藏冷冻设备、消毒和诊疗等防疫设备的兽医室；生产区清洁道、污染道

分设；具有相对独立的动物隔离舍；配备符合国家规定的无害化处理设施设备或者冷藏冷冻等暂存设施设备；建立免疫、检疫申报、疫情报告、无害化处理、畜禽标识及养殖档案管理等动物防疫制度；种蛋熏蒸消毒设施，孵化间的流程应当单向，不得交叉或者回流；有动物精液、卵、胚胎采集等生产需要的，应当设置独立的区域。

【例题】根据《动物防疫条件审查办法》，不符合饲养场防疫条件的是（B）。

A. 厂区入口处设置消毒池　　B. 生产区内养殖栋舍间距为 3m

C. 配备动物无害化处理设施设备　　D. 生产区内分设清洁道和污染道

E. 设置相对独立的引入动物隔离舍

考点 4：屠宰加工场所的特殊动物防疫条件

入场动物卸载区域有固定的车辆消毒场地，并配备车辆清洗消毒设备；有独立检疫室和休息室；有待宰圈、急宰间，加工原毛、生皮等的，还应当设置封闭式熏蒸消毒间；屠宰间配备检疫操作台；有符合国家规定的无害化处理设施设备或者冷藏冷冻等暂存设施设备；建立动物进出场登记、检疫申报、疫情报告、无害化处理等动物防疫制度。

考点 5：动物检疫的申报时限★★★★

动物、动物产品在离开产地前，货主应当按规定时限申报检疫：①出售或运输动物、动物产品的，货主应当提前 3d 向所在地动物卫生监督机构申报检疫；②向无规定动物疫病区输入相关易感动物、易感动物产品的，货主除按规定向输出地动物卫生监督机构申报检疫外，还应当在启运 3d 前向输入地动物卫生监督机构申报检疫；③屠宰动物的，应当提前 6h 向所在地动物卫生监督机构申报检疫；急宰动物的，可以随时申报。

【例题 1】《动物检疫管理办法》规定，屠宰动物的提前申请检疫的时限是（B）。

A. 3h　　B. 6h　　C. 12h　　D. 24h　　E. 48h

【例题 2】《动物防疫条件审查办法》规定，出售或运输动物的，提前申报检疫的时限是（C）。

A. 1d　　B. 2d　　C. 3d　　D. 5d　　E. 15d

考点 6：产地检疫的处理规定★★★

跨省、自治区、直辖市引进的乳用、种用动物到达输入地后，应当在隔离场或饲养场内的隔离舍进行隔离观察，隔离期为 30d。

【例题】跨省引进的种兔到达输入地后，隔离期为（D）。

A. 5d　　B. 10d　　C. 15d　　D. 30d　　E. 45d

考点 7：屠宰检疫规定★★★★

动物卫生监督机构应向依法设立的屠宰加工场所派驻（出）官方兽医实施检疫。屠宰加工场所应当提供与检疫工作相适应的官方兽医驻场检疫室、工作室和检疫操作台等设施。

进入屠宰加工场所的动物应当附有动物检疫证明并加施有符合规定的畜禽标识。官方兽医应当在动物屠宰过程中开展同步检疫和必要的实验室疫病检测。

经检疫不合格的动物、动物产品，货主应当在农业农村主管部门的监督下按照国家有关规定处理，处理费用由货主承担。

【例题 1】下列不符合屠宰检疫规定的表述是（B）。

A. 屠宰企业应当提供与检疫工作相适应的官方兽医驻场检疫室

B. 屠宰未附有动物检疫合格证明的动物

C. 拒绝未加施有符合规定禽兽标识的动物入场

D. 屠宰加工的动物产品附有动物检疫合格证明

E. 对检疫不合格的动物产品，在农业农村主管部门的监督下按规定处理

【例题 2】《动物防疫法》规定，实施现场检疫的人员是（A）。

A. 官方兽医　B. 执业兽医师　C. 执业助理兽医师

D. 乡村兽医　E. 村级防疫员

【例题 3】《动物防疫法》规定，对检疫不合格的动物、动物产品进行处理的义务主体是（A）。

A. 货主　B. 农业农村主管部门　C. 动物疫病预防控制机构

D. 兽医主管部门　E. 商务主管部门

考点 8：无规定动物疫病区的动物检疫规定★★

输入到无规定动物疫病防疫区的相关易感动物，应当在输入地省级动物卫生监督机构指定的隔离场所进行隔离检疫，隔离检疫期为 30d。隔离检疫合格的，由隔离场所在地县级动物卫生监督机构的官方兽医出具动物检疫证明。

对符合国务院农业农村主管部门规定标准的无规定动物疫病区、疫病生物安全隔离区，国务院农业农村主管部门验收合格予以公布，并对其维持情况进行监督检查。

【例题 1】无规定动物疫病区的公布机关是（A）。

A. 国务院农业农村主管部门　B. 省级农业农村主管部门

C. 市级农业农村主管部门　D. 县级农业农村主管部门

E. 国务院农业农村主管部门和卫生主管部门

【例题 2】输入到无规定动物疫病区的动物，应当在输入地省级动物卫生监督机构指定的隔离场所进行隔离检疫，隔离检疫期为（D）。

A. 14d　B. 21d　C. 28d　D. 30d　E. 45d

考点 9：动物检疫监督的管理规定★★★★

农业农村部主管全国动物检疫工作；县级以上地方人民政府农业农村主管部门主管本行政区域内的动物检疫工作；县级以上地方人民政府设立的动物卫生监督机构负责本行政区域内动物检疫及其监督管理工作，有权查验动物、动物产品的检疫证明、检疫标志，对动物、动物产品进行采样、留验、抽检。

依法应当检疫的动物、动物产品，符合补检条件的，由动物卫生监督机构出具动物检验合格证明；不符合补检条件的，予以收缴销毁，同时对货主及承运人依法给予行政处罚。

【例题 1】对运输依法应当检疫而未检疫的动物、动物产品，动物卫生监督机构采取的措施不正确的是（D）。

A. 对动物实施补检　B. 对不具备补检条件的动物产品予以收缴销毁

C. 对具备补检条件的动物产品补检　D. 责令货主将该批动物、动物产品运回输出地

E. 对货主及承运人依法给予行政处罚

【例题 2】根据《动物防疫法》，动物卫生监督机构执行监督检查任务时，无权采取的措施是（E）。

A. 对动物、动物产品按照规定采样、留验和抽验

B. 对染疫的动物进行隔离、查封、扣押和处理

C. 对依法应当检疫而未经检疫的动物实施补检

D. 查验检疫证明、检疫标志和畜禽标识

E. 对阻碍监督检查的个人实施拘留等行政处罚措施

第三章　执业兽医及诊疗机构管理法律制度

轻装上阵

如何学？

如何考？

本章考点在考试中主要出现在A1型题中，每年分值平均5分。下列所述考点均需掌握。对于重点内容，希望考生予以特别关注。

考点冲浪

考点1：执业兽医和乡村兽医管理办法的立法目的和对象★

立法目的是维护执业兽医和乡村兽医合法权益，规范动物诊疗活动，加强执业兽医和乡村兽医队伍建设，保障动物健康和公共卫生安全。

执业兽医包括执业兽医师和执业助理兽医师。乡村兽医是指尚未取得执业兽医资格，经备案在乡村从事动物诊疗活动的人员。

【例题】《执业兽医和乡村兽医管理办法》的适用对象是（A）。

A. 执业兽医　　B. 兽医技术员　　C. 初级职称兽医
D. 中级职称兽医　　E. 高级职称兽医

考点2：执业兽医的行政管理机构★★

农业农村部主管全国执业兽医和乡村兽医管理工作，农业农村部和省级人民政府农业农村主管部门制定实施执业兽医和乡村兽医的继续教育计划，县级以上地方人民政府农业农村主管部门主管本行政区域内的执业兽医和乡村兽医管理工作。

【例题】负责全国执业兽医管理工作的是（B）。

A. 兽医协会　　B. 农业农村部　　C. 人事行政部门
D. 动物卫生监督机构　　E. 动物疫病预防控制机构

考点3：执业备案制度

备案机关是指县（市辖区）级人民政府农业农村主管部门；市辖区未设立农业农村主管部门的，备案机关为上一级农业农村主管部门。

执业兽医或者乡村兽医备案的，应当向备案机关提交以下材料：备案信息表；身份证明；执业兽医提交动物诊疗机构聘用证明，乡村兽医提交学历证明、职业技能鉴定证书或职业技能等级证书等材料。

执业兽医可以在同一县域内备案多家执业的动物诊疗机构；在不同县域从事动物诊疗活动的，应当分别向动物诊疗机构所在地备案机关备案。执业的动物诊疗机构发生变化的，应当按规定及时更新备案信息。

考点4：执业兽医和乡村兽医的执业场所

执业兽医应当在备案的动物诊疗机构执业，但动物诊疗机构间的会诊、支援、应邀出诊、急救等除外。乡村兽医应当在备案机关所在县域的乡村从事动物诊疗活动，不得在城区从业。

【例题】执业兽医可以同时在两个动物诊疗机构间执业的情形不包括（E）。

A. 急救　　B. 会诊　　C. 支援
D. 应邀出诊　　E. 同时受聘于两个动物诊疗机构

考点5：执业兽医和乡村兽医的执业权限

执业兽医师可以从事动物疾病的预防、诊断、治疗和开具处方、填写诊断书、出具动物诊疗有关证明文件等活动。

执业助理兽医师可以从事动物健康检查、采样、配药、给药、针灸等活动，在执业兽医师指导下辅助开展手术、剖检活动，但不得开具处方、填写诊断书、出具动物诊疗有关证明文件。省、自治区、直辖市人民政府农业农村主管部门根据本地区实际，可以决定执业助理兽医师在乡村独立从事动物诊疗活动，并按执业兽医师进行执业活动管理。

【例题1】执业兽医师的职业权限不包括（D）。

A. 从事动物疫病的诊断、治疗　　B. 在动物诊疗活动中开具处方

C. 在动物诊疗活动中填写诊断书　　D. 在动物诊疗活动中出具检疫证明

E. 出具与动物诊疗活动有关的证明文件

【例题2】动物饲养场聘用经注册的执业兽医师不得从事的执业活动是（E）。

A. 对本场动物疾病的预防　　B. 对本场动物疾病的诊断

C. 对本场动物疾病的治疗　　D. 对本场动物疾病开具处方

E. 对本场外动物疾病进行诊断

【例题3】执业助理兽医师的执业权限为（E）。

A. 在动物诊疗活动中开具处方　　B. 在动物诊疗活动中填写诊断书

C. 在动物诊疗活动中开具检疫证明　　D. 出具与动物诊疗活动有关的证明文件

E. 在执业兽医师指导下辅助开展手术、解剖活动

【例题4】执业助理兽医师不得从事的执业活动是（A）。

A. 对动物疾病开具处方　　B. 对诊疗器械进行消毒

C. 在执业兽医的指导下辅助开展手术　　D. 在执业兽医的指导下辅助开展剖检活动

E. 从事动物健康检查

考点6：执业兽医和乡村兽医的执业义务★★★

执业兽医和乡村兽医在执业活动中应当履行下列义务：遵守法律、法规、规章和有关管理规定；按照技术操作规范从事动物诊疗活动；遵守职业道德，履行兽医职责；爱护动物，宣传动物保健知识和动物福利。

执业兽医和乡村兽医在动物诊疗活动中发现动物染疫或者疑似染疫的，应当按照国家规定立即向所在地人民政府农业农村主管部门或者动物疫病预防控制机构报告，并迅速采取隔离、消毒等控制措施，防止动物疫情扩散；在动物诊疗活动中发现动物患有或者疑似患有国家规定应当扑杀的疫病时，不得擅自进行治疗。

执业兽医师应当规范填写处方笺、病历，未经亲自诊断、治疗，不得开具处方、填写诊断书、出具动物诊疗有关证明文件、伪造诊断结果、出具虚假动物诊疗证明文件。

执业兽医应当按照国家有关规定使用兽药，不得使用假劣兽药、农业农村部规定禁止使用的药品或其他化合物；发现可能与兽药有关的严重不良反应的，应立即向所在地人民政府

农业农村主管部门报告。

【例题 1】执业兽医和乡村兽医在执业活动中应当履行的义务不包括（A）。

A. 对染疫动物采取扑杀措施

B. 遵守职业道德，履行兽医职责

C. 遵守法律、法规、规章和有关管理规定

D. 爱护动物，宣传动物保健知识和动物福利

E. 按照技术操作规范从事动物诊疗活动

【例题 2】动物饲养场的执业兽医不符合规定的是（E）。

A. 实施动物疫病强制免疫

B. 增加消毒频次

C. 按规定报告动物疫情

D. 邀请动物诊所的执业兽医来场会诊

E. 治疗口蹄疫患畜

考点 7：处方、病历管理制度★★

执业兽医师根据动物诊疗活动的需要，按照兽药批准的使用范围，遵循安全、有效、经济的原则开具兽医处方。执业兽医师在备案单位签名留样或者专用签章、电子签名备案后，方可开具处方。执业兽医师利用计算机开具、传递兽医处方时，应当同时打印出纸质处方，其格式与手写处方一致。有条件的动物诊疗机构可以使用电子签名进行电子处方的身份认证。兽医处方限于当次诊疗结果用药，开具当日有效。特殊情况下可延长处方有效期，最长不得超过 3d。除兽用麻醉药品、精神药品、毒性药品和放射性药品等特殊药品外，动物诊疗机构和执业兽医师不得限制动物主人或者饲养单位持处方到兽药经营企业购药。

兽医处方笺包括前记、正文、后记三部分。前记包括动物主人姓名或者饲养单位名称、病历号、开具日期和动物的种类等。正文包括初步诊断情况和 Rp。Rp 应当分列兽药名称、规格、数量、用法、用量等内容；对于食品动物还应当注明休药期。后记至少包括执业兽医师签名或者盖章、发药人签名或者盖章。

【例题 1】根据《兽医处方格式及应用规范》，下列表述不正确的是（C）。

A. 执业兽医应当遵循安全、有效和经济的原则开具兽医处方

B. 兽医处方经执业兽医师签名或者盖章后有效

C. 动物主人必须在动物就诊的动物诊疗机构购买兽药

D. 利用计算机开具处方的，应同时打印出纸质处方

E. 兽医处方的有效期最长不得超过 3d

【例题 2】根据《兽医处方格式及应用规范》，下列关于兽医处方内容的表述不正确的是（C）。

A. 前记部分包括兽医处方的开具日期

B. 前记部分包括兽医处方的病历号

C. 前记部分包括执业兽医师的注册号

D. 正文部分包括初步诊断情况

E. Rp 包括兽药名称、用量等内容

考点 8：执业情况报告制度★

执业兽医应当于每年 3 月底前将上年度兽医执业活动情况向县级人民政府农业农村主管部门报告。

【例题 1】执业兽医报告其上年度执业兽医活动情况的时限是每年的（C）。

A. 1 月底　B. 2 月底　C. 3 月底　D. 4 月底　E. 5 月底

【例题 2】接受执业兽医上年度执业活动情况报告的主体是（D）。

A. 省级人民政府农业农村主管部门　B. 省动物疫病预防控制机构

C. 省动物卫生监督机构　D. 县级人民政府农业农村主管部门

E. 县动物卫生监督机构

考点 9：执业兽医的违法责任★★★

执业兽医师在动物诊疗活动中有下列行为之一的，由县级以上地方人民政府农业农村主管部门责令限期改正，处 1000 元以上 5000 元以下罚款：不使用病历，或者应当开具处方未开具处方的；不规范填写处方笺、病历的，未经亲自诊断、治疗，开具处方、填写诊断书、出具动物诊疗有关证明文件的；伪造诊断结果，出具虚假动物诊疗证明文件的。

【例题】执业兽医应接受行政处罚的行为不包括（B）。

A. 不使用病历　B. 受邀在其他动物诊疗机构会诊

C. 不规范填写处方笺　D. 应当开具处方未开具处方的

E. 未经亲自诊断开具处方药

考点 10：动物诊疗机构管理办法的立法目的和调整对象★

立法目的是加强动物诊疗机构管理，规范动物诊疗行为，保障公共卫生安全。

调整对象为在中华人民共和国境内从事动物诊疗活动的机构，应当遵守《动物诊疗机构管理办法》。

考点 11：动物诊疗活动的范围★★

动物诊疗活动包括动物疾病的预防、诊断、治疗和动物绝育手术等经营性活动。

【例题 1】属于《动物诊疗机构管理办法》的动物诊疗活动是（A）。

A. 经营性的动物绝育手术　B. 经营性的动物人工授精

C. 非经营性的动物疾病预防　D. 非经营性的动物疾病诊断

E. 非经营性的动物疾病治疗

【例题 2】《动物诊疗机构管理办法》所称的动物诊疗活动不包括（A）。

A. 动物人工授精　B. 动物绝育手术　C. 动物疾病的预防

D. 动物疾病的诊断　E. 动物疾病的治疗

考点 12：动物诊疗活动的行政管理机构★★

农业农村部负责全国动物诊疗机构的监督管理。县级以上地方人民政府农业农村主管部门负责本行政区域内动物诊疗机构的监督管理。

国家实行动物诊疗许可制度。动物诊疗机构提出申请后，经审核符合规定条件的，发证机关应当向申请人颁发动物诊疗许可证。发证机关指县（市辖区）级人民政府农业农村主管部门。

市辖区未设立兽医主管部门的，注册机关为上一级兽医主管部门，因此发放动物诊疗许可证的机关是县级人民政府兽医主管部门。

申请动物诊疗许可证的条件包括有完善的管理制度，有与动物诊疗活动相适应的执业兽医、兽医器械和设备，有与动物诊疗活动相适应并符合动物防疫条件的场所等。

【例题 1】负责动物诊疗机构监督管理工作的是（C）。

A. 中国动物疾病预防控制中心

B. 县级以上地方人民政府

C. 县级以上地方人民政府农业农村主管部门

D. 县级以上地方人民政府建立的动物疾病预防控制机构

E. 中国兽医协会

【例题 2】发放动物诊疗许可证的机关是（D）。

A. 省级动物卫生监督机构

B. 县级动物卫生监督机构

C. 县级人民政府

D. 县级人民政府农业农村主管部门

E. 地市级动物卫生监督机构

【例题 3】申请动物诊疗许可证的条件不包括（B）。

A. 有完善的管理制度

B. 有与动物诊疗活动相适应的资金

C. 有与动物诊疗活动相适应的执业兽医

D. 有与动物诊疗活动相适应的兽医器械和设备

E. 有与动物诊疗活动相适应并符合动物防疫条件的场所

考点 13：动物诊疗机构的设立条件★★★

申请设立动物诊疗机构的，应具备下列条件：有固定的动物诊疗场所；动物诊疗场所选址距离畜禽养殖场、屠宰加工厂、动物交易场所不少于 200m；动物诊疗场所设有独立的出入口，出入口不得设在居民住宅楼内或者院内，不得与同一建筑物的其他用户共用通道；具有布局合理的诊疗室、隔离室、药房等功能区；具有诊断、消毒、冷藏、常规化验、污水处理等器械设备；具有诊疗废弃物暂存处理设施；具有染疫或疑似染疫动物的隔离控制措施；具有与动物诊疗活动相适应的执业兽医；具有完善的诊疗服务、疫情报告、卫生防护、消毒、兽药处方、药物和无害化处理等管理制度。

动物医院除具备动物诊疗机构的一般条件外，还应具有 3 名以上执业兽医师；具有 X 光机或者 B 超等器械设备；具有布局合理的手术室和手术设备。除动物医院外，其他动物诊疗机构不得从事动物颅腔、胸腔和腹腔手术。

【例题 1】根据《动物诊疗机构管理办法》，不符合动物医院法定条件的是（D）。

A. 有 X 光机

B. 有手术台

C. 有污水处理设备

D. 距离畜禽养殖场 150m

E. 有 3 名取得执业兽医师资格证书的人员

【例题 2】从事颅腔、胸腔、腹腔手术的动物诊疗机构，其执业兽医师的法定最低数量是（C）。

A. 1 名　　B. 2 名　　C. 3 名　　D. 5 名　　E. 7 名

【例题 3】动物诊疗机构变更名称，应当报原审批部门，具备下列哪项才能使用“动物医院”的名称（E）。

A. 具有 1 名取得执业兽医资格证书的人员　　B. 具有消毒器械

C. 具有管理制度　　D. 具有财务人员

E. 具有从事动物颅腔、胸腔和腹腔手术能力

考点 14：动物诊疗机构的申请方法★★

从事动物诊疗活动的机构，应当向动物诊疗场所所在地的发证机关提出申请。发证机关是指县（市辖区）级人民政府农业农村主管部门；市辖区未设立农业农村主管部门的，发证机关为上一级农业农村主管部门。申请设立动物诊疗机构时，应当提交下列材料：动物诊疗许可证申请表；动物诊疗场所地理方位图、室内平面图和各功能区布局图；动物诊疗场所使用权证明；法定代表人（负责人）身份证明；执业兽医师资格证书；设施设备清单；管理制度文本。

【例题】申请设立动物诊疗机构应当提交的材料不包括（D）。

A. 动物诊疗许可证申请表　　B. 动物诊疗场所地理方位图

C. 动物诊疗场所使用权证明　　D. 执业助理兽医师资格证书

E. 管理制度文本

考点 15：动物诊疗活动的管理制度★★★★

动物诊疗机构应依法从事动物诊疗活动，建立健全内部管理制度，在诊疗场所显著位置悬挂动物诊疗许可证，并公示从业人员基本情况；不得使用假劣兽药和规定禁止使用的药品及其他化合物；动物诊疗区域和兼营区域应当分别独立设置；安装、使用放射性诊疗设备的，应当依法经生态环境主管部门批准；不得随意抛弃病死动物和医疗废弃物，不得排放未经无害化处理的诊疗废水；应当使用载明机构名称的规范病历；应当为执业兽医师提供符合规定格式的处方笺。

【例题 1】不符合动物诊疗规定的是（B）。

A. 取得动物诊疗许可证后从事动物诊疗活动

B. 变更从业地点而未申请换发动物诊疗许可证

C. 按规定处理诊疗废弃物

D. 只有 1 名执业兽医师的动物诊所拒绝给动物做腹腔手术

E. 制定了完善的兽药处方管理制度

【例题 2】根据《动物诊疗机构管理办法》的规定，下列不符合动物诊疗机构诊疗活动规定的行为是（D）。

A. 在显著位置公示从业人员基本情况

B. 按当地人民政府农业农村主管部门的要求派执业兽医参加动物疫病扑灭活动

C. 按规定处理医疗废弃物

D. 对患有非洲猪瘟的动物进行治疗

E. 宠物用品经营区域与诊疗区域分别独立设置

【例题3】有权批准动物诊疗机构安装、使用具有放射性诊疗设备的管理部门是（D）。

A. 兽医主管部门　B. 商务主管部门　C. 卫生主管部门

D. 生态环境主管部门　E. 质量技术监督部门

【例题4】不符合动物诊疗活动行为规范的是（C）。

A. 在诊疗场所显著位置悬挂动物诊疗许可证

B. 在诊疗场所显著位置公示从业人员基本情况

C. 使用空白纸张做处方笺

D. 按规定使用兽药

E. 按规定处理动物病理组织

考点16：动物诊疗活动的报告制度和档案保存规定★

动物诊疗机构应当于每年3月底前将上年度动物诊疗活动情况向县级人民政府农业农村主管部门报告。动物诊疗机构应当使用规范的病历、处方笺，病历、处方笺应印有动物诊疗机构名称。病历档案应保存3年以上。

【例题1】动物诊疗机构向县级人民政府农业农村主管部门报告其上年度动物诊疗活动情况的时限是每年的（B）。

A. 1月底前　B. 3月底前　C. 6月底前　D. 9月底前　E. 12月底前

【例题2】动物诊疗机构的病历档案保存期限不得少于（E）。

A. 3个月　B. 6个月　C. 1年　D. 2年　E. 3年

考点17：动物诊疗机构的法律责任★★★

使用伪造、变造、受让、租用、借用的动物诊疗许可证的，县级以上地方人民政府农业农村主管部门应当依法收缴，并依照规定予以处罚。动物诊疗场所不再具备《动物诊疗机构管理办法》设立动物诊疗机构规定条件，继续从事动物诊疗活动的，由县级以上地方人民政府农业农村主管部门给予警告，责令限期改正；逾期仍达不到规定条件的，由原发证机关收回、注销其动物诊疗许可证。

【例题】依法可以回收、注销动物诊疗许可证的情形不包括（C）。

A. 出借动物诊疗许可证

B. 出租动物诊疗许可证

C. 动物诊疗机构违反动物防疫法的规定，造成动物疫病扩散

D. 出让动物诊疗许可证

E. 不再具备动物诊疗条件，从事诊疗活动的

第四章　动物疫病防控法律制度

轻装上阵

如何学？

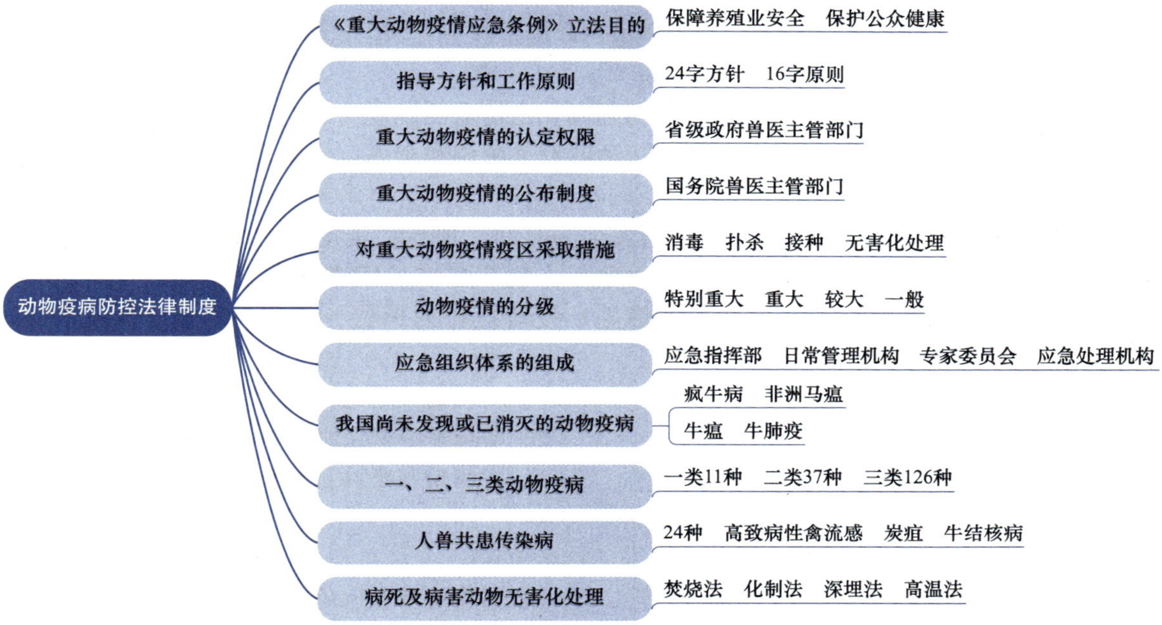

如何考？

本章考点在考试中主要出现在A1型题中，每年分值平均3分。下列所述考点均需掌握。对于重点内容，希望考生予以特别关注。

考点冲浪

考点1:《重大动物疫情应急条例》立法目的★

迅速控制、扑灭重大动物疫情，保障养殖业生产安全，保护公众身体健康与生命安全，维护正常的社会秩序。

考点2: 重大动物疫情的定义★★

重大动物疫情是指高致病性禽流感等发病率或者死亡率高的动物疫病突然发生，迅速传播，给养殖业生产安全造成严重威胁、危害，以及可能对公众身体健康与生命安全造成危害的情形，包括特别重大动物疫情等。

考点3: 重大动物疫情应急工作的指导方针和工作原则★

指导方针：重大动物疫情应急工作应当坚持“加强领导、密切配合，依靠科学、依法防治，群防群控、果断处置”的24字方针。

工作原则：重大动物疫情应急工作应当遵循“及时发现、快速反应、严格处理、减少损失”的16字原则。

【例题】《重大动物疫情应急条例》规定的重大动物疫情应急工作应当坚持的方针不包括（B）。

A. 群防群控　　B. 强制免疫　　C. 果断处置
D. 加强领导、密切配合　　E. 依靠科学、依法防治

考点4：重大动物疫情的认定权限、报告义务人和报告内容★

重大动物疫情由省、自治区、直辖市人民政府兽医主管部门认定；必要时，由国务院兽医主管部门认定。

重大动物疫情报告义务人：从事动物隔离、疫情监测、疫病研究与诊疗、检验检疫以及动物饲养、屠宰加工、运输、经营等活动的有关单位和个人，是重大动物疫情的报告义务人。

重大动物疫情报告内容：包括疫情发生的时间、地点；染疫、疑似染疫动物种类和数量、同群动物数量、免疫情况、死亡数量、临床症状、病理变化、诊断情况；流行病学和疫源追踪情况；已采取的控制措施；疫情报告的单位、负责人、报告人及联系方式。

【例题1】《重大动物疫情应急条例》规定，重大动物疫情的认定权限为（E）。

A. 国家参考实验室　　B. 动物疫病研究机构
C. 省级动物卫生监督机构　　D. 省级动物疫病预防控制机构
E. 省级人民政府兽医主管部门

【例题2】重大动物疫情的报告义务人不包括（B）。

A. 动物饲养者　　B. 饲养场所在地的村民委员会
C. 从事动物运输的人员　　D. 从事动物疫情监测的人员
E. 从事动物疫病研究的人员

考点5：重大动物疫情的公布制度★

重大动物疫情由国务院兽医主管部门按照国家规定的程序，及时准确公布；其他任何单位和个人不得公布重大动物疫情。

【例题】重大动物疫情的公布主体为（A）。

A. 国务院兽医主管部门　　B. 省级人民政府
C. 省级人民政府兽医主管部门　　D. 省动物卫生监督机构
E. 省动物疫病预防控制机构

考点6：对重大动物疫情疫区采取的措施★★★

对重大动物疫情疫区应当采取下列措施：①在疫区周围设置警示标志，在出入疫区的交通路口设置临时动物检疫消毒站，对出入的人员和车辆进行消毒；②扑杀并销毁染疫和疑似染疫动物及其同群动物，销毁染疫和疑似染疫的动物产品，对其他易感染的动物实行圈养或者在指定地点放养，役用动物限制在疫区内使役；③对易感染的动物进行监测，并按照国务院兽医主管部门的规定实施紧急免疫接种，必要时对易感染的动物进行扑杀；④关闭动物及动物产品交易市场，禁止动物进出疫区和动物产品运出疫区；⑤对

动物圈舍、动物排泄物、垫料、污水和其他可能受污染的物品、场地，进行消毒或者无害化处理。

【例题 1】依据《重大动物疫情应急条例》，下列对疫区内易感动物采取的措施不正确的是（C）。

A. 监测　B. 禁止调出　C. 立即扑杀

D. 实行圈养或者在指定地点放养　E. 实施紧急免疫接种

【例题 2】重大动物疫情发生后，对疫点采取的措施不符合规定的是（B）。

A. 扑杀并销毁染疫动物　B. 对易感染动物实施紧急免疫接种

C. 对病死的动物进行无害化处理　D. 对被污染的饲料进行无害化处理

E. 对被污染的用具进行严格消毒

【例题 3】发生重大动物疫情的疫区应采取的措施不包括（E）。

A. 禁止动物进出疫区　B. 销毁染疫的动物产品

C. 扑杀并销毁染疫动物　D. 关闭动物及动物产品交易市场

E. 对染疫动物的同群动物实施紧急免疫接种

【例题 4】不符合《重大动物疫情应急条例》规定的控制、扑灭重大动物疫病应急措施的是（C）。

A. 扑杀染疫的动物　B. 销毁疫区内疑似染疫的动物产品

C. 将疫点易感动物转移至安全地带　D. 将疫点内的被污染的动物圈舍进行消毒

E. 将受威胁区的易感动物实施紧急免疫接种

考点 7：国家突发重大动物疫情应急预案

确认特别重大突发动物疫情后，按程序启动国家突发重大动物疫情应急预案。

县级以上地方各级人民政府：组织协调有关部门参与突发重大动物疫情的处理；根据处理需要，调集人员、物资、交通工具和相关设施等；发布封锁令，对疫区封锁；限制或者停止动物及动物产品交易、扑杀染疫或相关动物；封闭被动物疫病病原体污染的公共饮用水源等紧急措施；组织设置临时动物防疫监督检查站，对进出疫区、出入境的交通工具进行检查和消毒；按国家规定做好信息发布工作；组织开展群防群控；组织有关部门保障商品供应，严厉打击造谣传谣、制假售假等违法犯罪。

兽医行政管理部门：组织动物防疫监督机构开展突发重大动物疫情的调查与处理；划定疫点、疫区、受威胁区；组织专家对突发重大动物疫情进行评估，提出启动突发重大动物疫情应急响应的级别；根据需要组织开展紧急免疫和预防用药；县级以上人民政府兽医行政管理部门负责对本行政区域内应急处理工作的督导和检查；对新发现的动物疫病，开展有关技术标准和规范的培训工作；有针对性地开展动物防疫知识宣教；组织专家对处理情况进行综合评估。

动物防疫监督机构：县级以上动物防疫监督机构做好突发重大动物疫情的信息收集、报告与分析工作；组织疫病诊断和流行病学调查；按规定采集病料，送省级实验室或国家参考实验室确诊；承担突发重大动物疫情应急处理人员的技术培训。

【例题 1】根据《国家突发重大动物疫情应急预案》，在特别重大突发动物疫情的应急响应中，不属于兽医行政管理部门的职责是（B）。

A. 划定疫点、疫区、受威胁区
B. 发布封锁令、对疫区实施封锁
C. 根据需要组织开展紧急免疫和预防用药
D. 对新发现的动物疫情，及时开展有关技术标准和规范的培训工作
E. 组织专家对突发重大动物疫情的处理情况进行综合评估

【例题 2】《重大动物疫情应急条例》规定，有权采集重大动物疫病病料的是（B）。

A. 动物诊疗机构　B. 动物防疫监督机构　C. 动物疫苗生产企业
D. 动物疫病研究机构　E. 发生重大动物疫情的饲养场

考点 8：动物疫情的分级★

《国家突发重大动物疫情应急预案》规定，根据突发重大动物疫情的性质、危害程度、涉及范围，将突发重大动物疫情划分为特别重大（Ⅰ级）、重大（Ⅱ级）、较大（Ⅲ级）和一般（Ⅳ级）四级。

【例题】根据《国家突发重大动物疫病应急预案》规定，将突发重大动物疫情预警级别分为（D）。

A. Ⅰ级　B. Ⅱ级　C. Ⅲ级　D. Ⅳ级　E. Ⅴ级

考点 9：应急组织体系的组成★

执业兽医在动物诊疗活动中发现动物染疫或疑似染疫的，应立即向当地兽医主管部门报告，并采取隔离等控制措施，防止动物疫情扩散；在动物诊疗活动中发现动物患有或疑似患有国家规定应当扑杀的疫病时，不得擅自进行治疗；按照当地人民政府或者兽医主管部门的要求，参加预防、控制和扑灭动物疫病活动，其所在单位不得阻碍、拒绝。

应急组织体系由应急指挥部、日常管理机构、专家委员会和应急处理机构四部分组成。应急指挥部分为全国突发重大动物疫情应急指挥部和省级突发重大动物疫情应急指挥部。日常管理机构包括农业农村部、省级人民政府兽医行政管理部门和市（地）级、县级人民政府兽医行政管理部门；专家委员会由突发重大动物疫情专家委员会和突发重大动物疫情应急处理专家委员会组成；应急处理机构包括动物卫生防疫监督机构和出入境检验检疫机构。

【例题】突发重大动物疫情应急组织体系不包括（C）。

A. 应急指挥部　B. 专家委员会　C. 动物诊疗机构
D. 各级兽医主管部门　E. 动物卫生防疫监督机构

考点 10：应急预备队的组成

县级以上地方人民政府根据重大动物疫情应急需要，可以成立应急预备队。应急预备队在重大动物疫情应急指挥部的指挥下，具体承担疫情的控制和扑灭任务。应急预备队由当地兽医行政管理人员、动物防疫工作人员、有关专家、执业兽医等组成；必要时，可以组织动员社会上有一定专业知识的人员参加。公安机关、中国人民武装警察部队应当依法协助其执行任务。应急预备队应当定期进行技术培训和应急演练。

【例题 1】根据《重大动物疫情应急条例》，下列关于应急预备队的表述正确的是（B）。

A. 由县级以上地方人民政府兽医主管部门成立应急预备队

B. 应急预备队应当定期进行技术培训和应急演练

C. 应急预备队必须有公安机关的工作人员参加

D. 应急预备队必须有社会上具备一定专业知识的人员参加

E. 应急预备队必须有养殖场（户）人员参加

【例题 2】执业兽医在重大动物疫情应急工作中，应履行的义务不包括（C）。

A. 参加应急预备队　B. 接受指派，实施紧急免疫

C. 治疗患病动物　D. 报告动物疫情

E. 接受指派，实施消毒

考点 11：我国尚未发现或已消灭的动物疫病★★★

我国尚未发现的动物疫病是指疯牛病、非洲马瘟等在其他国家和地区已经发现，在我国尚未发生过的动物疫病。我国已消灭的动物疫病是指牛瘟、牛肺疫等在我国发生过，但已扑灭的动物疫病。

【例题】我国尚未发现的动物疫病是（D）。

A. 马传染性贫血　B. 马鼻疽　C. 马腺疫

D. 非洲马瘟　E. 马媾疫

考点 12：一、二、三类动物疫病名录★★★★★

一类动物疫病：共 11 种，包括口蹄疫、猪水疱病、非洲猪瘟、尼帕病毒性脑炎、非洲马瘟、牛瘟、牛传染性胸膜肺炎、牛海绵状脑病、痒病、小反刍兽疫、高致病性禽流感。

二类动物疫病：共 37 种，其中多种动物共患病 7 种，包括狂犬病、布鲁氏菌病、炭疽、蓝舌病、日本脑炎、棘球蚴病、日本血吸虫病。

三类动物疫病：共 126 种，其中多种动物共患病 25 种，包括伪狂犬病、大肠杆菌病、李氏杆菌病、类鼻疽、放线菌病、片形吸虫病、附红细胞体病、Q 热等。

【例题 1】属于《一、二、三类动物疫病病种名录》规定的一类动物疫病是（B）。

A. 车轮虫病　B. 口蹄疫　C. 刺激隐核虫病

D. 鮰爱德华氏菌病　E. 淡水鱼类细菌性败血症

【例题 2】属于二类动物疫病的是（B）。

A. 猪副伤寒　B. 狂犬病　C. 大肠杆菌病

D. 李氏杆菌病　E. 猪传染性胃肠炎

【例题 3】依据《一、二、三类动物疫病病种名录》，下列不属于三类动物疫病的是（D）。

A. 丝虫病　B. 牛流行热　C. 绵羊肺腺瘤病

D. 鸭瘟　E. 禽白血病

考点 13：人兽共患传染病名录★★★★★

《人兽共患传染病名录》共列举 24 种人兽共患传染病，分别为：牛海绵状脑病、高致病性禽流感、狂犬病、炭疽、布鲁氏菌病、弓形虫病、棘球蚴病、钩端螺旋体病、沙门菌病、牛结核病、日本血吸虫病、日本脑炎、猪链球菌Ⅱ型感染、旋毛虫病、囊尾蚴病、马鼻疽、李氏杆菌病、类鼻疽、片形吸虫病、鹦鹉热、Q 热、利什曼原虫病、尼帕病毒性脑炎、华支睾吸虫病。

【例题 1】属于人兽共患病的是（C）。

A. 伪狂犬病　　B. 副结核病　　C. 片形吸虫病

D. 魏氏梭菌病　　E. 猪支原体肺炎

【例题 2】《人畜共患传染病名录》中不包括（C）。

A. 炭疽　　B. 牛结核病　　C. 猪水疱病

D. 日本脑炎　　E. 猪链球菌Ⅱ型感染

考点 14：病死及病害动物无害化处理技术规范★★★

无害化处理方法包括焚烧法（焚烧容器内焚烧）、化制法（高压容器内干化、湿化）、高温法、深埋法、硫酸分解法。

焚烧法：分为直接焚烧法和炭化焚烧法。直接焚烧燃烧室温度在 850℃以上，严格控制进料频率和重量，保证完全燃烧；炭化燃烧分二次燃烧，热解温度在 600℃以上，二次燃烧室温度在 850℃以上。

化制法：不得用于患有炭疽等芽孢杆菌类疫病，以及牛海绵状脑病、痒病的染疫动物及其产品、组织的处理。可视情况对病死及病害动物进行破碎等预处理，将破碎病死及病害动物产品送入高温高压灭菌容器，总质量不得超过容器总承受力的 4/5。

高温法：不得用于患有炭疽等芽孢杆菌类疫病，以及牛海绵状脑病、痒病的染疫动物及其产品、组织的处理。可视情况对病死及病害动物进行破碎等预处理，破碎产物体积小于或等于 $125cm^3$（长 × 宽 × 高为 5cm × 5cm × 5cm）。

深埋法：不得用于患有炭疽等芽孢杆菌类疫病，以及牛海绵状脑病、痒病的染疫动物及其产品、组织的处理。深埋坑底应高出地下水位 1.5m 以上；病害产品最上层距离地表 1.5m 以上；使用生石灰或漂白粉等消毒药进行消毒。深埋后第一周每天巡查 1 次，第二周起每周巡查 1 次，连续 3 个月。深埋后对深埋场所进行 1 次彻底消毒，第一周每天消毒 1 次，第二周起每周消毒 1 次，连续 3 周以上。

硫酸分解法：不得用于患有炭疽等芽孢杆菌类疫病，以及牛海绵状脑病、痒病的染疫动物及其产品、组织的处理。一般用量为每吨处理物加水 150~300kg，后加入 98% 浓硫酸 300~400kg，控制处理物总体积不得超过容器容量的 70%。

【例题 1】根据《病死及病害动物无害化处理技术规范》规定，采用湿化法处理时，送入高温高压容器的病死及病害动物的总质量不得超过容器总承受力的（D）。

A. 1/2　　B. 2/3　　C. 3/4　　D. 4/5　　E. 5/6

【例题 2】根据《病死及病害动物无害化处理技术规范》规定，采用高温法处理时，处理物或破碎产物的体积（长 × 宽 × 高）应小于或等于（A）。

A. 125cm^3（5cm × 5cm × 5cm）
B. 216cm^3（6cm × 6cm × 6cm）
C. 120cm^3（4cm × 5cm × 6cm）
D. 64cm^3（4cm × 4cm × 4cm）
E. 60cm^3（3cm × 4cm × 5cm）

【例题 3】根据《病死及病害动物无害化处理技术规范》，不得采用深埋法进行无害化处理的是（B）。

A. 牛瘟病死动物
B. 炭疽病死动物
C. 猪瘟病死动物
D. 非洲猪瘟病死动物
E. 牛恶性卡他热病死动物

第五章　兽药管理法律制度

轻装上阵

如何学？

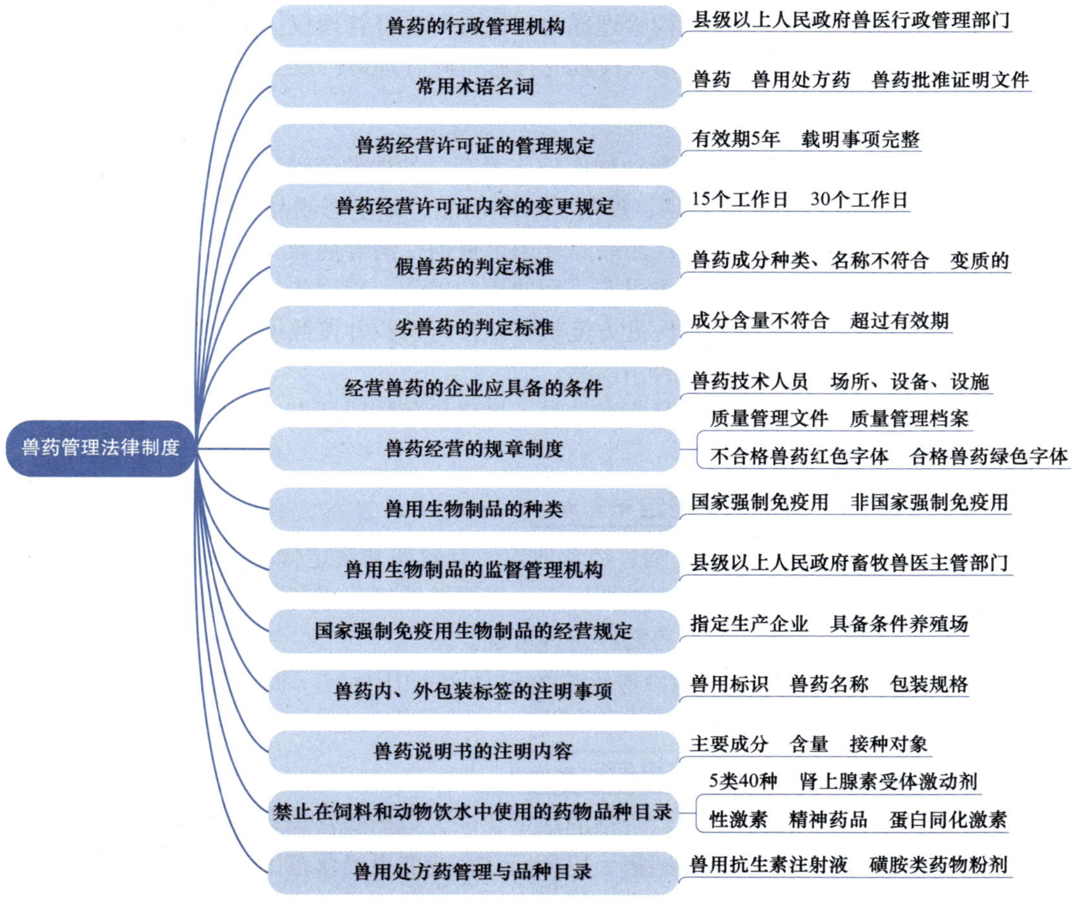

如何考？

本章考点在考试中主要出现在A1型题中，每年分值平均5分。下列所述考点均需掌握。对于重点内容，希望考生予以特别关注。

考点冲浪

考点1：《兽药管理条例》的立法目的和调整对象★

立法目的是加强兽药管理，保证兽药质量，防治动物疾病，促进养殖业的发展，维护人体健康。

调整对象为在中华人民共和国境内从事兽药的研制、生产、经营、进出口、使用和监督管理，应当遵守《兽药管理条例》。

【例题】不属于《兽药管理条例》立法目的的是（C）。

A. 加强兽药管理　　B. 保证兽药质量　　C. 保护动物福利

D. 防治动物疾病　　E. 促进养殖业的发展

考点2：兽药的行政管理机构★★

国务院兽医行政管理部门负责全国的兽药监督管理工作，县级以上地方人民政府兽医行政管理部门负责本行政区域内的兽药监督管理工作。

县级以上人民政府兽医行政机构管理部门行使兽药监督管理权。检验机构为国务院兽医行政管理部门和省、自治区、直辖市人民政府兽医行政管理部门设立的兽药检验机构。

考点3：常用术语名词★★

兽药是指用于预防、治疗、诊断动物疾病或者有目的地调节动物生理机能的物质（含药物饲料添加剂），主要包括血清制品、疫苗、诊断制品、微生态制品、中药材、中成药、化学药品、抗生素、生化药品、放射性药品及外用杀虫剂、消毒剂等。

兽用处方药是指凭兽医处方笺方可购买和使用的兽药。兽用非处方药是指由国务院兽医行政管理部门公布的、不需要凭兽医处方笺就可以自行购买并按照说明书使用的兽药。新兽药是指未曾在中国境内上市销售的兽用药品。

兽药批准证明文件是指兽药产品批准文号、进口兽药注册证书、出口兽药证明文件、新兽药注册证书等文件。

考点4：兽药经营许可证的管理规定★★★

兽药经营许可证应载明经营范围、经营地点、有效期和法定代表人姓名、住址等事项。兽药经营许可证的有效期为5年，有效期届满，需要继续经营兽药的，必须在许可证有效期届满前6个月到发证机关申请换发兽药经营许可证。

兽药经营许可证的收回：为了规范兽药经营许可证的使用行为，维护兽药经营许可证的严肃性，兽药经营企业停止经营超过6个月或者关闭的，由发证机关责令其交回兽药经营许可证。

考点5：兽药经营许可证内容的变更规定★★★

兽药经营许可证是取得兽药经营资格的法定凭证，兽药经营企业必须在兽药经营许可证载明的经营地点和经营范围内进行销售。兽药经营企业变更经营范围、经营地点的，必须按照开办兽药经营企业的条件和程序向发证机关申请换发兽药经营许可证。兽药经营企业变更企业名称、法定代表的，应当在办理工商变更登记手续后 15 个工作日内，到发证机关申请换发兽药经营许可证。

兽药经营企业变更经营场所面积以及变更仓库位置，增加、减少仓库数量、面积以及相关设施、设备的，应当在变更后 30 个工作日内向发证机关备案。兽药企业在经营过程中，其主管质量的负责人、质量管理机构的负责人、质量管理人员发生变更的，必须在变更后 30 个工作日内向发放兽药经营许可证的机关备案。

【例题 1】根据《兽药经营质量管理规范》规定，应当申请换发《兽药经营许可证》的是（A）。

A. 变更经营地点　B. 增加仓库面积　C. 增加仓库数量
D. 变更仓库位置　E. 变更经营场所面积

【例题 2】《兽药管理条例》规定，兽药经营企业变更企业名称的，到发证机关申请换发兽药经营许可证的时限是（D）。

A. 5 个工作日　B. 7 个工作日　C. 10 个工作日
D. 15 个工作日　E. 20 个工作日

【例题 3】兽药经营企业变更主管质量的负责人，应当向原发放《兽药经营许可证》的机关备案。备案的期限为变更后（A）。

A. 30 个工作日　B. 45 个工作日　C. 60 个工作日
D. 80 个工作日　E. 90 个工作日

考点 6：药物饲料添加剂的管理制度★

禁止在饲料和动物饮用水中添加激素类药品和国务院兽医行政管理部门规定的其他禁用药品；经批准可以在饲料中添加的兽药，应当由兽药生产企业制成药物饲料添加剂后方可添加；禁止将原料药直接添加到饲料及动物饮用水中或者直接饲喂动物；禁止将人用药品用于动物。

考点 7：假兽药的判定标准★★★★★

有下列情形之一的，为假兽药：以非兽药冒充兽药或者以他种兽药冒充此种兽药的；兽药所含成分的种类、名称与兽药国家标准不符合的。

有下列情形之一的，按照假兽药处理：国务院兽医行政管理部门规定禁止使用的；未经审查即生产或进口的；未经抽查检验、审查核对的即销售、进口的；变质的；被污染的；所标明的适应证或功能主治超过规定范围的。

【例题 1】不属于假兽药的是（B）。

A. 以非兽药冒充兽药的
B. 不标明有效期的
C. 以他种兽药冒充此种兽药的
D. 兽药所含成分的种类与兽药国家标准不符合的
E. 兽药所含成分的名称与兽药国家标准不符合的

【例题 2】根据《兽药管理条例》，不属于假兽药的是（C）。

A. 以非兽药冒充兽药的
B. 以他种兽药冒充此种兽药的
C. 不标明有效成分的

D. 兽药所含成分的名称与兽药国家标准不符合的
E. 兽药所含成分的种类与兽药国家标准不符合的

【例题 3】《兽药管理条例》规定，下列情形应当按照假兽药处理的是（D）。

A. 成分含量不符合兽药国家标准的
B. 不标明有效成分的
C. 超过有效期的
D. 所标明的适应证超过规定范围的
E. 更改产品批号的

考点 8：劣兽药的判定标准★★★★★

有下列情形之一的，为劣兽药：成分含量不符合兽药国家标准或者不标明有效成分的；不标明或者更改有效期或者超过有效期的；不标明或者更改产品批号的；其他不符合兽药国家标准，但不属于假兽药的。

【例题 1】不属于劣兽药的是（A）。

A. 被污染的
B. 更改有效期的
C. 不标明有效期的
D. 不标明有效成分的
E. 兽药所含成分含量不符合国家标准的

【例题 2】属于劣兽药的是（E）。

A. 以非兽药冒充兽药的
B. 以彼种兽药冒充此种兽药的
C. 所含成分名称与兽药国家标准不符合
D. 所含成分种类与兽药国家标准不符合
E. 所含成分含量与兽药国家标准不符合

考点 9：兽药管理的违法责任★★★

违反《兽药管理条例》规定，未经兽医开具处方销售、购买、使用兽用处方药的，责令其限期改正，没收违法所得，并处 5 万元以下罚款；给他人造成损失的，依法承担赔偿责任。

违反《兽药管理条例》规定，在饲料和动物饮用水中添加激素类药品和国务院兽医行政管理部门规定的其他禁用药品，依照《饲料和饲料添加剂管理条例》的有关规定处罚；直接将原料药添加到饲料及动物饮用水中，或者饲喂动物的，责令其立即改正，并处 1 万元以上 3 万元以下罚款；给他人造成损失的，依法承担赔偿责任。

违反《兽药管理条例》规定，未按照国家有关兽药安全使用规定使用兽药的、未建立用药记录或者记录不完整真实的，或者使用禁止使用的药品和其他化合物的，或者将人用药品用于动物的，责令其立即改正，并对饲喂了违禁药物及其他化合物的动物及其产品进行无害化处理；对违法单位处 1 万元以上 5 万元以下罚款；给他人造成损失的，依法承担赔偿责任。

违反《兽药管理条例》规定，擅自转移、使用、销毁、销售被查封或者扣押的兽药及有关材料的，责令其停止违法行为，给予警告，并处 5 万元以上 10 万元以下罚款。

【例题 1】下列行为中违反兽药使用规定的是（C）。

A. 不使用禁用的药品
B. 建立完整的用药记录
C. 将原料药直接用于动物
D. 按停药期的规定使用兽药
E. 将饲喂了禁用药物的动物进行无害化处理

【例题 2】某兽药企业擅自销售被查封的兽药，对该违法行为应当给予的行政处罚是（E）。

A. 吊销兽药经营许可证
B. 没收被查封的兽药
C. 没收销售被查封兽药的违法所得
D. 停止所有销售活动
E. 警告并处以一定数额的罚款

考点 10：经营兽药的企业应具备的条件

经营兽药的企业应有与所经营的兽药相适应的兽药技术人员；有与所经营的兽药相适应的营业场所、设备、仓库设施；有与所经营的兽药相适应的质量管理机构或者人员；兽药经营质量管理规范规定的其他经营条件。

兽药技术人员销售兽药时应当向购买者说明兽药的功能主治、用法、用量和注意事项，注明兽用中药材的产地。禁止兽药经营企业销售人用药品和假、劣兽药。

兽药经营企业的经营场所和仓库的设施、设备包括与经营兽药相适应的货架、柜台；避光、通风、照明的设施、设备；与储存兽药相适应的控制温度、湿度的设施、设备；防尘、防潮、防霉、防污染和防虫、防鼠、防鸟的设施、设备；进行卫生清洁的设施、设备等；实施兽药电子追溯管理的相关设备。

兽药经营企业经营兽用麻醉药品、精神药品、易制毒化学药品、毒性药品、放射性药品等特殊药品，除遵守《兽药经营质量管理规范》外，还应当遵守国家其他有关规定。

兽药经营企业从事兽药采购、保管、销售、技术服务等工作的人员，应当具有高中以上学历，并具有相应兽药、兽医等专业知识，熟悉兽药管理法律、法规及政策规定。

兽药经营企业应当制定培训计划，定期对员工进行兽药管理法律、法规、政策规定和相关专业知识、职业道德培训、考核，并建立培训、考核档案。

【例题 1】兽药经营企业销售兽药时，必须向购买者说明的事项不包括（D）。

A. 功能与主治 B. 用法 C. 用量 D. 生产企业信息 E. 注意事项

【例题 2】不符合兽药经营企业规定条件的是（E）。

A. 有与所经营的兽药相适应的设备

B. 有与所经营的兽药相适应的仓库设施

C. 有与所经营的兽药相适应的营业场所

D. 有与所经营的兽药相适应的质量管理机构和人员

E. 有与所经营的兽药相适应且经过资格认定的兽药技术人员

【例题 3】根据《兽药经营质量管理规范》，兽药经营企业的经营场所和仓库应当具有的设施、设备不包括（B）。

A. 与经营兽药相适应的货架 B. 具有布局合理的动物诊疗室

C. 通风设施、设备 D. 防污染设施、设备

E. 照明设施、设备

【例题 4】《兽药经营质量管理规范》规定，兽药经营企业经营的特殊兽药不包括（E）。

A. 麻醉药品 B. 精神药品 C. 毒性药品 D. 放射性药品 E. 助消化药品

考点 11：兽药经营的规章制度★★★★

兽药经营企业必须建立质量管理体系，制定管理制度、操作程序等质量管理文件。质量管理文件包括企业质量管理目标；企业组织机构、岗位和人员职责；对供货单位和所购兽药的质量评估制度；兽药采购、验收、入库、陈列、储存、运输、销售、出库等环节的管理制度；环境卫生的管理制度；兽药不良反应报告制度；不合格兽药和退货兽药的管理制度；质量事故、质量查询和质量投诉的管理制度；企业记录、档案和凭证的管理制度；质量管理培

训、考核制度；兽药产品追溯管理制度。

兽药经营企业可以经营兽用麻醉药品、精神药品、易制毒化学药品、毒性药品、放射性药品等特殊药品，但应当遵守国家其他有关规定。

兽药经营企业必须建立兽药质量管理档案，设置档案管理室或者档案柜，并由专人负责。质量管理档案必须包括人员档案、培训档案、设备设施档案、供应商质量评估档案、产品质量档案；开具的处方、进货及销售凭证；购销记录及《兽药经营质量管理规范》规定的其他记录。质量管理档案不得涂改，保存期限不得少于 2 年。购销等记录和凭证应当保存至产品有效期后 1 年。

不同区域、不同类型的兽药应当有明显的识别标识，标识应放置准确、字迹清楚。不合格兽药为红色字体标识；合格兽药为绿色字体标识；待检和退货兽药为黄色字体标识。

有下列情形之一的兽药，不得出库销售：标识模糊不清或脱落的；外包装出现破损、封口不牢、封条严重损坏的；超出有效期限的；其他不符合规定的。

【例题 1】兽药经营企业应当建立质量管理档案，该档案的法定内容不包括（A）。

A. 动物诊疗病历档案　B. 人员档案　C. 设备设施档案
D. 供应商质量评估档案　E. 进货及销售凭证

【例题 2】《兽药经营质量管理规范》规定，待验、合格、不合格以及退货兽药应当区分存放且有明显识别标识，其中退货兽药的识别标识字体颜色为（D）。

A. 红色　B. 绿色　C. 蓝色　D. 黄色　E. 黑色

【例题 3】根据《兽药经营质量管理规范》，禁止出库销售的兽药不包括（D）。

A. 标识模糊不清　B. 外包装出现破损　C. 外包装封条严重损坏
D. 外包装标识销售企业信息　E. 超出有效期限

考点 12：兽用生物制品的种类★★

兽用生物制品是指以天然或者人工改造的微生物、寄生虫、生物毒素或者生物组织及代谢产物等为材料，采用生物学、分子生物学或者生物化学、生物工程等相应技术制成的，用于预防、治疗、诊断动物疫病或者有目的地调节动物生理机能的兽药，主要包括血清制品、疫苗、诊断制品和微生态制品等。

兽用生物制品分为国家强制免疫计划所需兽用生物制品（简称国家强制免疫用生物制品）和非国家强制免疫计划所需兽用生物制品（简称非两类），国家强制免疫用生物制品品种名录由农业农村部确定并公布。

【例题】兽用生物制品不包括（A）。

A. 抗生素　B. 灭活疫苗　C. 弱毒疫苗　D. 高免血清　E. 高免卵黄

考点 13：兽用生物制品的监督管理机构★★

农业农村部负责全国兽用生物制品的监督管理工作，县级以上地方人民政府畜牧兽医主管部门负责本行政区域内兽用生物制品的监督管理工作。

各级畜牧兽医主管部门、兽药检验机构、动物卫生监督机构、动物疫病预防控制机构及其工作人员不得参与兽用生物制品的生产和经营活动；养殖企业、动物诊疗机构等使用者采购的兽用生物制品只限自用，不得转手销售。兽用生物制品生产企业可以将本企业生产的非国家强制免疫用生物制品直接销售给使用者，也可以委托经销商销售。

【例题】可以销售非国家强制免疫用生物制品的单位为（E）。

A. 养殖场　B. 兽药检验机构　C. 兽医行政管理部门
D. 动物卫生监督机构　E. 兽用生物制品生产企业

考点14：国家强制免疫用生物制品的经营规定★★★

农业农村部指定的生产企业只能将国家强制免疫用生物制品销售给省级人民政府兽医行政管理部门和符合规定条件的养殖场，不得向其他单位和个人销售，否则取消其生产资格。

具备条件的养殖场可以向农业农村部指定的生产企业采购自用的国家强制免疫用生物制品，但必须将采购的品种、生产企业、数量向所在地县级以上地方人民政府兽医行政管理部门备案：具有相应的兽医技术人员；具有相应的运输、储藏条件；具有完善的购入验收、储藏保管、使用核对等管理制度。养殖场必须建立真实、完整的采购、使用记录，并保存至制品有效期满后2年。

【例题】可以向农业农村部指定的生产企业采购自用的国家强制免疫用生物制品的养殖场，应当具备的条件不包括（A）。

A. 必须是种畜禽养殖场　B. 具有相应的兽医技术人员
C. 具有相应的储藏条件　D. 具有完善的使用核对管理制度
E. 具有完善的出厂保管制度

考点15：兽药内包装标签的注明事项★★★

内包装标签必须注明兽用标识、兽药名称、适应证（或功能与主治）、含量/包装规格、批准文号或进口兽药登记许可证证号、生产日期、生产批号、有效期、生产企业信息等内容。

【例题】兽药产品的内包装标签必须注明的事项不包括（D）。

A. 兽药名称　B. 生产批号　C. 有效期　D. 主要成分　E. 生产日期

考点16：兽药外包装标签的注明事项★★

外包装标签必须注明兽用标识、兽药名称、主要成分、适应证（或功能与主治）、用法与用量、含量/包装规格、批准文号或进口兽药登记许可证证号、生产日期、生产批号、有效期、停药期、贮藏、包装数量、生产企业信息等内容。兽用原料药标签必须注明兽药名称、包装规格、生产批号、生产日期、有效期、贮藏、批准文号、运输注意事项或其他标记、生产企业信息等内容。

【例题1】兽药外包装标签必须注明的内容可以不包括（E）。

A. 适应证　B. 主要成分　C. 兽药名称　D. 生产批号　E. 销售企业信息

【例题2】兽用原料药标签必须注明的事项不包括（C）。

A. 兽药名称　B. 标准文号　C. 功能与主治　D. 有效期　E. 生产日期

考点17：兽药说明书的注明内容★★

兽用生物制品说明书必须注明：兽用标识、兽药名称、主要成分及含量（型、株及活疫苗的最低活菌数或病毒滴度）、性状、接种对象、用法与用量（冻干疫苗须标明稀释方法）、注意事项（包括不良反应与急救措施）、有效期、规格（容量和头份）、包装、贮藏、废弃包装处理措施、批准文号、生产企业信息等。

中兽药说明书必须注明的内容包括兽用标识、兽药名称、主要成分、性状、功能与主治、用法与用量、不良反应、注意事项、有效期等。

【例题 1】兽用生物制品说明书必须注明的内容不包括（D）。

A. 兽用标识 B. 兽药名称 C. 接种对象 D. 药理作用 E. 批准文号

【例题 2】不属于中兽药说明书必须注明的内容是（C）。

A. 兽用标识 B. 主要成分 C. 药理作用 D. 不良反应 E. 注意事项

考点 18：禁止在饲料和动物饮水中使用的药物品种目录★★★★★

《禁止在饲料和动物饮用水中使用的药物品种目录》（农业部公告第 176 号）收载了 5 类 40 种禁止在饲料和动物饮用水中使用的药物品种，主要有肾上腺素受体激动剂、性激素、蛋白同化激素、精神药品和各种抗生素滤渣。

肾上腺素受体激动剂包括盐酸克伦特罗、沙丁胺醇、硫酸沙丁胺醇、莱克多巴胺、盐酸多巴胺、西巴特罗、硫酸特布他林；性激素包括己烯雌酚、雌二醇、戊酸雌二醇、苯甲酸雌二醇、氯烯雌醚、炔诺醇、炔诺醚、醋酸氯地孕酮、左炔诺孕酮、炔诺酮、绒毛膜促性腺激素、促卵泡生长激素；蛋白同化激素包括碘化酪蛋白、苯丙酸诺龙及苯丙酸诺龙注射液。

精神药品包括（盐酸）氯丙嗪、盐酸异丙嗪、安定（地西泮）、苯巴比妥、苯巴比妥钠、巴比妥、异戊巴比妥、异戊巴比妥钠、利血平、艾司唑仑、甲丙氨酯、咪达唑仑、硝西泮、奥沙西泮、匹莫林、三唑仑、唑吡旦等。

【例题 1】禁止在饲料中使用的药物不包括（E）。

A. 雌二醇 B. 氯丙嗪 C. 地西泮 D. 苯巴比妥 E. 那西肽

【例题 2】禁止在动物饮水中使用的兽药不包括（D）。

A. 巴比妥 B. 盐酸异丙嗪 C. 苯巴比妥钠

D. 盐酸沙拉沙星 E. 绒毛膜促性腺激素

【例题 3】禁止在畜禽饲料中使用的是（A）。

A. 盐酸克伦特罗 B. 土霉素钙 C. 牛至油预混剂

D. 吉他霉素预混剂 E. 盐霉素钠预混剂

考点 19：食品动物中禁止使用的药品及其化合物

酒石酸锑钾，β-兴奋剂类及其盐、酯，氯化亚汞（甘汞）、醋酸汞、硝酸亚汞、吡啶基醋酸汞等汞制剂，毒杀芬（氯化烯），卡巴氧及其盐、酯，呋喃丹（克百威），氯霉素及其盐、酯，杀虫脒（克死螨），氨苯砜，呋喃西林、呋喃妥因、呋喃它酮、呋喃唑酮、呋喃苯烯酸钠，林丹，孔雀石绿，醋酸美仑孕酮、甲基睾丸酮，群勃龙（去甲雄三烯醇酮），玉米赤霉醇，安眠酮，硝呋烯腙，五氯酚酸钠，洛硝达唑，替硝唑，硝基酚钠，己二烯雌酚、己烯雌酚、己烷雌酚及其盐、酯，锥虫砷胺，万古霉素及其盐、酯。

【例题】属于食品动物禁用的兽药是（D）。

A. 硫酸链霉素 B. 硫酸卡那霉素 C. 土霉素

D. 氯霉素 E. 青霉素

考点 20：兽用处方药管理与品种目录★★

农业农村部公布了 4 批兽用处方药品种目录。农业农村部主管全国兽用处方药和非处方药管理工作，县级以上人民政府兽医行政管理部门负责本行政区域内兽用处方药和非处方药的监督管理。

临床上常用的兽用处方药包括：兽用抗生素注射液；磺胺类药物粉剂和预混剂；喹诺酮类药物注射剂和可溶性粉剂；神经系统药物注射剂；盐酸苯海拉明注射液、盐酸异丙嗪注射液、马来酸氯苯那敏注射液等抗过敏药物；解毒药注射液（二巯丙醇注射液、碘解磷定注射液、亚甲蓝注射液、亚硝酸钠注射液、乙酰胺注射液）；高效氯氰菊酯溶液、精制敌百虫粉、敌百虫溶液（水产用）等抗寄生虫药；肾上腺皮质激素（宠物用曲安奈德注射液）。

【例题 1】根据《兽用处方药和非处方药管理办法》，执业兽医发现不适合按兽用非处方药管理的兽药应当报告，接收报告的法定主体是（E）。

A. 该兽药的生产企业　　B. 该兽药的经营企业
C. 执业兽医师所在的动物诊疗机构　　D. 当地兽医行业协会
E. 当地兽医行政管理部门

【例题 2】用于抗过敏的兽用处方药是（A）。

A. 盐酸异丙嗪注射液　　B. 盐酸异丙嗪片　　C. 盐酸氯丙嗪片
D. 盐酸氯丙嗪注射液　　E. 盐酸林可霉素注射液

【例题 3】解毒药中，不属于兽用处方药的是（A）。

A. 氯解磷定注射液　　B. 乙酰胺注射液　　C. 二巯丙醇注射液
D. 亚甲蓝注射液　　E. 亚硝酸钠注射液

第六章　病原微生物安全管理法律制度

轻装上阵

如何学？

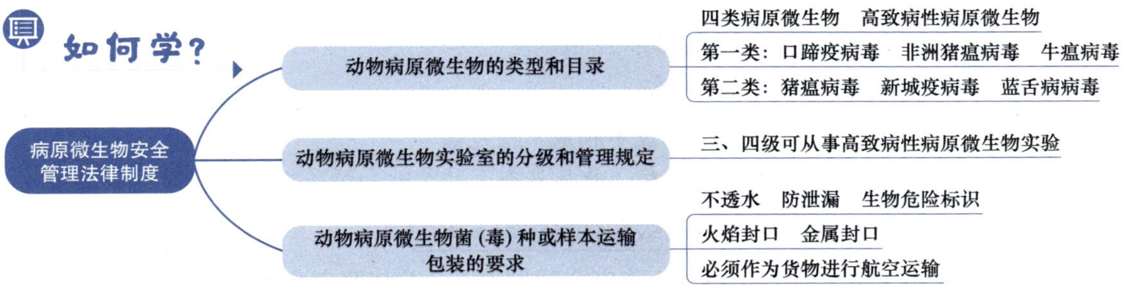

如何考？

本章考点在考试中主要出现在 A1 型题中，每年分值平均 2 分。下列所述考点均需掌握。对于重点内容，希望考生予以特别关注。

考点冲浪

考点 1：动物病原微生物的类型和目录★★★★

国家根据病原微生物的传染性、感染后对个体或者群体的危害程度，将病原微生物分为四类，第一类、第二类病原微生物统称为高致病性病原微生物。

第一类病原微生物是指能够引起人类或者动物非常严重疾病的微生物，以及我国尚未发现或者已经宣布消灭的微生物。一类动物病原微生物包括口蹄疫病毒、高致病性禽流感病毒、猪水疱病病毒、非洲猪瘟病毒、非洲马瘟病毒、牛瘟病毒、小反刍兽疫病毒、牛传染性胸膜肺炎丝状支原体、牛海绵状脑病病原、痒病病原。

第二类病原微生物是指能够引起人类或者动物严重疾病，比较容易直接或者间接在人与人、动物与人、动物与动物间传播的微生物。二类动物病原微生物包括猪瘟病毒、鸡新城疫病毒、狂犬病病毒、绵羊痘/山羊痘病毒、蓝舌病病毒、兔病毒性出血症病毒、炭疽芽孢杆菌、布鲁氏菌。

第三类病原微生物是指能够引起人类或者动物疾病，但一般情况下对人、动物或者环境不构成严重危害，传播风险有限，实验室感染后很少引起严重疾病，并且具备有效治疗和预防措施的微生物。

第四类病原微生物是指在通常情况下不会引起人类或者动物疾病的微生物。

【例题 1】我国根据病原微生物的传染性、感染后对个体或群体的危害程度，将病原微生物分为（C）。

A. 两类　B. 三类　C. 四类　D. 五类　E. 六类

【例题 2】高致病性病原微生物是指（A）。

A. 第一类和第二类病原微生物
B. 第一类和第三类病原微生物
C. 第二类和第三类病原微生物
D. 第二类和第四类病原微生物
E. 第三类和第四类病原微生物

【例题 3】不属于高致病性病原微生物的是（C）。

A. 牛瘟病毒
B. 牛海绵状脑病病原
C. 牛恶性卡他热病毒
D. 布鲁氏菌
E. 炭疽芽孢杆菌

【例题 4】不属于第三类病原微生物的特性是（C）。

A. 传播风险有限
B. 能够引起人类或者动物疾病
C. 能够引起人类或者动物严重疾病
D. 一般情况下，对人、动物或环境不构成严重危害
E. 实验室感染后很少引起严重疾病，并且具备有效治疗和预防措施

考点 2：动物病原微生物实验室的分级和管理规定★★

国家根据实验室对病原微生物的生物安全防护水平，并依照实验室生物安全国家标准的规定，将实验室分为一级、二级、三级、四级。三级、四级实验室需通过实验室国家认可并取得相应级别的生物安全实验室证书。新建、改建或扩建一级、二级实验室，应向设区的市级人民政府兽医主管部门或卫生主管部门备案。

国务院兽医主管部门主管与动物有关的实验室及其实验活动的生物安全监督工作。

一级、二级实验室不得从事高致病性动物病原微生物实验活动。三级、四级实验室需要从事某种高致病性动物病原微生物或者疑似高致病性动物病原微生物实验活动的，应当报省级以上人民政府卫生主管部门或兽医主管部门批准。从事高致病性病原微生物相关实验活

动，应当有2名以上的工作人员共同进行，进入实验室的工作人员应经实验室负责人批准，相关实验活动的试验档案保存期，不得少于20年。在同一个实验室的同一个独立安全区域内，只能同时从事一种高致病性病原微生物的相关实验活动。

【例题1】为新建、改建或扩建一级、二级动物病原微生物实验室备案的主体是（C）。

A. 国务院兽医主管部门
B. 省级人民政府兽医主管部门
C. 设区的市级人民政府兽医主管部门
D. 县级人民政府兽医主管部门
E. 镇级人民政府兽医主管部门

【例题2】根据《病原微生物实验室生物安全管理条例》，下列关于动物病原微生物实验活动管理的表述不正确的是（A）。

A. 在同一个实验室的同一个独立安全区域内，可以同时从事两种高致病性病原微生物的相关实验活动
B. 从事高致病性病原微生物相关实验活动，应当有2名以上的工作人员共同进行
C. 实验室从事高致病性病原微生物相关实验活动的实验档案保存期，不得少于20年
D. 进入从事高致病性病原微生物相关实验活动的实验室工作人员，应当经实验室负责人批准
E. 实验室的设立单位应当定期对实验室设施、设备、材料等进行检查、维护和更新

【例题3】实验室高致病性病原微生物实验活动的实验档案保存期不得少于（D）。

A. 5年　B. 10年　C. 15年　D. 20年　E. 30年

考点3：动物病原微生物菌（毒）种或样本运输包装的要求★★★

动物病原微生物菌（毒）种或样本运输包装必须进行完整的内包装和外包装。

内包装的要求：必须是不透水、防泄漏的主容器，保证完全密封；必须是结实、不透水和防泄漏的辅助包装；必须在主容器和辅助包装之间填充吸附材料；主容器的表面贴上标签，标明菌（毒）种或样本类别、编号、名称、数量等信息。

外包装的要求：应当印上生物危险标识，并标注“高致病性动物病原微生物（非专业人员严禁拆开）”的警告语。

包装要求：冻干样本主容器必须是火焰封口的玻璃瓶或者是用金属封口的胶塞玻璃瓶。

动物病原微生物菌（毒）种或样本及动物病料必须作为货物进行航空运输，禁止随身携带或作为托运行李或邮件进行运输。

【例题1】根据《病原微生物实验室生物安全管理条例》，下列不符合高致病性病原微生物样本运输管理规定的表述是（E）。

A. 样本的容器应当符合防破损、耐高压等要求
B. 样本的容器应当印有规定的生物危险标识
C. 样本的容器应当密封
D. 应当由不少于2人的专人护送
E. 可以通过城市铁路运输

【例题2】盛装动物病原微生物菌种冻干样本主容器的胶塞玻璃瓶必须采用的封口方法为（D）。

A. 火焰封口　B. 纱布封口　C. 塑料封口　D. 金属封口　E. 石蜡封口

【例题3】下列关于航空运输动物病原微生物菌（毒）种或者样本及动物病料的表述，正确的是（A）。

A. 必须作为货物进行运输　B. 必须作为托运行李运输
C. 可以作为托运行李运输　D. 可以随身携带运输
E. 可以作为邮件运输

第二篇

动物解剖学、组织学与胚胎学

第一章 概述

轻装上阵

如何学？

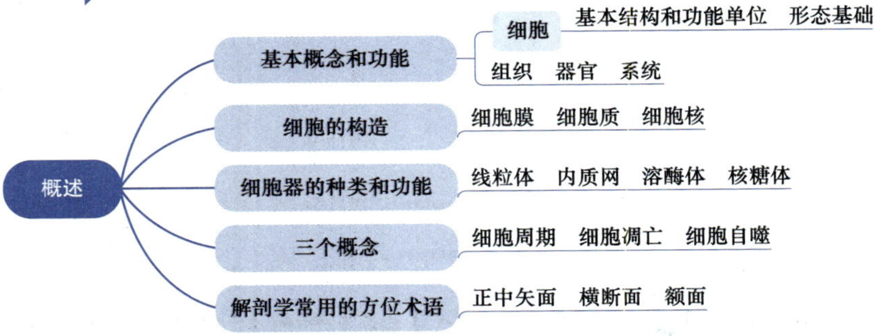

如何考？

本章考点在考试中主要出现在A1型题中，每年分值平均1分。下列所述考点均需掌握。对于重点内容，希望考生予以特别关注。

考点冲浪

考点1：细胞、组织、器官和系统的概念与功能★★★

细胞是动物体最基本的结构和功能单位，是动物机体进行新陈代谢、生长发育和繁殖分化的形态基础。在细胞之间存在着细胞间质，是由细胞产生的构成细胞生存的微环境，对细胞起支持、营养和保护作用。

组织是由一些起源相同、形态和功能相似的细胞和细胞间质构成的结构。器官是由几种不同的组织结合在一起。构成的具有一定形态和执行特殊功能的机构。若干个功能相关的器官联系起来，共同完成某种特定的生理功能，便构成系统。

【例题】动物进行新陈代谢、生长发育和繁殖分化的形态学基础是（A）。

A. 细胞　B. 组织　C. 器官　D. 系统　E. 细胞器

考点2：细胞的构造★★★

细胞是由细胞膜、细胞质和细胞核组成。

细胞膜由液态的脂质双分子层中镶嵌着可移动的球形蛋白质构成。每个脂质分子均由一个头部和两个尾部构成。头部具有亲水性，它分别朝向膜的内、外表面，而尾部具有疏水性，伸入膜的中央。蛋白质分子，有的镶嵌在脂质分子之间，称为嵌入蛋白；有的附着在脂质分子的内、外表面（主要在内表面），称为外膜蛋白。

细胞质是执行细胞生理功能和化学反应的主要部分，由基质、细胞器和内含物组成。

细胞核是细胞的重要组成部分，是遗传信息的贮存场所，控制细胞的遗传和代谢活动。

【例题1】控制细胞遗传的主要场所是（C）。

A. 溶酶体　B. 细胞质　C. 细胞核　D. 内质网　E. 高尔基复合体

【例题 2】动物细胞的遗传信息主要贮存于（D）。

A. 内质网　　B. 高尔基复合体　　C. 溶酶体
D. 细胞核　　E. 过氧化物酶体

考点 3：细胞器的种类和功能★★★★★

细胞器是细胞质内具有一定的形态结构和执行一定功能的小器官，包括线粒体、核糖体、内质网、高尔基复合体、溶酶体、过氧化物酶体、中心体、微丝、微管和中间丝等，其中线粒体、内质网具有膜状结构。

线粒体是细胞内的“能量工厂”，主要功能是进行氧化磷酸化，为细胞生命活动提供直接能量。

核糖体又称核蛋白体，是合成蛋白质的场所。

内质网根据表面是否附有核糖体，分为粗面内质网和滑面内质网，前者主要功能是合成和运输蛋白质，后者是脂质合成的重要场所。

高尔基复合体的主要功能与细胞的分泌、溶酶体的形成及糖类的合成有关。

溶酶体有细胞内消化器之称，主要功能是进行细胞内消化，分解进入细胞内的异物和细菌。

微丝、微管和中间丝参与组成细胞骨架结构。

【例题 1】粗面内质网和滑面内质网在电镜下的主要区别是根据其表面是否附有（B）。

A. 中心体　　B. 核糖体　　C. 溶酶体　　D. 微体　　E. 高尔基复合体

【例题 2】细胞质中具有合成蛋白质功能的细胞器是（B）。

A. 中心体　　B. 核糖体　　C. 高尔基复合体
D. 溶酶体　　E. 过氧化物酶体

【例题 3】细胞内具有“消化功能”的细胞器是（C）。

A. 线粒体　　B. 核蛋白体　　C. 溶酶体　　D. 过氧化物酶　　E. 中心体

【例题 4】细胞质内属于膜性结构的细胞器是（E）。

A. 中心体　　B. 核糖体　　C. 微丝　　D. 中间丝　　E. 线粒体

考点 4：细胞周期、细胞凋亡与细胞自噬的概念★★

细胞从前一次分裂结束到下一次分裂完成，称为一个细胞周期。每个细胞周期分为分裂间期和分裂期。分裂期分为 DNA 合成前期、DNA 合成期和 DNA 合成后期；细胞分裂期分为前期、中期、后期和末期。

细胞凋亡是指细胞在一定的生理或病理条件下，受内在遗传机制的控制自动结束生命的过程，又称为细胞程序性死亡。

细胞自噬是真核细胞的一种“自食”过程，当细胞受到内外环境的不利因素刺激时，通过溶酶体途径对胞内受损蛋白、衰老细胞器等物质进行降解，以维持细胞代谢平衡及内环境稳态。

考点 5：解剖学常用的方位术语★★

矢状面：与动物体长轴平行而与地面垂直的切面。其中，通过动物体正中轴将动物体分为左、右两等分的面，称为正中矢面；其他与正中矢面平行的矢状面称为侧矢面。

横断面：与动物体的长轴或某一器官的长轴垂直的切面。

额面（水平面）：与地面平行且与矢状面和横断面垂直的切面。

背侧、腹侧是指以某一额面为参照面，近地面为腹侧，背离地面者为背侧。

内侧、外侧是指以正中矢状面为参照，近者为内侧，远者为外侧。

【例题】正中矢状面将畜体分为（B）。

A. 上下相等的两半　　B. 左右相等的两半　　C. 前后相等的两半

D. 水平相等的两半　　E. 周长相等的两半

第二章　骨骼

轻装上阵

如何学？

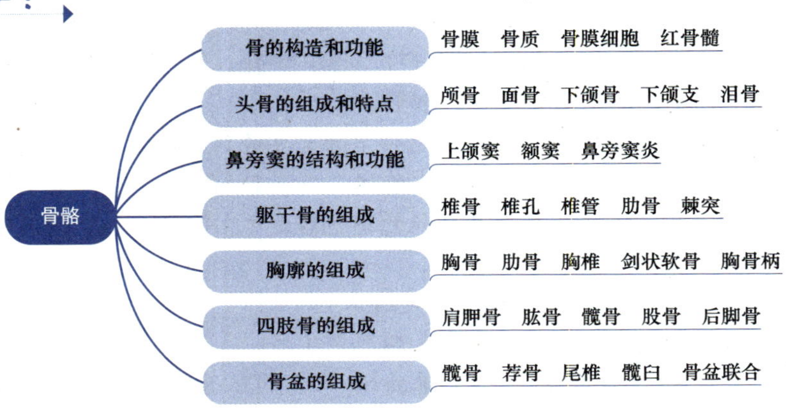

如何考？

本章考点在考试中主要出现在 A1 型题中，每年分值平均 1 分。下列所述考点均需掌握。对于重点内容，希望考生予以特别关注。

考点冲浪

考点 1：骨的构造、化学组成和主要功能★★

动物体内每枚骨都是一个器官，主要由骨组织构成，具有一定的形态和功能，坚硬而富有弹性，有丰富的血管和神经，能不断地进行新陈代谢和生长发育，并具有改建、修复和再生的能力。

骨由骨膜、骨质和骨髓构成，含有丰富的血管和神经。骨膜细胞非常活跃，直接参与骨的生长；在骨受损失时，成骨层有修补和再生骨质的作用。

骨质由骨细胞、成骨细胞、骨原细胞、破骨细胞等细胞成分和大量钙化的细胞间质（也称骨基质）组成。骨的化学成分主要包括有机物和无机物。有机物主要是骨胶原，在成年家畜的骨中约占 1/3，使骨具有弹性和韧性；无机物主要是磷酸钙和碳酸钙，在成年家畜的骨中约占 2/3，使骨具有硬性和脆性。

骨内含有骨髓，是重要的造血器官。骨髓分为黄骨髓和红骨髓。红骨髓具有造血机能，当机体大量失血或贫血时，黄骨髓能转化为红骨髓而恢复造血机能。骨松质中的红骨髓终生存在，临床上常进行骨髓穿刺，用于检查骨髓象，诊断动物疾病。

考点 2：头骨的组成和特点★★

颅骨由成对的、顶骨、额骨、颞骨和不成对的枕骨、顶间骨、蝶骨和筛骨等组成，构成颅腔。面骨由成对的鼻骨、泪骨、颧骨、上颌骨、切齿骨、腭骨、翼骨、鼻甲骨和不成对的犁骨、下颌骨和舌骨等组成，主要构成鼻腔、口腔和面部的支架。

下颌骨是头骨中最大的骨，有齿槽的部分称为下颌骨体；下颌骨体之后没有齿槽的部分，称为下颌支。

各种动物的头骨差别比较大。马的头骨呈长锥状，猪的呈锥状；马、兔的面部较长，犬、猫的较短；牛的额骨上有角突，猪有吻骨。

考点 3：鼻旁窦的结构和功能★★

鼻旁窦包括上颌窦、额窦、筛窦和蝶腭窦等，是鼻腔周围颅骨内一些开口于鼻腔的含气空腔，可增加头骨的体积而不增加其重量，对眼球和脑起到保护和隔热的作用。因其直接或间接与鼻腔相通，故称为鼻旁窦。鼻旁窦内的黏膜与鼻腔黏膜相延续，当鼻腔黏膜发炎时，可蔓延到鼻旁窦，引起鼻旁窦炎。牛的额窦很大，马的上颌窦发达。

【例题】鼻腔黏膜发炎常波及的腔窦是（C）。

A. 血窦　B. 淋巴窦　C. 上颌窦　D. 冠状窦　E. 静脉窦

考点 4：躯干骨的组成★★★★

椎骨分为颈椎、胸椎、腰椎、荐椎和尾椎。颈椎一般有 7 枚。胸椎：牛、羊 13 枚，猪 14 或 15 枚，马 18 枚，犬、猫 13 枚。腰椎：牛、马 6 枚，猪、羊 6 或 7 枚。荐椎：牛、马 5 枚，猪、羊 4 枚，犬、猫 3 枚，是构成骨盆腔顶壁的基础。

椎骨包括椎体、椎弓和突起。椎体位于椎骨的腹侧，呈短圆柱状，前端突出为椎头，后端凹窝为椎窝。椎弓位于椎体的背侧，是拱形的骨板，与椎体共同围成椎孔。所有椎骨的椎孔按前后序列连接在一起形成 1 个连续的管道，称为椎管，主要容纳脊髓。椎弓基部的前缘和后缘两侧各有 1 个切迹，相邻的椎间切迹合成椎间孔，是神经和血管出入椎管的通道。突起有 3 种，从椎弓背侧向上伸出的突起叫棘突，从椎弓基部向两侧横向伸出的突起叫横突。棘突和横突主要供肌肉和韧带附着。椎弓背侧前缘和后缘各有 1 对前、后关节突，它们与相邻椎骨的关节突构成关节。

肋包括肋骨和肋软骨。肋骨为弓形长骨，构成胸廓的侧壁，左右成对，牛、羊、犬、猫有 13 对，马有 18 对，猪有 14 或 15 对。经肋软骨与胸骨直接相连的肋骨称为真肋，一般真肋有 8 对，猪、犬分别为 7 对和 9 对。肋的肋软骨不与胸骨直接相连，而是连于前一肋软骨上，这些肋称为假肋。肋软骨不与其他肋相连的肋称为浮肋。最后肋骨与各假肋的肋软骨依次连接形成的弓形结构称为肋弓，作为胸廓的后界。

【例题 1】牛胸椎的椎弓和椎体围成（B）。

A. 椎管　B. 椎孔　C. 椎间孔　D. 横突孔　E. 椎骨切迹

【例题 2】牛的肋骨数目是（D）。

A. 18 对　B. 15 对　C. 14 对　D. 13 对　E. 12 对

考点 5：胸廓的组成★★★

胸廓是由背侧的胸椎、两侧的肋骨和肋软骨，以及腹侧的胸骨围成的胸部轮廓。胸前口由第 1 胸椎、两侧的第 1 肋和胸骨柄构成；胸后口由最后的胸椎、两侧的肋弓和腹侧的剑状软骨构成。其中马的胸廓呈舟形，前部左右压扁，有发达的胸骨嵴，后部上下压扁。猪和牛的胸骨柄明显突出。

【例题 1】组成胸廓的骨骼包括（A）。

A. 胸椎、肋和胸骨　　B. 胸椎、肋和肱骨　　C. 胸椎、肋和腰椎
D. 胸椎、肋和肩胛骨　　E. 胸骨、肋和肩胛骨

【例题 2】马胸骨的形态特点是（C）。

A. 胸骨体上压下扁，有胸骨嵴
B. 胸骨体上压下扁，无胸骨嵴
C. 胸骨体前部左右压扁，后部上下压扁，有胸骨嵴
D. 胸骨体前部上下压扁，后部左右压扁
E. 胸骨体左右压扁，无胸骨嵴

考点 6：四肢骨的组成★★★

前肢骨包括肩胛骨、肱骨、前臂骨和前脚骨。肩胛骨为三角形扁骨，外侧有纵形隆起的肩胛冈，肩胛冈前方为冈上窝，后方为冈下窝，供肌肉附着。前臂骨包括桡骨和尺骨，桡骨在前内侧，尺骨在后外侧，马、牛、羊桡骨发达，猪和犬的尺骨比桡骨长。前脚骨由腕骨、掌骨、指骨和籽骨组成。

后肢骨包括髋骨、股骨、膝盖骨（髌骨）、小腿骨（包括胫骨、腓骨）和后脚骨。后脚骨由跗骨、跖骨、趾骨和籽骨组成。

【例题】肩胛骨的冈上肌附着部称为（D）。

A. 盂上结节　　B. 冈结节　　C. 关节盂　　D. 冈上窝　　E. 冈下窝

考点 7：骨盆的组成★★★★

骨盆是指由两侧髋骨、背侧的荐骨和前 3~4 枚尾椎以及两侧的荐结节阔韧带共同围成的结构，呈前宽后窄的圆锥形腔。前口以荐骨岬、髂骨和耻骨为界；后口的背侧为尾椎，腹侧为坐骨，两侧为荐结节阔韧带后缘。雌性动物骨盆的底壁平而宽，雄性动物则较窄。

髋骨由髂骨、坐骨和耻骨结合而成。3 枚骨在外侧中部结合处形成深杯状的关节窝，称为髋臼，与股骨头成关节。左、右侧髋骨在骨盆中线处以软骨连结形成骨盆联合。坐骨前缘与耻骨围成闭孔；坐骨后外角粗大，称为坐骨结节；髂骨内侧角称为荐结节，髂骨翼外侧角称为髋结节。

【例题 1】组成骨盆腔的骨骼是（A）。

A. 髋骨、荐骨和前 3（4）枚尾椎　　B. 髋骨、腰椎和荐骨
C. 髋骨、股骨和前 3（4）枚尾椎　　D. 髂骨、坐骨和耻骨
E. 髂骨、耻骨和荐骨

【例题 2】家畜的髋骨包括（E）。

A. 髂骨、股骨、坐骨　　B. 髂骨、坐骨、膝盖骨　　C. 髂骨、膝盖骨、耻骨
D. 膝盖骨、耻骨、坐骨　　E. 髂骨、坐骨、耻骨

【例题 3】关于牛髋骨的描述，错误的是（E）。

A. 由髂骨、坐骨和耻骨组成
B. 耻骨和坐骨共同组成闭孔
C. 坐骨后外侧角粗大称坐骨结节
D. 髂骨内侧角称荐结节
E. 髂骨翼外侧角称髂骨结节

第三章　关节

轻装上阵

如何学？

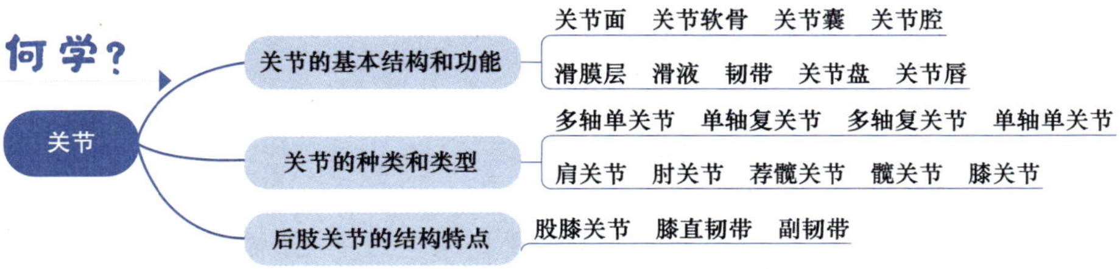

如何考？

本章考点在考试中主要出现在 A1 型题中，每年分值平均 1 分。下列所述考点均需掌握。关节的基本结构、类型是考查最为频繁的内容，希望考生予以特别关注。

考点冲浪

考点 1：关节的基本结构和功能★★★★★

关节的基本结构包括关节面、关节软骨、关节囊和关节腔。关节软骨富有弹性，具有减少摩擦和缓冲震动的作用。关节囊由结缔组织构成，囊壁分内、外两层，外层为纤维层，内层为滑膜层，滑膜层分泌滑液，具有营养软骨和润滑关节的作用。关节腔为关节软骨和滑膜围成的密闭腔隙，内为负压，有助于维持关节的稳定。

关节的辅助结构包括韧带、关节盘和关节唇。韧带分为囊内韧带和囊外韧带，囊外韧带在关节囊之外，其中在关节两侧的称为内、外侧副韧带；囊内韧带位于关节囊壁的纤维层和滑膜层之间，如髋关节的圆韧带。而膝关节中的半月板属于关节盘。

【例题 1】关节的基本构造包括（E）。

A. 关节囊、关节腔、关节韧带、籽骨
B. 关节囊、关节腔、关节软骨、籽骨
C. 关节囊、关节面、关节软骨、籽骨
D. 关节囊、关节腔、关节盘、关节软骨
E. 关节囊、关节腔、关节面、关节软骨

【例题 2】围成关节腔的结构是关节囊滑膜层和（C）。

A. 关节盘　B. 韧带　C. 关节软骨　D. 关节囊纤维层　E. 关节唇

【例题 3】关节中分泌滑液的部位是（C）。

A. 韧带　B. 黏液囊　C. 滑膜层　D. 纤维层　E. 关节软骨

考点2：关节的种类和类型★★★

关节分为单关节和复关节两种。单关节由相邻的两骨组成，复关节由两枚以上的骨构成，或在两骨间夹有关节盘组成。

前肢关节包括肩关节、肘关节、腕关节和指关节；后肢关节包括荐髂关节、髋关节、膝关节、跗关节和趾关节。肩关节由肩胛骨的关节盂（肩臼）和肱骨头构成，为多轴单关节，关节角在后方，没有侧副韧带。肘关节由肱骨远端和前臂骨近端组成，为单轴复关节，指关节均为单轴关节。荐髂关节由荐骨翼与髂骨翼的耳状关节面构成，关节面不平整，周围有关节囊，囊壁紧张，并有短而强的韧带固定，几乎不能活动，为多轴复关节；髋关节是由髋臼和股骨头构成，为多轴关节，膝关节为单轴复关节，寰枕关节为双轴关节。

【例题1】构成哺乳动物肩关节的骨骼是（E）。

A. 肱骨和前臂骨　B. 前臂骨和腕骨　C. 腕骨和掌骨
D. 掌骨和指骨　E. 肩胛骨和肱骨

【例题2】构成牛肘关节的骨骼是（A）。

A. 肱骨和前臂骨　B. 肱骨和肩胛骨　C. 前臂骨、腕骨和掌骨
D. 掌骨、近指节骨和近籽骨　E. 前臂骨和腕骨

【例题3】寰枕关节的类型属于（C）。

A. 单轴单关节　B. 单轴复关节　C. 双轴关节　D. 多轴单关节　E. 多轴复关节

【例题4】荐骨翼与髂骨翼的耳状关节面构成的关节称为（D）。

A. 腰荐关节　B. 髋关节　C. 耻骨联合　D. 荐髂关节　E. 坐骨联合

【例题5】牛肩关节的特点是（D）。

A. 有十字韧带　B. 有悬韧带　C. 有副韧带　D. 无副韧带　E. 无关节囊

考点3：后肢关节的结构特点★★★★

股膝关节又称股髌关节，由膝盖骨和股骨远端前部滑车关节面构成。膝盖骨的内侧缘有纤维软骨构成的软骨板，与滑车内侧嵴相适应，关节囊宽松。股膝关节除有内外侧副韧带（支持带）外，在其前方，牛和马还有3条强大的膝直韧带（即膝外直韧带、膝中直韧带和膝内直韧带），起自膝盖骨，止于胫骨近端的胫骨粗隆，将膝盖骨连于胫骨近端，但犬仅有1条。膝直韧带与关节囊之间填充有脂肪。股膝关节的运动，主要是膝盖骨在股骨滑车上滑动，通过改变股四头肌作用力的方向而伸展膝关节。

【例题1】家畜后肢关节活动性最小的关节是（A）。

A. 荐髂关节　B. 髋关节　C. 膝关节　D. 跗关节　E. 趾关节

【例题2】髋关节具有副韧带的家畜是（B）。

A. 猪　B. 马　C. 犬　D. 羊　E. 牛

【例题3】牛股膝关节前方具有（A）。

A. 3条膝直韧带　B. 2条膝直韧带　C. 1条膝直韧带
D. 十字韧带　E. 圆韧带

【例题4】犬膝（直）韧带有（A）。

A. 1条　B. 2条　C. 3条　D. 4条　E. 5条

第四章 肌肉

轻装上阵

如何学？

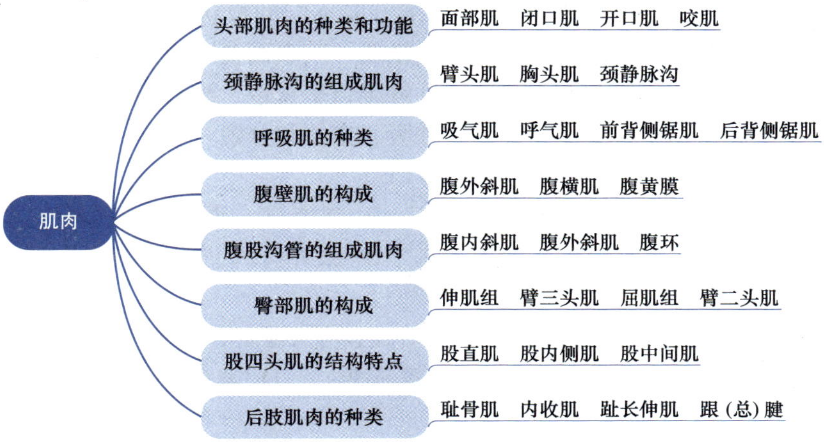

如何考？

本章考点在考试中主要出现在 A1 型题中，每年分值平均 1 分。下列所述考点均需掌握。主干肌肉是考查最为频繁的内容，希望考生予以特别关注。

考点冲浪

考点 1：头部肌肉的种类和功能★★

头部肌肉分为面部肌和咀嚼肌。面部肌位于口和鼻腔周围，咀嚼肌包括闭口肌（咬肌、翼肌和颞肌）和开口肌（枕颌肌和二腹肌）。咬肌位于下颌支的外侧，两侧同时收缩，上提下颌（闭口）；交替收缩，使下颌左右运动，以咀嚼食物。

考点 2：颈静脉沟的组成肌肉★★

臂头肌位于颈侧部浅层，形成颈静脉沟的上界；胸头肌位于颈下部外侧，起自胸骨柄，止于下颌骨后缘，呈长带状，与臂头肌之间形成颈静脉沟，沟内有颈静脉。

【例题】与臂头肌共同组成家畜颈静脉沟的肌肉是（E）。

A. 肩胛横头肌 B. 肩胛舌骨肌 C. 胸骨甲状肌 D. 胸骨舌状肌 E. 胸头肌

考点 3：髂肋肌沟的组成肌肉★★

髂肋肌位于背（腰）最长肌的腹外侧，由一束束斜向的肌束组成，与背（腰）最长肌之间形成髂肋肌沟，沟内没有针灸穴位。

【例题】组成髂肋肌沟的肌肉是（D）。

A. 半棘肌与髂肋肌 B. 头颈最长肌与髂肋肌 C. 髂肋肌与夹肌

D. 背腰最长肌与髂肋肌 E. 髂肋肌与颈多裂肌

考点 4：呼吸肌的种类★★

胸廓肌位于胸侧壁和胸腔后壁，参与呼吸，分为吸气肌和呼气肌。吸气肌包括肋间外肌、前背侧锯肌和膈；呼气肌包括后背侧锯肌和肋间内肌。

考点 5：腹壁肌的构成★★★★

腹壁肌构成腹侧壁和腹底壁，由 4 层纤维方向不同的板状肌构成，自浅至深（由外向内）分别为腹外斜肌、腹内斜肌、腹直肌和腹横肌，其表面覆盖腹壁肌膜。在牛和马等草食动物中，腹壁肌外包的深筋膜含有大量的弹性纤维，呈黄色，称为腹黄膜，可以加强腹壁强韧性。腹肌收缩时，可以增大腹压，有利于呼吸、排便和分娩。

【例题 1】牛腹腔侧壁肌由内向外依次为（E）。

A. 膈肌、腹横肌、腹斜肌　　B. 腹直肌、腹横肌、腹斜肌
C. 腹直肌、腹斜肌、腹横肌　　D. 腹外斜肌、腹内斜肌、腹横肌
E. 腹横肌、腹内斜肌、腹外斜肌

【例题 2】草食家畜腹壁肌外面被覆的深筋膜含有大量的弹性纤维，称为（B）。

A. 腹白膜　B. 腹黄膜　C. 腹横筋膜　D. 腹膜壁层　E. 腹膜脏层

考点 6：腹股沟管的组成肌肉★★

腹股沟管位于腹底部后部，耻前腱两侧，是腹内斜肌（形成管的前内侧壁）与腹外斜肌（形成管的后外侧壁）之间斜行裂隙，管的内口通腹腔，称腹环，由腹内斜肌的后缘及腹股沟韧带围成，外口通皮下，是腹外斜腱膜上的一个裂孔。

【例题】组成腹股沟管的肌肉是（E）。

A. 腹直肌与腹横肌　B. 腹内斜肌与腹直肌　C. 腹外斜肌与腹直肌
D. 腹横肌与腹内斜肌　E. 腹内斜肌与腹外斜肌

考点 7：臂部肌的构成★★

臂部肌分布于肱骨周围，主要作用在肘关节，分为伸、屈两组。伸肌组位于肱骨后方，包括臂三头肌和前臂筋膜张肌；屈肌组在前方，包括臂二头肌和臂肌。

考点 8：股四头肌的结构特点★★★

股四头肌大而厚，位于股骨前面及两侧，被阔筋膜张肌覆盖。有 4 个肌头，包括股直肌、股内侧肌、股外侧肌和股中间肌。股直肌起于髂骨体，其余 3 个肌头起于股骨。4 个头都止于膝盖骨，作用为伸膝关节。

【例题】羊股四头肌有 4 个肌头，除了股内侧肌、股外侧肌和股中间肌外，还有（C）。

A. 半腱肌　B. 股方肌　C. 股直肌　D. 半膜肌　E. 股二头肌

考点 9：后肢肌肉的种类★★★★

股内侧肌群位于股部内侧，包括股薄肌（内收后肢）、耻骨肌（屈髋关节）、内收肌（伸髋关节）和缝匠肌（内收后肢）。

小腿背外侧肌群主要有趾长伸肌、趾外侧伸肌、第 3 腓骨肌、胫骨前肌和腓骨长肌（马无此肌）。

腓肠肌腱以及附着于跟结节的趾浅屈肌腱、股二头肌腱和半腱肌腱合成一条粗而坚硬的腱索，称为跟（总）腱。

【例题 1】组成牛跟（总）腱的肌肉是（A）。

A. 腓肠肌、趾浅屈肌、臂股二头肌　　B. 腓肠肌、趾深屈肌、臂股二头肌

C. 腓肠肌、趾浅屈肌、股四头肌　　D. 腓肠肌、趾深屈肌、股四头肌

E. 腓肠肌、趾浅屈肌、趾深屈肌

【例题 2】马小腿后脚部背外侧肌群中不包括（C）。

A. 趾长伸肌　B. 趾外侧伸肌　C. 腓骨长肌　D. 腓骨第三肌　E. 胫骨前肌

第五章 被皮系统

轻装上阵

如何学？

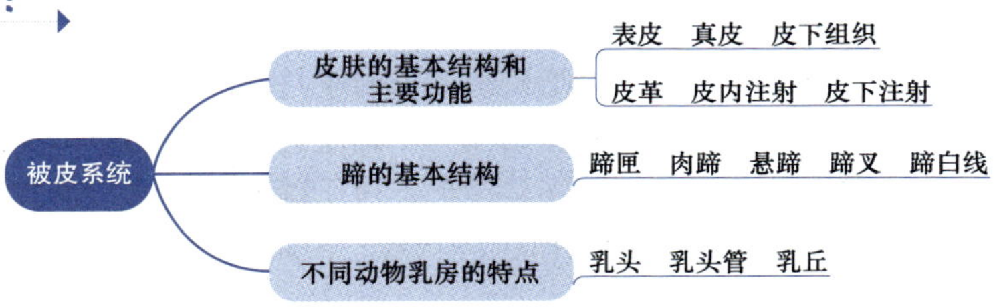

如何考？

本章考点在考试中主要出现在 A1 型题中，每年分值平均 1 分。下列所述考点均需掌握。蹄和乳房结构特点是考查最为频繁的内容，希望考生予以特别关注。

考点冲浪

考点 1：皮肤的基本结构和主要功能★★★★

皮肤分为表皮、真皮和皮下组织 3 层。表皮位于皮肤的最表层，由复层扁平上皮构成，表皮由角质形成细胞和非角质形成细胞组成。非角质形成细胞中的黑素细胞产生的黑色素与皮肤的颜色有关，并能吸收阳光中的紫外线，保护深层组织不受紫外线的损伤。

真皮位于表皮的深层，由致密结缔组织构成，是皮肤最厚的一层，由胶原纤维和弹性纤维交错排列，使皮肤具有一定的弹性和韧性。皮革就是真皮鞣制而成。临床上进行的皮内注射就是把药液注入真皮层内。

皮下组织位于真皮的深层，由疏松结缔组织构成，又称为浅筋膜。马、牛、羊颈部皮下组织发达，是常用的皮下注射部位。

皮肤覆盖于动物体表，由复层扁平上皮和结缔组织构成，具有感觉、分泌、保护深层组织、调节体温、排泄废物、吸收和贮存营养物质等功能。

【例题 1】皮肤的结构包括（D）。

A. 表皮、真皮和基底层　B. 表皮、真皮和网状层
C. 表皮、网状层和皮下组织　D. 表皮、真皮和皮下组织
E. 真皮、网状层和皮下组织

【例题 2】皮下注射是指药物注入（E）。

A. 表皮内　B. 真皮乳头肌　C. 真皮网状层
D. 表皮与真皮之间　E. 浅筋膜

【例题 3】皮内注射是把药物注入（B）。

A. 表皮　B. 真皮　C. 基底层　D. 网状层　E. 皮下组织

考点 2：蹄的基本结构★★★

蹄是家畜四肢的着地器官，位于指（趾）端，由皮肤演变而成，其结构似皮肤，具有表皮、真皮和少量皮下组织。表皮因角质化而称角质层，构成蹄匣，无血管和神经；真皮部含有丰富的血管和神经，呈鲜红色，感觉灵敏，通常称为肉蹄。

牛、羊为偶蹄动物，每指（趾）端有 4 个蹄，直接与地面接触的 2 个称为主蹄，不与地面接触的 2 个称为悬蹄。

马为奇蹄兽，蹄由蹄匣和蹄真皮（肉蹄）组成。蹄匣是蹄的角质层，由蹄壁、蹄底和蹄叉组成，蹄壁构成蹄匣的背侧壁和两侧壁，结构与牛蹄匣的角质壁相似；蹄底为向着地面略凹陷的部分，结构似牛蹄匣的角质底，蹄叉呈楔形，位于蹄底的后方，角质层较厚，富有弹性；蹄白线是蹄壁角质与蹄底角质之间的白色环状线，由蹄壁角质小叶层向蹄底延伸而成，是给马钉蹄铁时下钉的标志位置。

【例题 1】肉蹄是指（C）。

A. 悬蹄　B. 蹄表皮　C. 蹄真皮　D. 蹄白线　E. 蹄皮下组织

【例题 2】属于奇蹄的动物是（C）。

A. 牛　B. 羊　C. 马　D. 猪　E. 驼

【例题 3】具有蹄叉的动物是（C）。

A. 羊　B. 牛　C. 马　D. 猪　E. 犬

【例题 4】给马钉蹄铁的标志位置是（D）。

A. 蹄壁　B. 蹄球　C. 蹄叉　D. 蹄白线　E. 蹄真皮

考点 3：不同动物乳房的特点★★★

乳腺由分泌部和导管部组成，具有分泌乳汁的功能，导管部由输乳管、乳池和和乳头管组成，为乳汁排出的管道，可以防止异物和微生物进入乳腺。

牛乳房由 3 对乳房组成，但最后 1 对乳腺常不发育，每个乳房有 4 个乳丘，每个乳丘有 1 个乳头，每个乳头有 1 个乳头管。

羊乳房与牛的相似，但每侧只有 1 个乳头。马的乳房每个乳头有 2~3 个乳头管。猪的乳房有 5~8 对，每个乳头有 2~3 个乳头管。犬的乳房一般形成 4 对乳丘，每个乳丘有 1 个乳头，每个乳头有 2~4 个乳头管。

【例题 1】奶牛乳房每个乳头的乳头管数是（E）。

A. 5 个　　B. 4 个　　C. 3 个　　D. 2 个　　E. 1 个

【例题 2】奶牛乳房具有阻止病原体侵入的药理屏障，最重要的结构是（E）。

A. 腺泡　　B. 分泌小管　　C. 输乳管

D. 输乳窦（乳泡）　　E. 乳头管

第六章　内脏

轻装上阵

如何学？

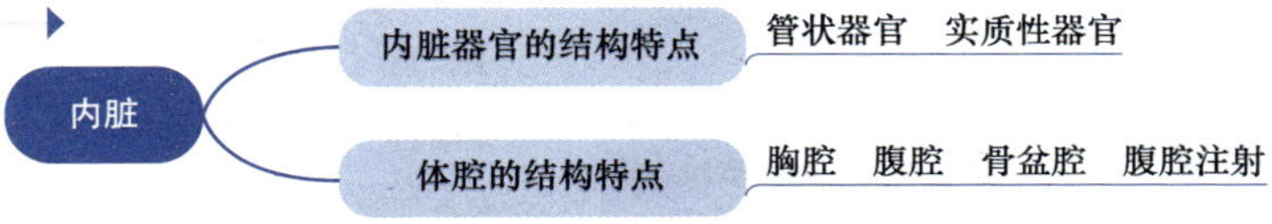

如何考？

本章考点在考试中主要出现在 A1 型题中，每年分值平均 1 分。下列所述考点均需掌握。对于重点内容，希望考生予以特别关注。

考点冲浪

考点 1：内脏器官的结构特点★★

内脏包括消化、呼吸、泌尿和生殖 4 个器官系统。每个器官都直接或间接地以一端或两端与外界环境相通，以保证动物物质代谢和种族延续。

根据内脏器官的基本结构，分为管状器官和实质性器官两大类。大多数内脏器官属于管状器官，如消化道、呼吸道、泌尿和生殖管道，内脏器官的中央都有管腔，管壁结构从外向内依次由黏膜、黏膜下层、肌层和浆膜（或外膜）组成；而实质性器官包括肺、胰、肾、睾丸和卵巢等，无特定的空腔，由实质和间质组成。

考点 2：体腔的结构特点★★

体腔是指身体内部的腔洞，包括胸腔、腹腔和骨盆腔。由腹膜或胸膜的壁层和脏层围成的腔隙分别称为胸膜腔和腹膜腔。胸膜或腹膜具有分泌作用，分泌少量稀薄的液体，称为浆液。临床上胸膜炎或者腹膜炎，就是位于胸腔或腹腔内的浆膜发生炎症。在治疗某些疾病或对动物进行麻醉时，可以把药物注射到腹膜腔内。腹腔注射，实际上就是把药物注射到腹膜腔内。

第七章　消化系统

轻装上阵

如何学?

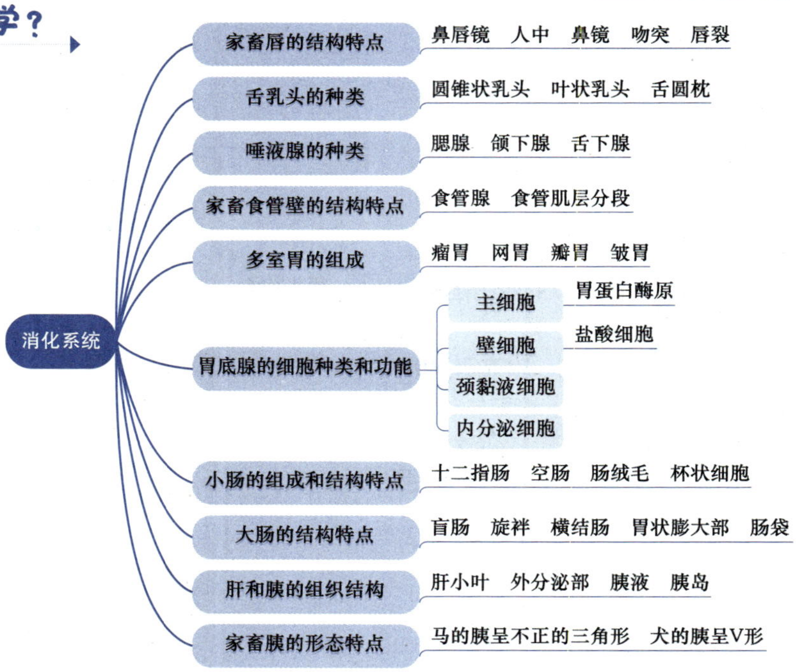

如何考?

本章考点在考试中主要出现在A1、B1型题中，每年分值平均2~3分。胃肠结构特点和功能是每年考查最为频繁的内容，希望考生予以特别关注。

考点冲浪

考点1：家畜唇的结构特点★★★

唇构成口腔最前壁，分为上唇和下唇，其游离缘共同围成口裂。牛唇较短厚，坚实而不灵活，在上唇中部与两鼻孔之间的无毛区，称为鼻唇镜，鼻唇镜的表面有鼻唇腺开口。羊唇薄而灵活，采食时起重要作用，上唇正中有深沟状的“人中”，在两鼻孔间形成光滑的鼻镜。猪唇运动不灵活，上唇宽厚，与鼻端一起形成吻突，有掘地觅食作用；下唇小而尖，口裂很大。犬、猫上唇与鼻端间形成鼻镜，鼻镜正中有纵沟为“人中”。兔上唇中央有一裂缝，称唇裂。唇裂与上端圆厚的鼻端构成三瓣鼻唇。

【例题】牛上唇中部与两鼻孔之间形成的特殊结构为（D）。

A. 唇裂　B. 鼻镜　C. 吻突　D. 鼻唇镜　E. 人中

考点2：舌乳头的种类★★★

舌乳头是指在舌背表面的黏膜上形成的乳头状隆起，分为圆锥状乳头、丝状乳头、菌状乳头、轮廓乳头和叶状乳头5种，后3种乳头有味蕾。

牛、羊有圆锥状乳头、豆状乳头、菌状乳头和轮廓乳头 4 种；猪和犬有 5 种乳头；马和兔无圆锥状乳头；猫有丝状乳头、菌状乳头和轮廓乳头 3 种。

牛、羊的舌宽厚有力，是采食的主要器官，在舌背后部有一椭圆形的隆起，称为舌圆枕。

【例题】舌上具有舌圆枕的动物是（C）。

A. 马　B. 驴　C. 牛　D. 猪　E. 骡

考点 3：唾液腺的种类★★

唾液腺是导管开口于口腔，能分泌唾液的腺体，主要有腮腺、颌下腺和舌下腺 3 对（牛、羊、马、猪）。犬、兔唾液腺发达，有 4 对（多了眶下腺）。猫的唾液腺特别发达，有 5 对（多了臼齿腺和眶下腺）。

考点 4：家畜食管壁的结构特点★★

食管壁由黏膜、黏膜下组织、肌层和外膜构成。猪和犬的食管腺为混合性腺体，且猪食管前半段腺体丰富，后半段缺失。犬食管全段均有腺体，并延伸到胃的贲门区。反刍动物、马和猫的食管腺只分布于咽和食管连接处。反刍动物和犬的食管肌层全部是骨骼肌；马食管前 2/3 段为骨骼肌，后 1/3 段逐渐变为平滑肌；猪前 1/3 段属于骨骼肌，中 1/3 段是平滑肌和骨骼肌混合分布，后 1/3 段为平滑肌；猫骨骼肌占食管前 4/5 段，后 1/5 段变为平滑肌。

考点 5：多室胃的组成★★★★

反刍动物为多室胃，包括瘤胃、网胃、瓣胃和皱胃。前 3 个胃的黏膜衬以复层扁平上皮，主要起贮存食物和分解粗纤维的作用。成年牛的瘤胃最大，占据整个腹腔左侧；网胃是 4 个胃中最小的，呈黑褐色，外形略呈梨形，前后稍扁，位于季肋部的正中矢状面、瘤胃房的前下方，与第 6~8 肋间隙相对，表面形成网格状，形似蜂房；瓣胃位于右季肋部，黏膜形成百余片大小、宽窄不同的瓣叶，有规律地相间排列，横切面很像一叠"百叶"，故又称为百叶胃；皱胃，又称为真胃，位于右季肋部和剑状软骨部，黏膜上皮为单层柱状上皮，内分布有消化腺，能分泌胃液，具有化学性消化作用。

【例题 1】牛有 4 个胃，顺序依次为（E）。

A. 瘤胃、瓣胃、皱胃、网胃　B. 网胃、瓣胃、皱胃、瘤胃

C. 瓣胃、瘤胃、皱胃、网胃　D. 皱胃、瓣胃、瘤胃、网胃

E. 瘤胃、网胃、瓣胃、皱胃

【例题 2】牛为多室胃动物，成年牛容积最大的胃是（D）。

A. 腺胃　B. 瓣胃　C. 网胃　D. 瘤胃　E. 皱胃

【例题 3】网胃位于（E）。

A. 脐部　B. 腰部　C. 左季肋部

D. 右季肋部　E. 季肋部的正中矢状面上

【例题 4】反刍动物的胃中，起化学性消化作用的胃是（C）。

A. 前胃　B. 瘤胃　C. 皱胃　D. 瓣胃　E. 网胃

【例题 5】牛皱胃的黏膜上皮为（B）。

A. 单层扁平上皮　B. 单层柱状上皮　C. 单层立方上皮

D. 复层扁平上皮　E. 假复层纤毛上皮

考点6：胃底腺的细胞种类和功能★★★★★

胃壁分为黏膜、黏膜下层、肌层和浆膜4层，黏膜由黏膜上皮、固有层和黏膜肌层组成。根据黏膜内有无腺体分为有腺部和无腺部两大部分，胃有腺部分为贲门腺区、幽门腺区和胃底腺区。犬胃容积大，呈弯曲的梨形，其黏膜全部为有腺部。

胃底腺区最大，是分泌胃消化液的主要部位，其细胞主要有4种：主细胞，数量较多，分泌胃蛋白酶原、胃脂肪酶（少量）、凝乳酶（幼畜），参与消化；壁细胞，又称盐酸细胞，夹在主细胞之间，分泌盐酸，细胞大而圆，细胞质呈嗜酸性染色；颈黏液细胞，分泌黏液，保护胃黏膜；内分泌细胞，广泛存在于动物的全部消化道，具有内分泌功能。

【例题1】犬胃黏膜的特征之一是（A）。

A. 胃黏膜只有有腺部　　B. 胃黏膜只有无腺部

C. 胃黏膜分有腺部和无腺部，有腺部大无腺部小

D. 胃黏膜分有腺部和无腺部，有腺部小无腺部大

E. 胃黏膜分有腺部和无腺部，有腺部和无腺部大小相当

【例题2】胃腺细胞中，细胞大而圆，胞质呈嗜酸性染色，分泌盐酸的细胞是（B）。

A. 主细胞　B. 壁细胞　C. 柱状细胞　D. 银亲和细胞　E. 颈黏液细胞

考点7：小肠的组成和结构特点★★

小肠是细长的管道，前端起于皱胃的幽门，后端止于盲肠，分为十二指肠、空肠和回肠，回肠以回盲韧带与盲肠相连。

小肠壁由黏膜、黏膜下层、肌层和浆膜构成。黏膜和黏膜下层形成许多环形皱褶，黏膜表面有许多细微的指状突起，突向肠腔，称为肠绒毛，以增加与食物接触的面积。肠绒毛由上皮和固有层构成，黏膜上皮为单层柱状上皮，由柱状细胞、杯状细胞和少量内分泌细胞构成。

考点8：大肠的结构特点★★★★

大肠比小肠短，管径较粗，分为盲肠、结肠和直肠。

牛（羊）的盲肠呈长圆筒状，位于右髂部。升结肠分为初袢、旋袢和终袢3段，初袢起于盲结口，形成乙状弯曲，在小肠和结肠旋袢的背侧；向前伸达第2~3腰椎腹侧，移行为旋袢。旋袢位于瘤胃右侧，呈扁平的圆盘状。

马的盲肠发达，外形呈逗点状，位于腹腔右侧。马的结肠分为升结肠、横结肠和降结肠。升结肠通常称为大结肠，降结肠通常称为小结肠。大结肠特别发达，长3~3.7m，几乎占据腹腔的下3/4，盘曲成双层马蹄铁形，分为4段、3个弯曲，从盲结口开始，依次为右下大结肠、胸骨曲、左下大结肠、骨盆曲、左上大结肠、膈曲、右上大结肠。大结肠管径的变化很大，右下大结肠除起始部外均较粗，至骨盆曲突然变细。右上大结肠管径逐渐变粗，末端达30cm，因此又叫胃状膨大部。从胃状膨大部向后又突然变细成短的横结肠。下大结肠有4条纵肌带和4列肠袋，骨盆曲有1条纵肌带。

猪的盲肠短而粗，呈圆锥状，有3条纵肌带和3列肠袋，位于左髂部，升结肠在肠系膜中盘曲成结肠圆锥或结肠旋袢。

犬的盲肠呈螺旋状弯曲，大肠无纵肌带和肠袋。直肠壶腹宽大，在肛管两侧有肛囊，壁内有肛囊腺，其分泌物有难闻的异味。

【例题 1】盲肠发达、外形似逗号，盲肠尖位于剑状软骨部的家畜是（A）。

A. 马　　B. 牛　　C. 羊　　D. 猪　　E. 犬

【例题 2】升结肠形成圆锥状肠袢的动物是（C）。

A. 马　　B. 牛　　C. 猪　　D. 犬　　E. 兔

考点 9：肝、胰的组织结构★★★

肝小叶是肝的基本构造和功能单位，肝细胞分泌的胆汁被排入毛细胆管，最后经肝管或胆囊排入十二指肠。门静脉和肝动脉经肝门入肝，胆汁的输出管和淋巴管经肝门出肝。肝各叶的输出管合并在一起形成肝管。

胰实质分为外分泌部和内分泌部。外分泌部分泌胰液，含有多种酶（如胰淀粉酶、胰脂肪酶、胰蛋白分解酶等），由胰管排入十二指肠，参与消化作用；内分泌部又称为胰岛，分泌胰岛素和胰高血糖素，对糖代谢起重要的调节作用。

【例题 1】不属于消化腺的是（E）。

A. 肝　　B. 胰　　C. 肠腺　　D. 舌下腺　　E. 舌扁桃体

【解析】本题考查消化腺的结构特点。消化腺是分泌消化液、消化食物的腺体，包括舌下腺、食管腺、胃腺、肠腺、肝和胰，其中肝是动物体内最大的消化腺体。在 5 个备选答案中，只有舌扁桃体不属于消化腺。

【例题 2】成年鸡分泌淀粉酶的器官是（C）。

A. 肌胃　　B. 肝　　C. 胰　　D. 腺胃　　E. 嗉囊

考点 10：家畜胰的形态特点★★★★

牛（羊）的胰呈不正的四边形，分叶不明显。马的胰呈不正的三角形，分为胰头（中叶）、胰尾（左叶）和右叶。猪的胰呈不规则的三角形，分为胰头、左叶和右叶。犬的胰位于十二指肠、胃和横结肠之间，粉红色，呈 V 形。

第八章　呼吸系统

轻装上阵

如何学？

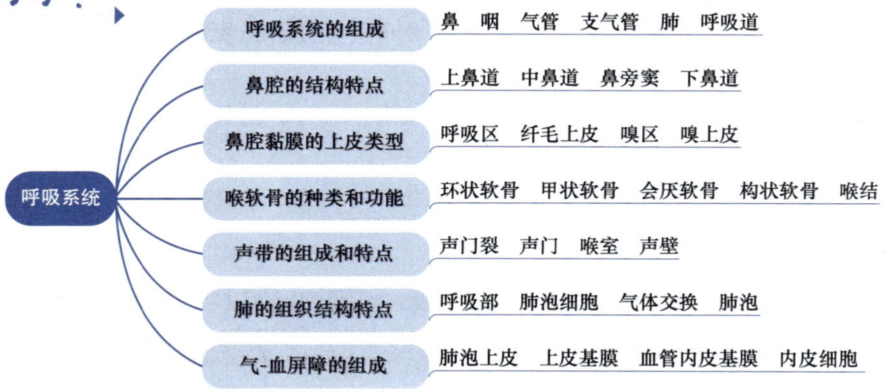

如何考？

本章考点在考试中主要出现在 A1、B1 型题中，每年分值平均 1 分。下列所述考点均需掌握。对于重点内容，希望考生予以特别关注。

考点冲浪

考点 1：呼吸系统的组成★★

呼吸系统包括鼻、咽、喉、气管、支气管和肺等器官及胸膜腔等辅助结构。鼻、咽、喉、气管和支气管是气体出入肺的通道，称为呼吸道。肺是气体交换的器官。

考点 2：鼻腔的结构特点★★★

每侧鼻腔可分为鼻孔、鼻前庭和固有鼻腔。鼻前庭是鼻腔前部衬有皮肤的部分，在鼻前庭的外侧壁上有鼻泪管的开口。固有鼻腔是鼻腔衬有黏膜的部分，每侧鼻腔侧壁上附有上、下鼻甲，将鼻腔分为 3 个鼻道，上鼻道位于鼻腔顶壁与上鼻甲之间，后端通嗅区；中鼻道位于上、下鼻甲之间，通鼻旁窦；下鼻道位于下鼻甲与鼻腔底壁之间，直接通鼻后孔。

【例题】马鼻泪管开口于（C）。

A. 鼻盲囊　B. 上鼻道　C. 鼻前庭　D. 下鼻道　E. 中鼻道

考点 3：鼻腔黏膜的上皮类型★★

固有鼻腔根据黏膜性质，分为呼吸区和嗅区。呼吸区占据鼻腔前部大部分，黏膜为浅红色，被覆假复层纤毛柱状上皮；嗅区位于筛鼻甲和鼻中隔后部，被覆嗅上皮，为嗅觉器官。

【例题】固有鼻腔呼吸区黏膜上皮类型是（E）。

A. 变移上皮　B. 单层扁平上皮　C. 单层柱状上皮

D. 复层扁平上皮　E. 假复层纤毛柱状上皮

考点 4：喉软骨的种类和功能★★★

喉软骨有 4 种 5 块，包括环状软骨、甲状软骨、会厌软骨和成对的杓状软骨。环状软骨呈戒指样；甲状软骨位于环状软骨前方，为最大的喉软骨，呈 U 形，腹侧面后部有一突起，称为喉结；会厌软骨位于甲状软骨前方，呈叶片状，分为底和尖，尖弯向舌根，在吞咽时向后翻转盖住喉头，防止食物落入喉内。

【例题 1】喉软骨中成对的是（D）。

A. 会厌软骨　B. 甲状软骨　C. 环状软骨　D. 杓状软骨　E. 盘状软骨

【例题 2】家畜喉软骨中，最大的是（A）。

A. 甲状软骨　B. 会厌软骨　C. 环状软骨　D. 杓状软骨　E. 剑状软骨

【例题 3】能关闭喉口的软骨是（A）。

A. 会厌软骨　B. 甲状软骨　C. 环状软骨　D. 杓状软骨　E. 剑状软骨

考点 5：声带的组成和特点★★

声带由声襞及其外侧的声韧带和声带肌构成。声襞为喉腔中部侧壁上的一对黏膜襞，两侧声襞之间的裂隙称为声门裂，声襞和声门裂合称声门。声襞是发声器官，声门裂前方的喉腔称为喉前庭，内有喉室，后面的喉腔称为声门下腔。马和犬的喉前庭有前庭襞，位于喉室的前缘。牛无喉室。

考点 6：肺的组织结构特点★★★★★

肺分为左肺和右肺，右肺较大，为气体交换的器官。左肺分为前叶（尖叶）和后叶（膈叶），右肺分为前叶、中叶、后叶和副叶。肺呈三面棱柱状，有 3 个面和 3 个缘，分别为肋面、膈面、内侧面，以及背侧缘、腹侧缘、底缘。

支气管分支形成各级小支气管，称为细支气管，反复分支为终末细支气管。终末细支气管再次分支，管壁上出现肺泡开口，称为呼吸性细支气管。进一步分支形成大量肺泡开口，为肺泡管，数个肺泡形成的结构称为肺泡囊。在终末细支气管，黏膜形成皱襞，上皮转变为单层纤毛柱状上皮或单层柱状上皮，杯状细胞、腺体和软骨片完全消失，平滑肌形成完整的环形肌层。

肺的呼吸部包括呼吸性细支气管、肺泡管、肺泡囊和肺泡。肺泡是进行气体交换的场所。肺泡上皮根据细胞的形态和功能分为Ⅰ型肺泡细胞和Ⅱ型肺泡细胞。Ⅰ型肺泡细胞呈扁平状，是执行气体交换的主要部分；Ⅱ型肺泡细胞是分泌细胞，分泌肺泡表面活性物质，具有降低肺泡表面张力、稳定肺泡形态的作用。

【例题 1】家畜的肺分为左肺和右肺，其中右肺的特点是（B）。

A. 较小　B. 较大　C. 较圆　D. 较钝　E. 较尖

【例题 2】呼吸系统中，真正执行气体交换功能的器官是（D）。

A. 鼻　B. 咽　C. 喉　D. 肺　E. 气管

【例题 3】肺的呼吸部不包括（A）。

A. 终末细支气管　B. 肺泡管　C. 肺泡

D. 呼吸性细支气管　E. 肺泡囊

【例题 4】能分泌肺泡表面活性物质的细胞是（D）。

A. 肺泡膈　B. 尘细胞　C. Ⅰ型肺泡细胞

D. Ⅱ型肺泡细胞　E. Ⅲ型肺泡细胞

考点 7：气 - 血屏障的组成★★

动物机体的气体交换发生于肺泡上皮和肺泡隔毛细血管之间。肺泡与血液进行气体交换时，需要通过肺泡上皮、上皮基膜、血管内皮基膜和内皮细胞 4 层结构，这 4 层结构合称为气 - 血屏障。

第九章　泌尿系统

Ⅰ轻装上阵

如何学？

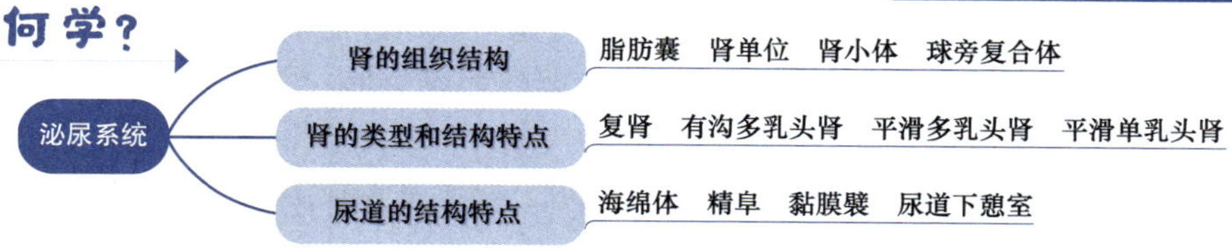

如何考？

本章考点在考试中主要出现在A1、B1型题中，每年分值平均2分。下列所述考点均需掌握。对于重点内容，希望考生予以特别关注。

考点冲浪

考点1：肾的组织结构★★★

肾为成对的实质性器官，位于腹主动脉和后腔静脉两侧、腰椎的腹侧。肾的外面包有厚层的脂肪，称为脂肪囊，其深面有结缔组织构成的纤维囊，纤维囊易与肾剥离。肾实质由大量泌尿小管构成，泌尿小管包括肾单位和集合小管两部分，肾单位由肾小体和肾小管组成。肾小球呈球形，由血管球和肾小囊组成，若肾小球滤过膜受损，通透性增大，大分子蛋白及白细胞都能漏出，形成蛋白尿或血尿。肾小管包括近端小管、细段和远端小管。肾的内侧缘中部凹陷为肾门，内陷形成肾窦，输尿管、肾血管、神经和淋巴管等由肾门出入肾。

在肾小体血管极，由球旁细胞、致密斑和球外系膜细胞组成的球旁复合体，又称血管球旁器，具有内分泌和调节功能。

【例题1】肾外表面坚韧的结缔组织膜构成（D）。

A. 滑膜　B. 浆膜　C. 上皮　D. 纤维囊　E. 脂肪囊

【例题2】形成蛋白尿时，蛋白质首先通过的肾结构是（E）。

A. 近端小管　B. 肾小管细段　C. 远端小管　D. 肾结合小管　E. 滤过膜

考点2：肾的类型和结构特点★★★

根据肾叶愈合的程度，肾分为4种类型，即复肾、有沟多乳头肾、平滑多乳头肾和平滑单乳头肾。复肾由许多独立的肾叶构成，见于鲸、熊、水獭等动物。有沟多乳头肾是指相邻肾叶仅中部合并，肾表面以沟分开，每一肾叶仍保留独立的肾乳头，如牛肾。牛肾无肾盂，输尿管在肾内分为两个肾大盏，肾大盏分支形成肾小盏，肾小盏呈喇叭状，包围每一个肾乳头。平滑多乳头肾是指所有肾叶的皮质完全合并，肾表面平滑无分界，但每一肾叶仍保留独立的肾乳头，如猪肾和人肾。平滑单乳头肾是指所有肾叶的皮质和髓质完全合并，肾乳头也愈合为一个总乳头，如马肾、羊肾、兔肾、犬肾等。

【例题1】犬肾为（C）。

A. 复肾　B. 平滑多乳头肾　C. 平滑单乳头肾
D. 有沟单乳头肾　E. 有沟多乳头肾

【例题2】具有肾大盏和肾小盏，但无肾盂的家畜是（B）。

A. 羊　B. 牛　C. 猪　D. 马　E. 犬

考点3：尿道的结构特点★★★

泌尿系统由肾、输尿管、膀胱和尿道组成。肾是生成尿液的器官，输尿管是输送尿液至膀胱的管道，膀胱为暂时贮存尿液的器官，呈长卵圆形或梨形，膀胱黏膜上皮为变移上皮，由移行上皮细胞构成。尿道是排出尿液的管道。

雄性尿道由黏膜、海绵体层、肌层和外膜组成。黏膜常形成纵褶，被覆变移上皮。在雄性尿道起始部背侧中央有一圆形隆起，称为精阜，具有输精管和精囊腺管的开口。在尿道狭之前，牛和猪的黏膜形成半月形的黏膜襞，该黏膜襞给公畜导尿带来困难。阴茎部海绵体层发达，形成尿道海绵体，在尿道狭处膨大形成阴茎球（尿道球）。

母畜的尿道较短，位于阴道腹侧、骨盆底壁，以尿道内口接膀胱颈，借尿道外口开口于阴道与阴道前庭交界处。母牛、母猪尿道外口腹侧有尿道下憩室。

【例题 1】暂时贮存尿液的器官是（C）。

A. 雌性尿道　B. 雄性尿道　C. 膀胱　D. 输尿管　E. 肾

【例题 2】膀胱的黏膜上皮是（A）。

A. 变移上皮　B. 复层柱状上皮　C. 单层柱状上皮
D. 单层立方上皮　E. 假复层纤毛柱状上皮

【例题 3】给公牛导尿带来困难的结构是（A）。

A. 尿道峡前方的半月形黏膜襞　B. 精阜
C. 尿道突　D. 尿道内口
E. 尿道脊

【例题 4】输精管开口于雄性尿道骨盆部的起始部背侧的圆形隆起称为（B）。

A. 膀胱三角　B. 精阜　C. 尿道球　D. 前列腺　E. 尿道突起

【例题 5】具有尿道下憩室的家畜是（C）。

A. 母马　B. 母犬　C. 母牛　D. 母兔　E. 母驴

第十章　生殖系统

轻装上阵

如何学？

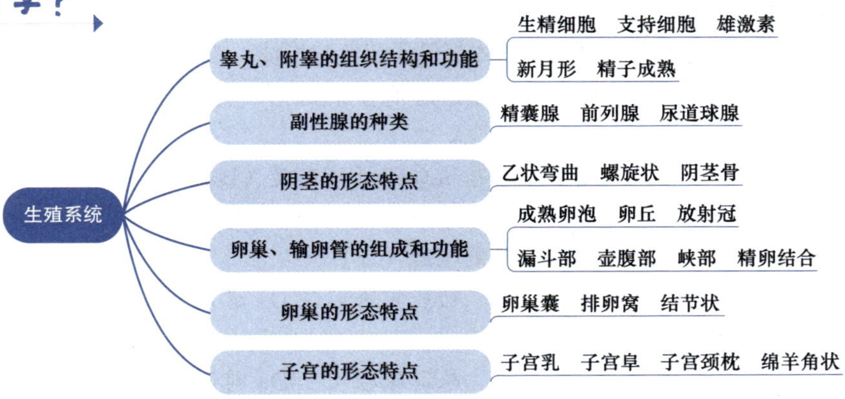

如何考？

本章考点在考试中主要出现在 A1、B1、A2 型题中，每年分值平均 3 分。下列所述考点均需掌握。副性腺、子宫形态特点是考查最为频繁的内容，希望考生予以特别关注。

考点冲浪

考点 1：睾丸、附睾的组织结构和功能★★★★

睾丸是产生精子和分泌雄性激素的器官，牛的睾丸实质呈黄色，羊的呈白色。牛、羊的睾丸呈长椭圆形，长轴与地面垂直。分布在精曲小管间的疏松结缔组织为睾丸间质，间质中有一种特殊的内分泌细胞，称为睾丸间质细胞。睾丸有附睾附着的一侧为附睾缘，相对的一侧为游离缘；有血管、神经进入的一端为睾丸头端，相对的一端为睾丸尾端。

生精小管管壁细胞分为生精细胞和支持细胞。生精细胞产生精子；支持细胞又称为塞托利细胞，具有营养生精细胞、分泌雄激素、参与血-睾屏障的形成等功能。

附睾呈新月形，附着于睾丸的附睾缘，是贮存精子和精子成熟的地方。

犬的阴囊呈球形，阴囊壁的结构与腹壁相似，由外向内依次为皮肤、肉膜、精索外筋膜、提睾肌、精索内筋膜和鞘膜壁层，肉膜相当于腹壁的浅筋膜。

【例题 1】牛、羊睾丸的长轴呈（A）。

A. 上下垂直位 B. 前后水平位 C. 前上后下斜位 D. 前下后上斜位 E. 横向水平位

【例题 2】睾丸中有神经、血管进入的一端是（A）。

A. 头端 B. 尾端 C. 附睾缘 D. 游离缘 E. 睾丸固有韧带

【例题 3】公犬去势时，切断的精索包含有（D）。

A. 输尿管 B. 输精管 C. 提睾肌 D. 肉膜 E. 总鞘膜

考点 2：副性腺的种类★★★★★

副性腺是指位于尿生殖道骨盆部背侧面的腺体，包括精囊腺、前列腺和尿道球腺。雄性幼龄家畜去势后，其副性腺发育不良，失去生育功能。

牛的精囊腺呈不规则的长椭圆形，羊的精囊腺为圆形。猪的精囊腺十分发达，呈三棱锥体形，导管多数单独开口于精阜。马的精囊腺呈梨形囊状，犬无精囊腺。

前列腺分为体部和扩散部，体部位于尿生殖道起始部的背侧，扩散部位于尿生殖道骨盆部海绵体层与肌层之间。犬前列腺很发达，体部呈浅黄色球形体，扩散部薄，包围尿道盆部。

牛、羊的尿道球腺呈卵圆形，马的尿道球腺呈椭圆形，猪的尿道球腺发达，呈长圆柱形，犬无尿道球腺。

【例题 1】只有前列腺而无精囊腺和尿道球腺的家畜是（B）。

A. 牛 B. 犬 C. 羊 D. 马 E. 猪

【例题 2】雄性幼龄家畜去势后，其副性腺（B）。

A. 发育良好 B. 发育不良 C. 功能亢进 D. 退化消失 E. 更加发达

【例题 3】公猪精囊腺开口于（E）。

A. 睾丸 B. 尿道口 C. 尿道球腺 D. 前列腺 E. 精阜

【例题 4】马呈梨形囊状的副性腺称（B）。

A. 尿道球 B. 精囊腺 C. 前列腺 D. 尿道球腺 E. 输精管壶腹

考点 3：阴茎的形态特点★★★

牛、羊的阴茎呈圆柱状，细而长，在阴囊后方形成乙状弯曲。猪的阴茎与牛的相似，但乙状弯曲位于阴囊的前方，阴茎头扭转呈螺旋状。犬的阴茎头较长，内含阴茎骨。马的阴茎呈左右略扁的圆柱状，没有乙状弯曲。

【例题】与其他家畜相比，犬阴茎的特殊结构是（A）。

A. 阴茎骨　B. 阴茎头　C. 阴茎体　D. 阴茎根　E. 乙状弯曲

考点4：卵巢、输卵管的组成和功能★★

卵巢是产生卵子和分泌雌激素的器官，由被膜和实质组成。实质分为外周的皮质和内部的髓质。卵泡的发育分为原始卵泡、生长卵泡和成熟卵泡。卵泡细胞由单层变为多层是卵泡开始生长的标志，由于卵泡腔的扩大及卵泡液的增多，使卵母细胞及其外周的颗粒细胞位于卵泡腔的一侧，并与周围的卵泡细胞一起突入卵泡腔，形成卵丘。卵丘中紧贴透明带外表面的一层颗粒细胞，随卵泡发育而变为高柱状，呈放射状排列，称为放射冠。

输卵管分为漏斗部、壶腹部、峡部和子宫部，是输送卵子到子宫的细而弯曲的肌性管道。输卵管壶腹部是输卵管漏斗后方管腔较粗的部分，是精子和卵子结合受精的部分。

考点5：卵巢的形态特点★★★

卵巢分为两缘、两端和两面。卵巢背侧与卵巢系膜相连，称为卵巢系膜缘，系膜缘有神经、血管和淋巴管出入卵巢，称为卵巢门；卵巢腹侧为游离缘。前端与输卵管伞相连，称输卵管端；后端借卵巢固有韧带与子宫角相连，称子宫端。输卵管系膜和卵巢固有韧带之间形成卵巢囊。

牛的卵巢呈稍扁的椭圆形，性成熟后，有成熟的卵泡和黄体突出于卵巢表面。马的卵巢呈豆形，位于第4~5腰椎横突腹侧，游离缘有一凹陷称为排卵窝，成熟卵泡由此排出。猪的卵巢呈卵圆形，左侧卵巢较右侧的大。犬的卵巢呈扁椭圆形，有卵泡和黄体突出于表面而呈结节状。

【例题1】马卵巢呈豆形，位于（B）。

A. 第2~3腰椎横突腹侧　B. 第4~5腰椎横突腹侧

C. 第6~7腰椎横突腹侧　D. 骨盆腔内

E. 腹腔内，耻骨前缘前下方

【例题2】马卵巢的特殊结构是（C）。

A. 卵巢囊　B. 卵巢门　C. 排卵窝　D. 卵巢系膜　E. 卵巢固有韧带

考点6：子宫的形态特点★★★★★

家畜子宫为双角子宫，由子宫角、子宫体和子宫颈组成，是孕育胎儿的肌质器官。子宫腺分泌物为富含糖原等营养物质的浓稠黏液，称为子宫乳，能供给着床前附植阶段的早期胚胎所需的营养。

牛子宫角分叉处有角间背侧和腹侧韧带相连；子宫体短，牛子宫角和子宫体黏膜上有100多个卵圆形隆起，称为子宫阜。子宫阜是反刍动物子宫角和子宫体固有层形成的卵圆形隆起，参与胎盘的形成，属于胎盘的母体部分。马、猪、犬的子宫无子宫阜。

牛子宫角呈卷曲的绵羊角状；马的子宫呈Y形，子宫角呈弓形，子宫角与子宫体等长；猪的子宫角长而弯曲，似小肠，有子宫颈枕；犬的子宫角细长而直，有子宫颈阴道部。

【例题1】孕育胎儿的肌质器官是（C）。

A. 卵巢　　B. 输卵管　　C. 子宫
D. 阴道　　E. 阴道前庭和阴门

【例题 2】具有子宫阜的家畜是（B）。
A. 马　　B. 牛　　C. 猪　　D. 犬　　E. 兔

【例题 3】具有子宫颈枕的家畜是（D）。
A. 马　　B. 牛　　C. 羊　　D. 猪　　E. 犬

【例题 4】马子宫的形态特点是（B）。
A. 子宫角弯曲呈绵羊角状，子宫体短
B. 子宫整体呈 Y 形，子宫角呈弓形，子宫角与子宫体等长
C. 子宫角长而弯曲似小肠，子宫体短
D. 子宫整体呈 Y 形，子宫角细长而直，子宫体短
E. 子宫角弯曲呈绵羊角状，子宫角与子宫体等长

【例题 5】牛、羊子宫阜位于（A）。
A. 子宫角和子宫体黏膜　　B. 子宫体和子宫颈黏膜
C. 子宫颈和子宫角浆膜　　D. 子宫体和子宫角浆膜
E. 子宫角和子宫颈黏膜

第十一章　心血管系统

轻装上阵

如何学？

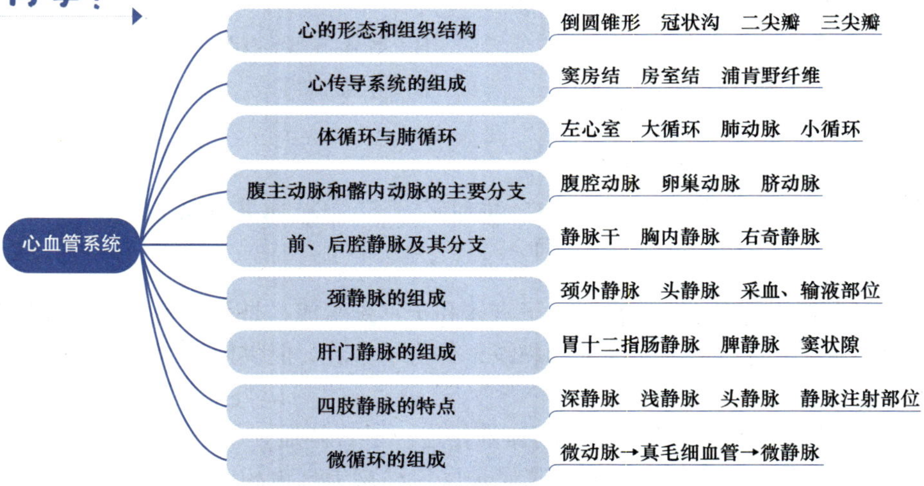

如何考？

本章考点在考试中主要出现在 A1 型题中，每年分值平均 1 分。下列所述考点均需掌握。主干血管等重点内容，希望考生予以特别关注。

考点冲浪

考点 1：心的形态和组织结构★★★

心位于胸腔纵隔内，夹于左、右肺之间，呈倒圆锥形，外有心包包围。心的左侧面称为心耳面，右侧面称为心房面，心底有呈 C 形的冠状沟，将心腔分为左心室、左心房、右心室和右心房 4 个部分，同侧的心房和心室经房室口相通。左房室瓣称为二尖瓣，右房室瓣称为三尖瓣。

心壁分为 3 层，由内向外依次为心内膜、心肌膜和心外膜。心内膜由内皮、内皮下层和心内膜下层组成，心内膜下层的结缔组织中分布着具有传导功能的浦肯野细胞；心肌膜最厚，分为心房肌和心室肌，主要由心肌纤维组成，分为内纵、中环和外斜 3 层。心外膜是心包浆膜的脏层结构，外表面被覆间皮。

【例题 1】家畜心脏的正常形态是（E）。

A. 圆形　B. 扁圆形　C. 椭圆形　D. 圆柱形　E. 倒圆锥形

【例题 2】右心室口上的瓣膜称为（B）。

A. 二尖瓣　B. 三尖瓣　C. 半月瓣　D. 主动脉瓣　E. 肺动脉瓣

考点 2：心传导系统的组成★★★★

心传导系统由特殊的心肌纤维构成，能自动而有节律地产生兴奋和传导兴奋，使心房和心室交替性地收缩和舒张，包括窦房结、房室结、房室束和蒲肯野纤维。窦房结位于心外膜下，房室结呈结节状，位于心内膜下。

【例题 1】心脏的传导系统包括窦房结、房室结、房室束和（E）。

A. 神经纤维　B. 神经原纤维　C. 肌原纤维　D. 胶原纤维　E. 浦肯野纤维

【例题 2】位于房间膈右心房侧内心膜下，呈结节状，属于心传导系统的结构是（B）。

A. 窦房结　B. 房室结　C. 静脉间结节　D. 房室束　E. 浦肯野纤维

考点 3：体循环与肺循环★★★★

血液由右心室输出，经肺动脉、肺毛细血管、肺静脉回流到左心房，称为肺循环（小循环）；血液由左心室输出，经主动脉及其他分支运输到全身各部，通过毛细血管、静脉回流到右心房，称为体循环（大循环）。主动脉是体循环的动脉主干，分为升主动脉、主动脉弓和降主动脉。由升主动脉分出的左、右冠状动脉是为心脏提供营养的动脉。

【例题 1】左心室血液流入（A）。

A. 主动脉　B. 肺动脉　C. 肺静脉　D. 前腔静脉　E. 后腔静脉

【例题 2】右心室收缩使血液射入（B）。

A. 主动脉　B. 肺动脉　C. 肺静脉　D. 前腔静脉　E. 后腔静脉

【例题 3】心脏自身的营养动脉是（A）。

A. 冠状动脉　B. 升主动脉　C. 胸廓内动脉　D. 胸主动脉　E. 降主动脉

考点 4：腹主动脉和髂内动脉的主要分支★★★

腹主动脉包括腹腔动脉、肠系膜前动脉、肾动脉、肠系膜后动脉、睾丸动脉或卵巢动脉、腰动脉等。其中腹腔动脉分为脾动脉、胃左动脉、肝动脉等，分布于脾、胃、肝、十二指肠和大网膜；卵巢动脉在子宫阔韧带中向后伸延，经卵巢系膜入卵巢，分布于卵巢、输卵管和子宫角。髂内动脉是盆腔脏器和盆壁的动脉主干，沿荐结节阔韧带内侧面向后腹侧伸延，沿途分出脐动脉、臀前动脉和前列腺动脉（阴道动脉）。脐动脉分布于膀胱、输尿管、输精管和子宫（子宫动脉）；阴道动脉分布于膀胱、输尿管、尿道、子宫、阴道、直肠和会阴等。

【例题 1】腹腔动脉分出 3 个分支，分别是肝动脉、脾动脉和（A）。

A. 胃左动脉　　B. 胃右动脉　　C. 肠系膜前动脉

D. 肠系膜后动脉　　E. 肾动脉

【例题 2】牛子宫的血液供应来自（B）。

A. 脐动脉、臀前动脉和阴道动脉　　B. 卵巢动脉、脐动脉和阴道动脉

C. 卵巢动脉、脐动脉和臀前动脉　　D. 卵巢动脉、髂外动脉和阴道动脉

E. 卵巢动脉、臀前动脉和阴道动脉

考点 5：前腔静脉、后腔静脉及其分支★★★

前腔静脉为收集头、颈、前肢和部分胸壁、腹壁血液回流进入右心房的静脉干，其侧支有肋颈静脉、胸内静脉和右奇静脉。

后腔静脉为收集腹部、骨盆部、尾部及后肢血液进入右心房的静脉干。

【例题】前腔静脉和后腔静脉的血液汇入（B）。

A. 左心房　　B. 右心房　　C. 左心室　　D. 右心室　　E. 冠状窦体

考点 6：颈静脉的组成★★★

颈静脉包括颈外静脉和颈内静脉，马无颈内静脉。颈外静脉由舌面静脉和上颌静脉汇集而成，为头颈部粗大的静脉干，其属支有舌面静脉、上颌静脉、颈浅静脉和头静脉等。颈外静脉位于颈静脉沟内，是临床上采血、放血、输液的重要部位。

【例题】牛常用于采血的静脉是（B）。

A. 头静脉　　B. 颈外静脉　　C. 颈内静脉　　D. 颈深静脉　　E. 颈浅静脉

考点 7：肝门静脉的组成★★★

肝门静脉是收集腹腔内不成对脏器，如胃、脾、胰、小肠、大肠（直肠后段除外）等血液回流的静脉主干，其属支有胃十二指肠静脉、脾静脉、肠系膜前静脉和肠系膜后静脉。肝门静脉位于后腔静脉腹侧，穿过胰，与肝动脉一起经肝门入肝，开口于肝小叶的窦状隙。窦状隙的血液依次汇流于中央静脉、小叶下静脉和肝静脉。

【例题】收集胃、肠、脾、胰血液回流的静脉血管是（A）。

A. 肝门静脉　　B. 肾门静脉　　C. 肺门静脉

D. 肠系膜前静脉　　E. 肠系膜后静脉

考点 8：四肢静脉的特点★★★

四肢静脉分为深静脉和浅静脉，其中浅静脉位于皮下，无动脉伴行，在体表可见，常用于犬、猫采血和静脉注射。

头静脉也称臂皮下静脉，为前肢的浅静脉干，经前臂前面入胸外侧沟向上、向内延伸注

入颈外静脉。头静脉是小动物静脉注射的常用部位，用指按压肘部背侧，可使该静脉怒张。副头静脉位于前脚部背侧，起于蹄静脉丛，由指背侧固有静脉、指背侧总静脉依次汇聚而成，注入头静脉。

【例题】猫前肢采血的静脉是（B）。

A. 腋静脉　　B. 头静脉　　C. 臂静脉　　D. 隐静脉　　E. 正中静脉

考点 9：微循环的组成★★★

微循环是指微动脉到微静脉之间微血液的循环系统，是血液循环的基本功能单位。微循环由微动脉、后微动脉、毛细血管前括约肌、真毛细血管、直捷通路、动静脉吻合支和微静脉组成。其中微动脉管壁有环形的平滑肌，其收缩和舒张控制着微循环的血流量，起调节微循环“总闸门”的作用。血液流经微循环的途径有以下 3 种，即微动脉→真毛细血管→微静脉；微动脉→直捷通路→微静脉；微动脉→动静脉吻合→微静脉。

【例题】对微循环血流起“总闸门”作用的结构是（C）。

A. 动静脉吻合　　B. 毛细血管后微动脉　　C. 微动脉

D. 真毛细血管　　E. 毛细血管前微动脉

第十二章　淋巴系统

轻装上阵

如何学？

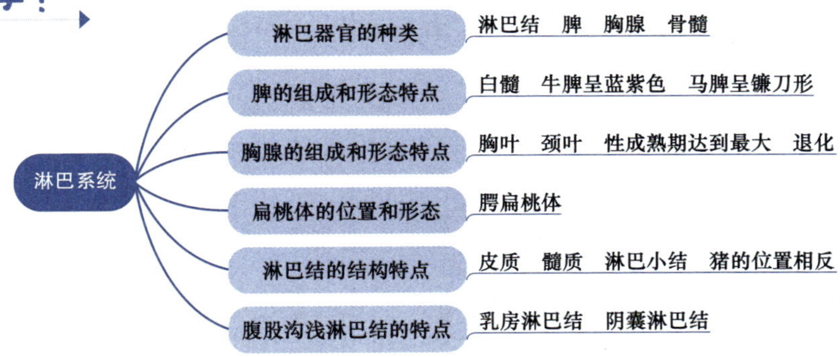

如何考？

本章考点在考试中主要出现在 A1、B1 型题中，每年分值平均 2 分。下列所述考点均需掌握。淋巴结的种类是考查最为频繁的内容，希望考生予以特别关注。

考点冲浪

考点 1：淋巴器官的种类★★★★

淋巴器官是以淋巴组织为主构成的器官，包括淋巴结、脾、胸腺、扁桃体等。根据其功能和淋巴细胞的来源分为中枢（初级）淋巴器官和周围（次级）淋巴器官。中枢（初级）淋巴器官包括胸腺、骨髓和禽类的法氏囊（腔上囊），周围（次级）淋巴器官包括淋巴结、脾、扁桃体等，是引起免疫应答的主要场所，都有输入淋巴管和输出淋巴管。

【例题】既无输入淋巴管，又无输出淋巴管的外周淋巴器官是（C）。

A. 扁桃体　B. 法氏囊　C. 血淋巴结　D. 胸腺　E. 淋巴结

考点2：脾的组成和形态特点★★★

脾由被膜和实质构成，实质由白髓、边缘区和红髓组成。脾脏具有造血、滤血、灭血和贮血等功能。

牛脾呈长而扁的椭圆形，蓝紫色，质地较硬，位于左季肋部，贴附于瘤胃背囊左前部；羊脾扁平，略红钝三角形，红紫色，质地较软，位于瘤胃左侧；马脾呈镰刀形，蓝红色或铁青色，位于胃大弯左侧；猪脾呈细而长的带状，暗红色，质地较硬，位于胃大弯左侧；犬脾略呈舌形或靴形，中部稍狭，紫红褐色，质地较硬。

【例题1】马脾呈（A）。

A. 镰刀形　B. 钝三角形　C. 舌形或靴形

D. 细而长的带状　E. 长而扁的椭圆形

【例题2】牛脾呈长而扁的椭圆形，位于（A）。

A. 瘤胃背囊左前部　B. 瘤胃背囊右前部　C. 网胃前方

D. 瓣胃右侧　E. 瘤胃后方

考点3：胸腺的组成和形态特点★★★

肉食动物的胸腺位于胸腔内，偶蹄动物的胸腺位于胸部和颈部，分为胸叶和颈叶，胸叶大，位于心前纵隔内，向前为左、右颈叶，沿气管两侧分布。新生动物的胸腺发育至性成熟期体积达到最大，到一定年龄（犬1岁，马2~3岁，猪1~2岁，牛4~5岁）开始退化，直至消失。

【例题】7岁犬的胸腺特征是（D）。

A. 胸部和颈部的胸腺均发达　B. 颈部胸腺发达，胸部胸腺退化

C. 胸部胸腺发达　D. 胸部和颈部的胸腺均退化

E. 颈部胸腺发达

考点4：扁桃体的位置和形态★★★

扁桃体由淋巴组织构成，既有弥散淋巴组织，也有淋巴小结，分布于舌、咽等处上皮下结缔组织中，为机体重要的防御器官。反刍动物具有腭扁桃体窦，腭扁桃体位于咽部侧壁、腭舌弓和腭咽弓之间；马腭扁桃体位于舌根两侧；猪无腭扁桃体。

【例题】位于口咽部侧壁的扁桃体称为（B）。

A. 舌扁桃体　B. 腭扁桃体　C. 腭帆扁桃体　D. 咽扁桃体　E. 盲肠扁桃体

考点5：淋巴结的结构特点★★★

淋巴结分为实质和间质。实质分为外周的皮质和中央的髓质，皮质由淋巴小结、副皮质区和皮质淋巴窦组成，副皮质区又称深层皮质，主要含T细胞；髓质由髓索和髓质淋巴窦组成。而猪淋巴结的皮质和髓质的位置恰好相反。

淋巴结是反映机体病理状态的器官，下颌淋巴结、颈浅背侧淋巴结、腹股沟淋巴结和肝

淋巴结是宰后检验猪肉时最具有剖检意义的淋巴结。

【例题 1】大多数家畜淋巴结的实质分为外周的皮质和中央的髓质，但皮质和髓质位置颠倒的是（A）。

A. 猪　B. 马　C. 牛　D. 羊　E. 犬

【例题 2】淋巴结内的 T 细胞主要位于（B）。

A. 淋巴小结　B. 副皮质区　C. 皮质淋巴窦　D. 髓索　E. 髓质淋巴窦

【例题 3】对肉品进行检验时，常规检查猪腹腔的淋巴结是（A）。

A. 肝淋巴结　B. 脾淋巴结　C. 胰十二指肠淋巴结

D. 肠系膜前淋巴结　E. 肠系膜后淋巴结

考点 6：腹股沟浅淋巴结的特点★★★

母牛、母马的腹股沟浅淋巴结位于乳房基部后上方或外侧的皮下，称为乳房淋巴结，母猪、母犬的位于最后乳房的后外侧或基部的后上方，乳房临床检查时常触诊此淋巴结。公畜的称为阴囊淋巴结，公牛的位于阴茎背侧、精索的后方；公马有 2 群，分别位于精索前、后方；公猪、公犬的位于阴茎外侧、腹股沟管皮下环的前方。

【例题】母牛乳房临床检查触诊的淋巴结是（A）。

A. 腹股沟浅淋巴结　B. 髂下淋巴结　C. 腹股沟深淋巴结

D. 腘淋巴结　E. 髂内淋巴结

第十三章　神经系统

轻装上阵

如何学？

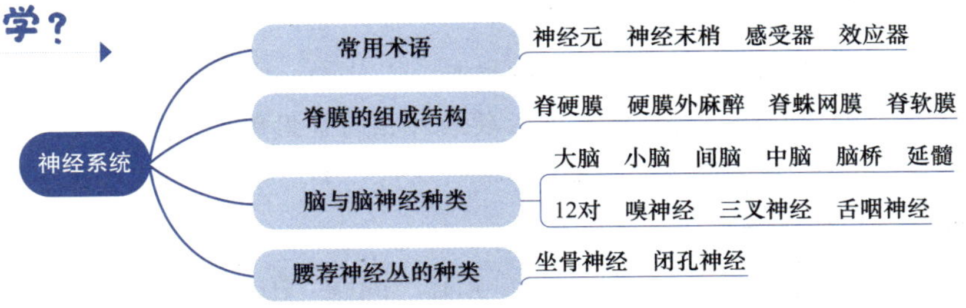

如何考？

本章考点在考试中主要出现在 A1 型题中，每年分值平均 1 分。下列所述考点均需掌握。对于重点内容，希望考生予以特别关注。

考点冲浪

考点 1：常用术语名称★★★

在神经系统中，分布到内脏器官、血管和皮肤的平滑肌，以及心肌、腺体等的神经，称为内脏神经。其中的传出神经称为自主神经或植物性神经。

神经元即神经细胞，是一种高度分化的细胞，是神经系统的结构和功能单位。神经纤维是中枢神经和外周神经的组成部分，包括有髓神经纤维和无髓神经纤维。

神经末梢是神经纤维的末端部分，按其功能分为感觉神经末梢和运动神经末梢两大类。感觉神经末梢能感觉内、外环境的各种刺激，又称为感受器；运动神经末梢是中枢发出的传出神经纤维末梢装置，又称为效应器。

神经调节的基本方式是反射，完成反射所需的结构称为反射弧，包括感受器、传入神经、神经中枢（包括大脑、小脑和运动中枢背髓）、传出神经和效应器。

【例题 1】分布到内脏器官、平滑肌、心肌的神经称为内脏神经，其中的传出神经是（E）。

A. 中枢神经 B. 脊神经 C. 感觉神经 D. 脑神经 E. 植物性神经

【例题 2】动物因脊髓损伤而瘫痪，反射弧中受损的是（D）。

A. 传出神经 B. 效应器 C. 感受器 D. 神经中枢 E. 传入神经

考点 2：脊膜的组成结构★★★★

脊髓外周包有 3 层结缔组织膜，由外向内依次为脊硬膜、脊蛛网膜和脊软膜。

脊硬膜为厚而坚实的结缔组织膜，脊硬膜与椎管之间为硬膜外腔，硬膜外麻醉即自腰荐间隙将麻醉剂注入硬膜外腔。

脊蛛网膜薄，位于脊硬膜与脊软膜之间，在硬膜与蛛网膜之间为硬膜下腔，向前与脑硬膜下腔相通。在脊蛛网膜与脊软膜之间为蛛网膜下腔，内含脑脊液。

脊软膜薄而富含血管，紧贴于脊髓的表面。

脊髓中部为灰质，周围为白质。灰质主要由神经元的胞体构成，横断面呈蝶形。

【例题 1】脊髓膜的最内层称为（E）。

A. 脊外膜 B. 脊内膜 C. 脊蛛网膜 D. 脊硬膜 E. 脊软膜

【例题 2】脊硬膜和椎管之间的腔隙是（A）。

A. 硬膜外腔 B. 脊髓中央管 C. 硬膜下腔 D. 蛛网膜下腔 E. 蛛网膜内腔

【例题 3】脊髓灰质横切面呈（C）。

A. 立方形 B. 扁平形 C. 蝴蝶形 D. 三角形 E. 卵圆形

【例题 4】硬膜外麻醉时，将麻醉剂注入硬膜外腔的常用部位是（D）。

A. 寰枢间隙 B. 颈胸间隙 C. 胸腰间隙 D. 腰荐间隙 E. 荐尾间隙

考点 3：脑与脑神经的种类★★★★★

脑是神经系统中的高级中枢，分为大脑、小脑、间脑、中脑、脑桥和延髓 6 部分。一般将延髓、脑桥、中脑与间脑称为脑干。

脑神经是指与脑相连的外周神经，共有 12 对，包括嗅神经、视神经、动眼神经、滑车神经、三叉神经、外展神经、面神经、前庭耳蜗神经、舌咽神经、迷走神经、副神经和舌下神经。注意 12 对脑神经的纤维成分种类和支配的器官，如嗅神经、视神经是感觉神经，动眼神经、滑车神经是运动神经，迷走神经是混合神经。

【例题 1】滑车神经的纤维成分性质属于（B）。

A. 感觉神经 B. 运动神经 C. 混合神经 D. 交感神经 E. 副交感神经

【例题 2】分布于视网膜的感觉神经是（B）。

A. 眼神经 B. 视神经 C. 外展神经 D. 动眼神经 E. 滑车神经

考点 4：腰荐神经丛的种类和位置★★★

腰荐神经丛由第 4、第 5、第 6 腰神经的腹侧支和第 1、第 2 荐神经的腹侧支构成，位于腰荐部腹侧，由此神经丛发出的主要神经有坐骨神经、闭孔神经和股神经等。

坐骨神经为全身最粗、最长的神经，扁而宽，由坐骨大孔走出；闭孔神经由腰荐丛前部发出，沿髂骨内侧面向后下方伸延，穿出闭孔，分布于闭孔外肌、耻骨肌、内收肌和股薄肌；股神经由腰荐丛前部发出，行经腰大肌与腰小肌之间和缝匠肌深面而进入股四头肌。

【例题】机体内最粗、最长的神经是（C）。

A. 股神经　　B. 闭孔神经　　C. 坐骨神经　　D. 臀前神经　　E. 臀后神经

第十四章　内分泌系统

轻装上阵

如何学？

如何考？

本章考点在考试中主要出现在 A1 型题中，每年分值平均 1 分。对于重点内容，希望考生予以特别关注。

考点冲浪

考点：内分泌系统的概念和组成★★★★★

内分泌系统是动物机体重要的调节系统，主要作用于动物的新陈代谢、生殖发育，保持动物内环境的平衡。内分泌腺的结构特点主要有富含血管，腺体组织中含有神经和淋巴管，无输出导管。

内分泌系统包括独立的内分泌器官和分散在其他器官中的内分泌组织。内分泌器官有甲状腺、甲状旁腺、垂体、肾上腺和松果体。左、右肾上腺分别位于左、右肾的前内侧缘附近；松果体位于间脑背部侧壁中央，大脑半球的深部，以柄连接于丘上脑；垂体位于蝶骨体颅腔面的垂体窝内；甲状腺位于喉的后方。内分泌组织分散存在于器官或组织内，共同组成混合腺的器官，如胰腺内的胰岛、肾脏内的肾小球旁复合体、睾丸内的间质细胞，以及卵巢内的间质细胞，卵泡和黄体等。其中垂体是动物机体内最大的、结构最复杂的、最重要的、分泌激素最多的内分泌腺。

猪的甲状腺侧叶和腺峡谷结合为一个整体，呈深红色、球形。

【例题 1】内分泌系统中分泌激素种类最多的器官是（E）。

A. 甲状腺　　B. 甲状旁腺　　C. 肾上腺　　D. 松果体　　E. 垂体

【例题 2】内分泌腺的结构特点之一是没有（D）。

A. 动脉　B. 淋巴管　C. 神经　D. 导管　E. 静脉

【例题 3】独立的内分泌器官是（E）。

A. 胰岛　B. 黄体　C. 卵泡　D. 前列腺　E. 甲状旁腺

【例题 4】位于左、右肾前内侧的内分泌腺是（C）。

A. 垂体　B. 松果体　C. 肾上腺　D. 甲状腺　E. 甲状旁腺

【例题 5】甲状腺的侧叶和腺峡合并为一整体，呈球形的动物是（A）。

A. 猪　B. 马　C. 牛　D. 山羊　E. 犬

【例题 6】分布于肾组织内的内分泌细胞群是（D）。

A. 肾小球　B. 肾小囊　C. 肾小体　D. 球旁复合体　E. 肾小管

第十五章　感觉器官

轻装上阵

如何学？

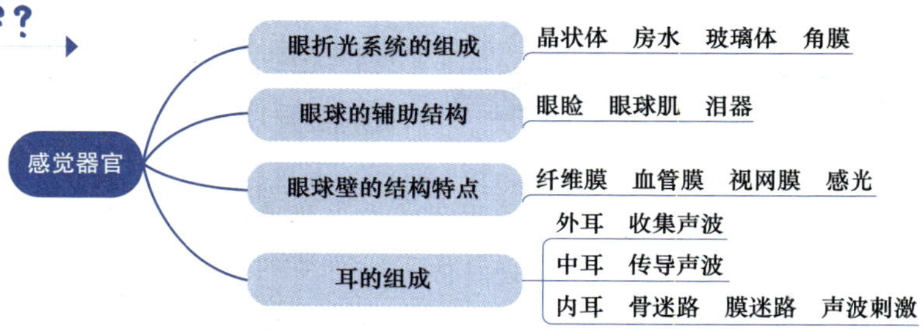

如何考？

本章考点在考试中主要出现在 A1、B1 型题中，每年分值平均 2 分。下列所述考点均需掌握。对于重点内容，希望考生予以特别关注。

考点冲浪

考点 1：眼折光系统的组成★★★

眼球的内含物主要是折光体，包括晶状体、房水和玻璃体。主要作用是与角膜一起，将通过眼球的光线经过曲折，使焦点集中在视网膜上，形成影像。

【例题 1】眼球内容物包括（A）。

A. 房水、晶状体、玻璃体　B. 晶状体、玻璃体、视网膜

C. 晶状体、玻璃体、虹膜　D. 晶状体、房水、虹膜

E. 视网膜、房水、虹膜

【例题 2】眼球折光系统不包括（D）。

A. 角膜　B. 房水　C. 晶状体　D. 视网膜　E. 玻璃体

考点 2：眼球的辅助结构★★

眼球的辅助结构主要有眼睑、眼球肌和泪器，具有保护眼球、使眼球灵活运动和分泌眼

泪、清洗眼球的作用。

考点 3：眼球壁的结构特点★★★★

眼球壁由外向内分为纤维膜、血管膜和视网膜。纤维膜分为前部的角膜和后部的巩膜。血管膜富有血管和色素细胞，具有输送营养和吸收眼内分散光线的作用。血管膜由后向前分为虹膜、睫状体和脉络膜，其中睫状体具有调节视力的功能。视网膜位于眼球壁内层，分为视部和盲部，视部具有感光功能。

【例题 1】眼球壁的 3 层结构是指纤维膜、血管膜和（B）。

A. 蛛网膜　B. 视网膜　C. 硬膜　D. 软膜　E. 白膜

【例题 2】眼球壁 3 层结构的中层机构是（B）。

A. 纤维膜　B. 血管膜　C. 视网膜　D. 角膜　E. 虹膜

【例题 3】哺乳动物眼球壁的 3 层结构中有感光功能的是（E）。

A. 虹膜　B. 巩膜　C. 纤维膜　D. 脉络膜　E. 视网膜

【例题 4】位于眼球壁中层，具有调节视力作用的结构是（B）。

A. 虹膜　B. 睫状体　C. 角膜　D. 脉络膜　E. 巩膜

考点 4：耳的组成★★★★

耳由外耳、中耳和内耳 3 部分构成。外耳收集声波，中耳传导声波，内耳是听觉感受器和位置感受器所在地。其中内耳分为骨迷路和膜迷路，它们是盘曲于鼓室内侧骨质内的骨管，在骨管内套有膜管。骨管称为骨迷路，膜管称为膜迷路，起着传递声波刺激和机体位置变动刺激的作用。

【例题 1】中耳的功能是（B）。

A. 收集声波　B. 传导声波　C. 压缩声波

D. 听觉感受器的所在地　E. 位置感受器的所在地

【例题 2】位置感受器位于（C）。

A. 骨迷路　B. 鼓室　C. 膜迷路　D. 咽鼓管　E. 鼓膜

第十六章　家禽解剖特点

轻装上阵

如何学？

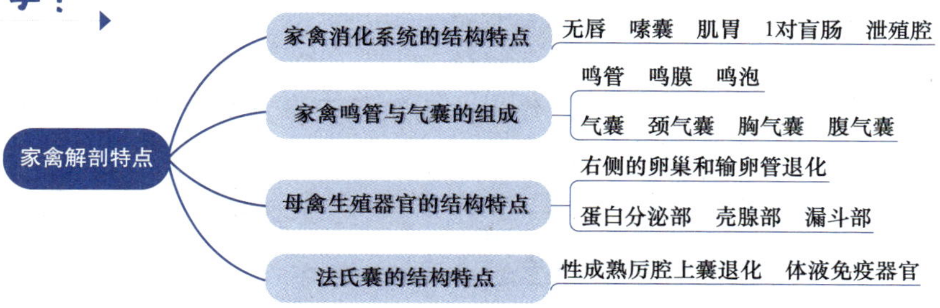

如何考？

本章考点在考试中主要出现在A1、B1型题中。下列所述考点均需掌握。对于重点内容，希望考生予以特别关注。

考点冲浪

考点1：家禽消化系统的结构特点★★★

家禽没有唇和牙齿，舌肌不发达，嗉囊为食管的膨大部。肌胃紧接腺胃之后，为近圆形或者椭圆的双凸体。肌胃内经常有吞食的砂粒，又称砂囊。肌胃以发达的肌层、胃内砂粒及粗糙而坚韧的类角质膜，对吞入的食物起机械性磨碎作用，因而在机械化养鸡场饲料中，必须定期掺入一些砂粒。

家禽空肠形成许多肠袢，中部有1个小突起，称为卵黄囊憩室，是胚胎期卵黄囊柄的遗迹。回肠短而直。大肠包括1对盲肠和1条短的直肠，肉食禽类盲肠很短。

盲肠扁桃体为禽类盲肠基部丰富的淋巴组织，是禽病诊断的主要观察部位。泄殖腔为肠管末端膨大形成的腔道，是消化、泌尿、生殖3个系统的共同通道。泄殖腔背侧有法氏囊（腔上囊）。

【例题1】鸡消化道的特点之一是（B）。

A. 1条盲肠　B. 2条盲肠　C. 3条盲肠　D. 盲肠消失　E. 盲肠退化

【例题2】鸡的盲肠扁桃体位于（D）。

A. 回盲韧带　B. 盲肠体　C. 盲肠尖　D. 盲肠基部　E. 盲肠体和尖

考点2：家禽泌尿系统的组成★★

家禽泌尿系统由肾和输尿管组成，没有膀胱。

【例题】家禽的泌尿系统特殊，是因为（E）。

A. 肾脏发达　B. 肾脏退化　C. 肾合并　D. 膀胱发达　E. 缺乏膀胱

考点3：家禽鸣管与气囊的组成★★★★

鸣管是禽类的发声器官，由数个气管环、支气管环以及1枚鸣骨构成。鸣骨呈楔形，位于鸣管腔分叉处。公鸭鸣管形成膨大的骨质鸣泡，故发声嘶哑。在鸣管的内侧、外侧壁覆以2对鸣膜。当禽类呼吸时，空气经过鸣膜之间的狭缝，振动鸣膜而发声。

气囊是禽类特有的器官，分为前、后两群。前群气囊有1个锁骨气囊和成对的颈气囊、前胸气囊；后群气囊有1对后胸气囊和1对腹气囊。

【例题1】鸡气管分叉处形成的特殊结构是（D）。

A. 鸣管　B. 气囊　C. 鸣膜　D. 鸣骨　E. 鸣泡

【例题2】有前、后两群共9个，作为贮气装置而参与肺呼吸作用的禽类特有器官是（D）。

A. 鼻　B. 咽　C. 喉　D. 气囊　E. 鸣管

考点4：母禽生殖器官的结构特点★★★

卵巢以短的系膜悬吊于腹腔背侧，成年母禽左侧的卵巢和输卵管发育正常，右侧的卵巢和输卵管退化。

输卵管以背韧带和腹韧带悬吊于腹腔顶壁，由前向后可分为漏斗部、膨大部、峡部、子宫部和阴道部。

漏斗部是输卵管的最前部，朝向卵巢，以接纳排出的卵细胞，同时也是精子和卵细胞相遇而受精的地方；膨大部又称为蛋白分泌部，管壁内有大量腺体，分泌物形成蛋白；峡部细而短，分泌物构成内、外两层壳膜；子宫部又称为壳腺部，卵细胞在此部停留时间最长，以形成坚硬的卵壳；阴道部开口于泄殖腔的左侧。

【例题 1】雌性家禽生殖系统的特点是（E）。

A. 卵巢不发达　B. 输卵管不发达　C. 卵巢特别发达

D. 左侧的卵巢和输卵管退化　E. 右侧的卵巢和输卵管退化

【例题 2】产蛋期呈乳白色，黏膜内有丰富的腺体，分泌物形成蛋白的输卵管部位是（B）。

A. 峡部　B. 膨大部　C. 漏斗部　D. 子宫部　E. 阴道部

考点 5：法氏囊的结构特点★★

法氏囊又称腔上囊，为椭圆形盲囊状，位于泄殖腔背侧，性成熟后法氏囊开始退化。法氏囊的功能与体液免疫有关，是机体产生 B 淋巴细胞的初级淋巴器官。

第十七章　胚胎学

轻装上阵

如何学？

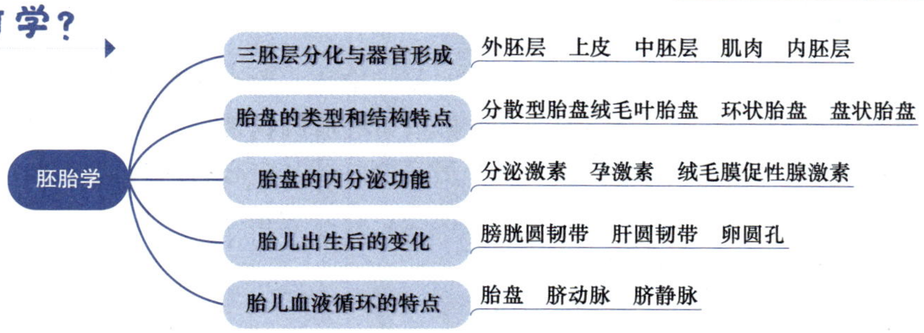

如何考？

本章考点在考试中主要出现在 A1 型题中，每年分值平均 1 分。下列所述考点均需掌握。对于重点内容，希望考生予以特别关注。

考点冲浪

考点 1：三胚层分化与器官形成★★

胚胎的 3 个胚层可以分别分化，形成不同的器官系统。外胚层分化形成神经系统、感觉器官的上皮、肾上腺髓质、垂体前叶、复层扁平上皮及衍生物；中胚层分化形成肌肉、结缔组织、心血管、淋巴系统、肾上腺皮质及泌尿、生殖器官的大部分、体腔上皮；内胚层分化形成消化系统，从咽到直肠末端的上皮及腺上皮，呼吸系统从喉到肺泡的上皮。

考点2：胎盘的类型和结构特点★★★

根据子宫的组织学结构，将胎盘分为以下类型：

上皮绒毛膜胎盘：又称为分散型胎盘，是指母体子宫组织的所有3层结构都存在。猪和马的胎盘属于这一类型。

结缔绒毛膜胎盘：又称为绒毛叶胎盘，是指母体的子宫内膜上皮脱落，结缔组织和血管内皮完好。牛、羊等反刍动物妊娠后期的胎盘属于这一类型。

内皮绒毛膜胎盘：又称为环状胎盘，是指母体的子宫内膜上皮和结缔组织都脱落，只剩下母体血管内皮与胎儿绒毛膜上皮接触。犬、猫等肉食动物的胎盘属于这一类型。

血绒毛膜胎盘：又称为盘状胎盘，是指母体的子宫内膜上皮、血管内皮和结缔组织都脱落，只剩下胎儿胎盘的3层。兔和灵长类动物的胎盘属于这一类型。

【例题1】具有结缔绒毛膜胎盘（绒毛叶胎盘）的动物是（B）。

A. 马　B. 牛　C. 犬　D. 猪　E. 兔

【例题2】具有内皮绒毛膜胎盘（环状胎盘）的动物是（E）。

A. 马　B. 牛　C. 羊　D. 猪　E. 犬

考点3：胎盘的内分泌功能★★

胎盘是一个暂时性的内分泌器官，能够分泌许多激素，主要有绒毛膜促性腺激素、孕激素、雌激素和胎盘促乳素等。在妊娠早期，胎盘能分泌绒毛膜促性腺激素，是鉴别动物妊娠与否的重要指标。早期妊娠时母马血清中的孕马血清促性腺激素，具有促卵泡素和促黄体素的双重作用，被广泛应用于畜牧业生产和科学研究中。

考点4：胎儿出生后的变化★★

胎儿出生后，肺和胃肠开始功能活动，同时脐带中止，胎盘循环停止，血液循环随之发生改变。脐动脉和脐静脉闭锁，分别形成膀胱圆韧带和肝圆韧带；动脉导管闭锁，形成动脉导管索，卵圆孔闭锁，形成卵圆窝。左、右心房完全分开，左心房内为动脉血，右心房内为静脉血。胎儿心脏的房中膈上有1个卵圆孔，使左、右心房相通，该孔左侧有瓣膜，血液只能由右心房流向左心房。

【例题】胎牛房中隔上的裂孔称为（B）。

A. 脐孔　B. 卵圆孔　C. 颊孔　D. 腔静脉孔　E. 主动脉裂孔

考点5：胎儿血液循环的特点

胎盘是胎儿和母体进行气体和物质交换的特殊器官，借脐带与胎儿相连，脐带内有2条脐动脉和1条（马、猪）或2条（牛）脐静脉。

脐动脉由髂内动脉（牛）或阴部内动脉（马）分出，经脐带到胎盘，分支形成毛细血管网；脐静脉由胎盘毛细血管汇集而成，经脐带由脐孔进入胎儿腹腔，沿肝的镰状韧带伸延，经肝门入肝。

【例题】胎儿与母体进行物质交换的特殊结构是（B）。

A. 卵巢　B. 胎盘　C. 子宫颈　D. 输卵管　E. 子宫角

第三篇
动物生理学

第一章 概述

轻装上阵

如何学？

- 概述
  - 常用术语名称：体液　细胞内液　细胞外液　内环境稳态
  - 动物机体功能调节的基本方式：神经调节　体液调节　自身调节

如何考？

本章考点在考试中主要出现在A1型题中，每年分值平均1分。下列所述考点均需掌握。对于重点内容，希望考生予以特别关注。

考点冲浪

考点1：常用术语名称★★

体液是指动物体内所含的液体。体液分为细胞外液和细胞内液。细胞内液是指存在于细胞内的液体，约占体液的2/3；细胞外液是指存在于细胞外的液体，包括血液中的血浆，细胞间隙的细胞间液，淋巴管的淋巴液，蛛网膜下腔、脑室及脊髓中央管内的脑脊液，其组成成分和数量相对恒定。

内环境是指由细胞外液构成的机体细胞的直接生活环境。

在正常情况下，机体可以通过自身的调节活动，把内环境的变化控制在一个狭小的范围内，即内环境的成分和理化性质保持相对稳定，称为内环境稳态。内环境稳态是细胞维持正常功能的必要条件，也是机体维持正常生命活动的基本条件。

【例题1】细胞外液主要是指（E）。

A. 血清、组织液、淋巴液及脑脊液
B. 血液、组织液、小肠液及脑脊液
C. 血浆、组织液、淋巴液及小肠液
D. 血清、组织液、小肠液和脑脊液
E. 血浆、组织液、淋巴液和脑脊液

【例题2】细胞外液的基本特点是（E）。

A. 组成成分相对不恒定
B. 组成数量相对不恒定
C. 理化特性相对不恒定
D. 组成数量和理化特性相对不恒定
E. 组成成分和数量相对恒定

【例题3】内环境稳态是指（C）。

A. 细胞内液的成分和理化性质保持相对稳定
B. 细胞内液的成分和理化性质稳定不变
C. 细胞外液的成分和理化性质保持相对稳定
D. 细胞外液的成分和理化性质稳定不变
E. 体液的成分和理化性质保持相对稳定

考点 2：动物机体功能调节的基本方式★★

动物机体功能的调节主要有 3 种方式，即神经调节、体液调节及器官、组织、细胞的自身调节。神经调节的基本活动方式是反射，完成反射所需的结构称为反射弧，包括感受器、传入神经、神经中枢、传出神经、效应器 5 个环节。体液调节是指机体某些组织细胞能产生一些具有细胞传递功能的化学物质，经体液途径运送到特殊的靶组织、细胞，作用于相应的受体，对靶组织、细胞的活动进行调节，主要物质有二氧化碳、氢离子、血管升压素、胃泌素等。

【例题 1】神经调节的基本活动方式是（A）。

A. 反射　　B. 肌紧张　　C. 皮层活动　　D. 突触传递　　E. 感觉传导

【例题 2】不具有体液调节功能的物质是（D）。

A. 二氧化碳　　B. 氢离子　　C. 血管升压素　　D. 双香豆素　　E. 胃泌素

第二章　细胞的基本功能

轻装上阵

如何学？

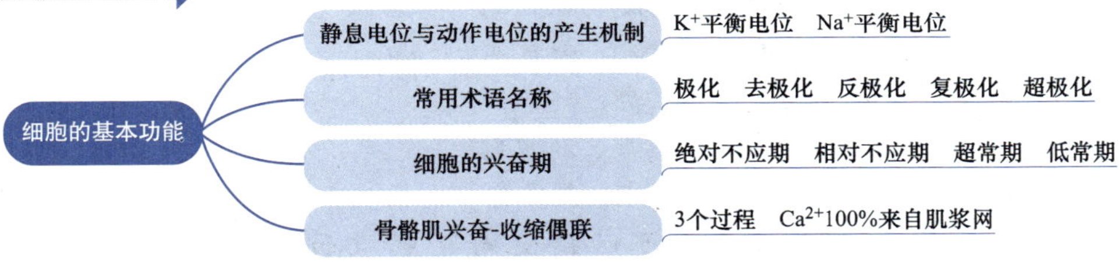

如何考？

本章考点在考试中主要出现在 A1 型题中，每年分值平均 1 分。下列所述考点均需掌握。对于重点内容，希望考生予以特别关注。

考点冲浪

考点 1：静息电位与动作电位的产生机制★★

细胞水平的生物电主要有两种表现形式：静息电位和动作电位。

静息电位是指细胞未受到刺激时存在于细胞膜两侧的电位差，又称静息膜电位。静息电位主要是 K^+ 外流所致，是 K^+ 的平衡电位。动作电位是细胞受到刺激时静息电位发生改变的过程，是 Na^+ 的平衡电位。

【例题】细胞膜的静息电位主要是（A）。

A. K^+ 平衡电位　　B. Na^+ 平衡电位　　C. Mg^{2+} 平衡电位

D. Ca^{2+} 平衡电位　　E. Fe^{2+} 平衡电位

考点 2：常用术语名称★★

静息状态下膜电位外正内负的状态称为极化；当膜内负值减小时称为去极化；去极化达到膜外为负而膜内为正时称为反极化；去极化后，膜内电位向外正内负的极化状态恢复，称为复极化；极化状态下膜内负值进一步增大称为超极化。

阀电位是所有可兴奋细胞兴奋性的一项重要功能指标，阀电位绝对值比静息电位的绝对值小 10~20mV。

【例题 1】阀电位的绝对值是（A）。

A. 小于静息电位　　B. 等于静息电位　　C. 大于静息电位

D. 等于零　　E. 等于超极化值

【例题 2】心室肌细胞产生动作电位时，其膜内电位由 –90mV 变为 0mv 的过程称为（C）。

A. 极化　　B. 反极化　　C. 去极化　　D. 复极化　　E. 超极化

考点 3：细胞的兴奋期★★

细胞的兴奋性是指细胞受到刺激后产生动作电位的能力。细胞产生兴奋时，兴奋性的变化经历 4 个时期，分别为绝对不应期、相对不应期、超常期和低常期。其中，细胞产生兴奋以后，可以接受阈下刺激而引起第 2 次兴奋的阶段是超常期。

【例题 1】细胞兴奋后，其兴奋性变化的顺序依次为（A）。

A. 绝对不应期、相对不应期、超常期、低常期

B. 相对不应期、绝对不应期、超常期、低常期

C. 绝对不应期、相对不应期、低常期、超常期

D. 相对不应期、绝对不应期、低常期、超常期

E. 绝对不应期、低常期、相对不应期、超常期

【例题 2】细胞产生兴奋后，可以接受阈下刺激而引起第 2 次兴奋的阶段是（A）。

A. 超常期　　B. 低常期　　C. 绝对不应期　　D. 相对不应期　　E. 有效不应期

考点 4：骨骼肌兴奋 - 收缩偶联★★

骨骼肌兴奋 - 收缩偶联包括 3 个主要过程，分别为电兴奋通过横管系统传向肌细胞的深处、三联管结构处信息的传递和肌浆网（即纵管系统）对 Ca^{2+} 的释放与再聚积。触发骨骼肌兴奋 - 收缩偶联所需要的 Ca^{2+} 100% 来自肌浆网。

第三章　血液

轻装上阵

如何学？

- 血液
  - 血液的组成和理化特性：血浆　红细胞　白细胞　血浆蛋白　黏滞性
  - 血浆渗透压的组成：晶体渗透压　胶体渗透压　等渗溶液
  - 红细胞的生理特性：膜通透性　悬浮稳定性　渗透脆性
  - 血红蛋白的结构：珠蛋白　亚铁血红素　氧合血红蛋白
  - 生成红细胞的主要原料：蛋白质　铁　叶酸　铜离子　维生素B_{12}
  - 红细胞生成的调节：促红细胞生成素　雄激素
  - 白细胞的种类和功能：粒细胞　单核细胞　淋巴细胞　渗出　吞噬　伪足
  - 血小板的生理功能：生理性止血　维持血管壁的完整性
  - 血液的凝固过程：三个阶段　凝血酶　纤维蛋白
  - 抗凝物质的种类：抗凝血酶Ⅲ　肝素
  - 抗凝或促凝的方法
    - 移钙法　肝素法　脱纤法　低温
    - 血液加温　补充维生素K

如何考？

本章考点在考试中主要出现在A1型题中，每年分值平均2分。下列所述考点均需掌握。红细胞相关知识点是考查最为频繁的内容，希望考生予以特别关注。

考点冲浪

考点1：血液的组成和理化特性★★★

血液由液态的血浆和混悬于其中的血细胞组成。血量是指机体内的血液总量，是血浆量和血细胞量的总和。

血液经离心沉淀后，血细胞因相对密度较大而下沉并被压紧、分层，上层浅黄色液体为血浆，底层为红色的红细胞，红细胞层的表面有一薄层灰白色的白细胞和血小板。血浆蛋白是血浆中多种蛋白质的总称，利用盐析法可以将血浆蛋白分为白蛋白、球蛋白、纤维蛋白原3类。

动物的血液若未经抗凝处理，静止后将凝固，先生成血块，血块收缩后析出血清。血浆和血清的主要差异在于血浆中含有纤维蛋白原，血清中则无。

血液黏滞性的大小主要决定于红细胞数目的多少和血浆蛋白质浓度的高低；血液呈弱碱性，pH为7.30~7.50。

【例题1】血清指的是（A）。

A. 去除纤维蛋白原后的血浆组分　　B. 含纤维蛋白原的血浆组分

C. 去除血清蛋白后的血浆组分　　D. 去除球蛋白后的血浆组分
E. 去除胶体物质后的血浆组分

【例题 2】用盐析法可将血浆蛋白分为（B）。

A. 白蛋白、球蛋白和纤维蛋白　　B. 白蛋白、球蛋白和纤维蛋白原
C. 白蛋白、血红蛋白和纤维蛋白原　　D. 白蛋白、血红蛋白和纤维蛋白
E. 血红蛋白、球蛋白和纤维蛋白原

考点 2：血浆渗透压的组成★★★

血浆渗透压包括晶体渗透压和胶体渗透压。其中，晶体渗透压占血浆渗透压的 99.5%，主要来自溶解于血浆中的晶体物质，80% 来自 Na^+ 和 Cl^-。血浆胶体渗透压是由血浆中的白蛋白所形成的渗透压。

有机体细胞的渗透压与血浆的渗透压相等。与细胞和血浆渗透压相等的溶液称为等渗溶液，如 0.9% 氯化钠溶液和 5% 葡萄糖溶液。0.9% 氯化钠溶液称为生理盐水。

【例题 1】构成血浆晶体渗透压的主要离子是（A）。

A. Na^+ 和 Cl^-　　B. K^+ 和 Cl^-　　C. Na^+ 和 HCO_3^-
D. K^+ 和 $H_2PO_4^-$　　E. Ca^{2+} 和 $H_2PO_4^-$

【例题 2】血浆晶体渗透压主要取决于（B）。

A. 血小板数量　　B. 无机盐浓度　　C. 血浆蛋白浓度
D. 白细胞数量　　E. 血细胞数量

考点 3：红细胞的生理特性★★

红细胞的生理特性包括膜通透性、悬浮稳定性和渗透脆性。渗透脆性是指红细胞在低渗溶液中抵抗破裂和溶血的特性。

考点 4：血红蛋白的结构★★★★

血红蛋白是一种含铁的特殊蛋白质，由珠蛋白和亚铁血红素组成，占红细胞成分的 30%~35%。血红蛋白既能与氧结合，形成氧合血红蛋白，又易于将它释放，形成脱氧血红蛋白（或还原血红蛋白），释放出的氧供组织细胞代谢需要。二氧化碳也可与血红蛋白结合，以氨基甲酸血红蛋白的形式经血液运输。

【例题】血红蛋白包含的金属元素是（E）。

A. 铜　　B. 锰　　C. 锌　　D. 钴　　E. 铁

考点 5：生成红细胞的主要原料★★★★

蛋白质和铁是生成红细胞的主要原料，如果供应不足或摄取障碍，会出现营养性贫血；维生素 B_{12}、叶酸和铜离子是促进红细胞发育和成熟的主要物质，叶酸缺乏会引起与维生素 B_{12} 缺乏时相似的巨幼红细胞贫血。维生素 B_{12} 是一种含钴的化合物，吸收不足就可引起贫血。此外，红细胞的生成还需要氨基酸、维生素 B_6、维生素 B_2、维生素 C 和微量元素锰、锌等。

【例题】生成红细胞所需的原料主要是（A）。

A. 铁和蛋白质　　B. 锌和蛋白质
C. 维生素 B_{12}、丁酸和铜离子　　D. 维生素 B_{12}、叶酸和铜离子
E. 促红细胞生成素

考点 6：红细胞生成的调节★★★

红细胞数量的相对稳定主要受促红细胞生成素的调节，雄激素也起一定的作用。促红细胞生成素主要在肾脏产生，正常时在血浆中维持一定浓度，是红细胞数量相对稳定的关键。

雄激素直接刺激骨髓造血组织，促使红细胞和血红蛋白的生成，还可以作用于肾脏产生促红细胞生成素，间接促进红细胞增生，这可能是雄性动物的红细胞和血红蛋白高于雌性动物的原因之一。

【例题】调节红细胞数量自稳态的物质主要是（E）。

A. 铁和蛋白质　　B. 锌和蛋白质

C. 维生素 B_{12}、丁酸和铜离子　　D. 维生素 B_{12}、叶酸和铜离子

E. 促红细胞生成素

考点 7：白细胞的种类和功能★★★★★

白细胞是一类有核的血细胞，分为粒细胞、单核细胞和淋巴细胞 3 大类。粒细胞按胞浆颗粒的嗜色性质不同，分为中性粒细胞、嗜酸性粒细胞和嗜碱性粒细胞。

白细胞具有渗出性、趋化性和吞噬作用等特性，白细胞能伸出伪足，做变形运动。

【例题 1】不属于白细胞特性的是（D）。

A. 趋化性　B. 变形运动　C. 吞噬作用　D. 渗透特性　E. 白细胞渗出

【例题 2】白细胞伸出伪足做变形运动并得以穿过血管壁的现象属于（A）。

A. 血细胞渗出　B. 趋化性　C. 吞噬作用　D. 可塑变形性　E. 渗透脆性

考点 8：血小板的生理功能★★

血小板具有重要的保护功能，主要包括生理性止血、凝血功能、溶解纤维蛋白和维持血管壁的完整性等。血小板生理功能的实现，与其具有黏附、聚集、释放、吸附和收缩等生理特性密切相关。

考点 9：血液的凝固过程★★★

血液由流动的溶胶状态转变为不能流动的凝胶状态的过程，称为血液凝固或血凝。凝血过程一般经历三个阶段：第一阶段为凝血酶原激活物的形成，第二阶段为凝血酶的形成，第三阶段为纤维蛋白的形成，最终形成血凝块。

【例题】凝血过程的第三阶段是指（B）。

A. 形成凝血酶　B. 形成纤维蛋白　C. 肥大细胞分泌肝素

D. 血小板释放尿激酶　E. 血小板填塞血管损伤处

考点 10：抗凝物质的种类★★★

血浆中有多种抗凝物质，称为抗凝系统，主要有抗凝血酶Ⅲ、肝素（酸性黏多糖，主要由肥大细胞形成）、蛋白质 C（维生素 K 依赖性蛋白）。

考点 11：抗凝或促凝的方法★★★★

抗凝或减缓凝血的常用方法有：移钙法（血液中加入枸橼酸钠、草酸盐、乙二胺四乙酸）、肝素法、脱纤法、低温、血液与光滑面接触、双香豆素法。

促凝的常用方法主要有血液加温、补充维生素 K 等。

【例题】常用的抗血液凝固的方法是（D）。

A. 血液置于 37℃　　B. 出血处接触面粗糙　　C. 补充维生素 K

D. 血液中加入肝素　　E. 血液中加入钙离子

第四章　血液循环

轻装上阵

如何学？

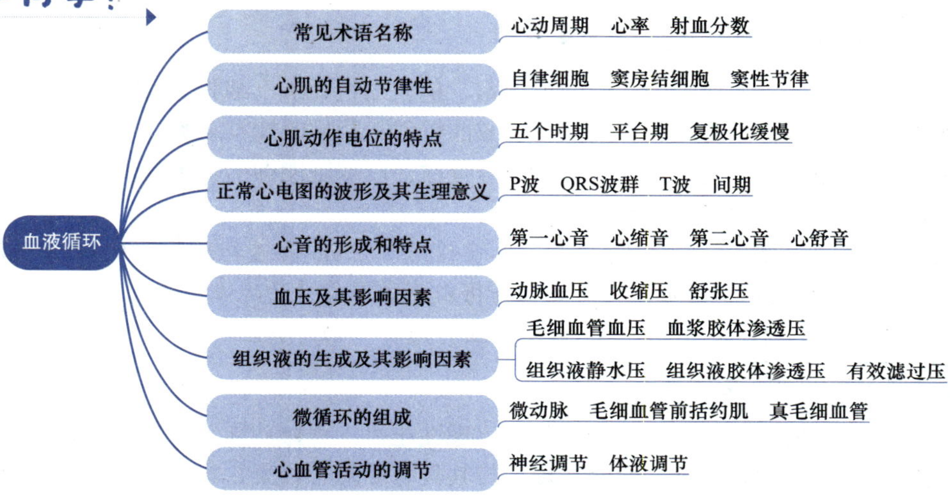

如何考？

本章考点在考试中主要出现在 A1 型题中，每年分值平均 2 分。下列所述考点均需掌握。组织液、心音是考查最为频繁的内容，希望考生予以特别关注。

考点冲浪

考点 1：常见术语名称★★★

心动周期是指心脏（包括心房和心室）每收缩和舒张 1 次称为 1 个心动周期。心动周期包括左、右心房收缩、舒张，同时心室收缩、舒张，以及全舒张期。因此，在 1 个心动周期中，心室的压力、容积与功能变化的顺序是等容收缩 - 射血 - 等容舒张 - 充盈。

心率是指每分钟的心动周期数。正常情况下，在心动周期中，不论心房还是心室，都是舒张期长于收缩期，但心率加快时，舒张期和收缩期都缩短，舒张期的缩短比收缩期明显。

心输出量是指左、右心室收缩时射入主动脉或肺动脉的血量。每搏输出量为一侧心室 1 次心搏射出量，而每分输出量是每分钟内一侧心室射出的血量。

射血分数是指每搏输出量与舒张末期心室容积之比。处于安静状态下动物的射血分数一般为 60% 左右。

【例题 1】在 1 个心动周期中，心室的压力、容积与功能变化的顺序是（B）。

A. 射血 - 等容收缩 - 充盈 - 等容舒张　　B. 等容收缩 - 射血 - 等容舒张 - 充盈

C. 射血 - 等压收缩 - 充盈 - 等压舒张　　D. 射血 - 等容收缩 - 充盈 - 等压舒张

E. 等容收缩 - 充盈 - 等容舒张 - 射血

【例题 2】心率加快时，发生的情况是（E）。

A. 心动周期持续时间不变　　B. 心动周期持续时间延长

C. 舒张期不变，收缩期缩短　　D. 收缩期不变，舒张期缩短

E. 收缩期和舒张期均缩短，但后者较前者明显

考点 2：心肌的自动节律性★★★

心脏在没有外来刺激的情况下，能自发地产生节律性兴奋的特性，称自动节律性，简称自律性。心脏中的自律细胞主要是 P 细胞和浦肯野细胞，分布在特殊的传导组织中。P 细胞主要存在于窦房结，而窦房结以外的传导组织（除房室结结区细胞外）中都有浦肯野细胞分布。心脏自律细胞以窦房结细胞的自律性最高，是正常心脏兴奋的发源地，称为心脏的正常起搏点。

由窦房结引发的心脏收缩节律称为窦性节律；由窦房结以外的部位引发心脏的收缩节律称为异位节律。

【例题】正常情况下，心脏的起搏点是（B）。

A. 房室结　　B. 窦房结　　C. 房室束　　D. 左右束支　　E. 浦肯野纤维

考点 3：心肌动作电位的特点★★★

心室肌细胞整个动作电位分为 0、1、2、3、4 五个时期。其中，0 期为去极过程；1 期为快速复极初期；2 期复极化过程非常缓慢，又称为平台期，膜电位稳定于 0mV，是心室肌细胞区别于神经细胞和骨骼肌细胞动作电位的主要特征，也是心室肌复极化过程较长的主要原因；3 期为快速复极末期，膜电位快速降低；4 期为静息期，膜电位已恢复至静息电位水平。

【例题】心室肌复极化时程较长的主要原因是存在（C）。

A. 复极初期　　B. 去极化期　　C. 平台期　　D. 复极末期　　E. 静息期

考点 4：正常心电图的波形及其生理意义★★

正常心电图包括 P 波、QRS 波群和 T 波。P 波是 1 个小波，P 波终点说明左、右心房已全部兴奋；QRS 波群反映两心室均已全部兴奋；T 波呈 1 个持续时间较长、幅度较大的波，反映心室肌复极化过程；P-R 间期反映心房开始兴奋到心室开始兴奋所经历的时间；Q-T 间期反映心室开始兴奋到心室全部复极化结束所需的时间。

考点 5：心音的形成和特点★★★

在每个心动周期中，使用听诊器在胸壁的适当部位可以听到两个心音，分别为第一心音和第二心音。

第一心音发生于心缩期的开始，又称为心缩音，音调低，持续时间较长。产生的原因主要包括心室肌的收缩、房室瓣的关闭以及射血开始引起的主动脉管壁的振动。

第二心音发生于心舒期的开始，又称为心舒音，音调较高，持续时间较短。产生的主要原因包括半月瓣突然关闭、血液冲击瓣膜以及主动脉中血液减速等引起的振动。

【例题】动物第一心音形成的原因之一是（A）。

A. 房室瓣关闭　B. 半月瓣关闭　C. 心室的舒张　D. 心房的收缩　E. 心室的充盈

考点6：血压及其影响因素★★★

血压是指血管内血液对单位面积血管壁的侧压力。

动脉血压是指动脉内血液对管壁的侧压力，通常指大动脉血压。在1个心动周期中，心室收缩时动脉血压上升所达到的最高值称为收缩压（高压）；心室舒张时，动脉血压下降所达到的最低值称为舒张压（低压）。

心脏射血和外周阻力是形成血压的主要条件。收缩压的高低主要反映心脏每搏输出量的多少；舒张压的高低主要反映外周阻力的大小；脉搏压的高低主要反映动脉管壁弹性大小。

【例题1】舒张压的高低主要反映（A）。

A. 外周阻力大小　B. 循环血量多少　C. 动脉管壁弹性大小
D. 心肌传导速度快慢　E. 每搏输出量多少

【例题2】脉搏压的高低主要反映（C）。

A. 外周阻力大小　B. 循环血量多少　C. 动脉管壁弹性大小
D. 心肌传导速度快慢　E. 每搏输出量多少

考点7：组织液的生成及其影响因素★★★★

组织液是血浆滤过毛细血管壁而形成的。液体通过毛细血管壁的滤过和重吸收，由4个因素共同完成，即毛细血管血压、血浆胶体渗透压、组织液静水压和组织液胶体渗透压。

毛细血管血压和组织液胶体渗透压是促使液体由毛细血管内向血管外滤过（即生成组织液）的力量，而血浆胶体渗透压和组织液静水压是将液体从血管外重吸收入毛细血管内（即重吸收）的力量。滤过的力量和重吸收的力量之差，称为有效滤过压。

【例题1】与组织液生成无关的因素是（E）。

A. 毛细血管血压　B. 血浆胶体渗透压　C. 组织液胶体渗透压
D. 组织液静水压　E. 血浆晶体渗透压

【例题2】促使毛细血管内液体向外滤过的力量是（E）。

A. 毛细血管血压、组织液静水压　B. 毛细血管血压、血浆胶体渗透压
C. 组织液静水压、血浆胶体渗透压　D. 组织液静水压、组织液胶体渗透压
E. 毛细血管血压、组织液胶体渗透压

考点8：微循环的组成★★★

微动脉与微静脉之间的血液循环称为微循环。典型的微循环由微动脉、后微动脉、毛细血管前括约肌、真毛细血管、通血毛细血管（或称直捷通路）、动静脉吻合和微静脉7部分组成。在真毛细血管的起始端存在着平滑肌细胞形成的环，即毛细血管前括约肌，决定了进入微循环的血流量。真毛细血管管壁由单层内皮细胞构成，内皮细胞之间的裂隙成为沟通毛细血管内外的孔道，有利于物质和气体交换。

【例题1】毛细血管前括约肌的主要功能是（E）。

A. 物质和气体交换　　B. 淋巴液回流　　C. 参与体温调节
D. 感受刺激　　E. 控制微循环血流量

【例题 2】真毛细血管的主要生理功能是（A）。

A. 物质和气体交换　　B. 淋巴液回流　　C. 参与体温调节
D. 感受刺激　　E. 控制微循环血量

考点 9：心血管活动的调节★★★

动物机体对心血管活动的调节，主要包括神经调节和体液调节。心交感神经节后神经元末梢释放的递质为去甲肾上腺素，作用于心肌细胞膜的 β 肾上腺素能受体，导致心率加快；心迷走神经节后纤维末梢释放的递质为乙酰胆碱，作用于心肌细胞膜的 M 型胆碱能受体，导致心率减慢、收缩能力减弱，房室传导速度减慢。

缩血管神经纤维都属于交感神经纤维，故称为交感缩血管神经。节前神经纤维释放的递质为乙酰胆碱，节后纤维释放的递质为去甲肾上腺素。

【例题 1】心交感神经节后神经末梢释放的递质是（B）。

A. 乙酰胆碱　　B. 去甲肾上腺素　C. 氨基丁酸　　D. 多巴胺　　E. 肾上腺素

【例题 2】正常情况下，迷走神经兴奋时，心血管活动的变化是（E）。

A. 心率加快　　B. 心肌收缩力增强　　C. 心输出量增加
D. 外周血管口径缩小　　E. 房室传导减慢

【例题 3】关于缩血管神经纤维的描述，正确的是（C）。

A. 平时无紧张性活动　　B. 均来自副交感神经
C. 都属于交感神经纤维　　D. 兴奋时使被支配的器官血流量增加
E. 节后纤维释放的递质为乙酰胆碱

第五章　呼吸

轻装上阵

如何学？

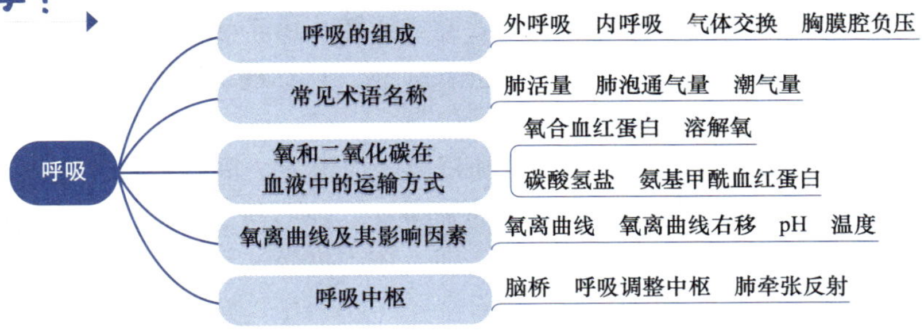

如何考？

本章考点在考试中主要出现在 A1 型题中，每年分值平均 1 分。下列所述考点均需掌握。对于重点内容，希望考生予以特别关注。

考点冲浪

考点 1：呼吸的组成★★★

呼吸是指动物机体与外界环境之间的气体交换过程，包括外呼吸和内呼吸。

安静状态下的呼吸称为平静呼吸，它是由膈肌和肋间外肌的舒缩而引起。平静呼气时，呼气运动只是膈肌与肋间外肌舒张，依靠胸廓及肺本身的回缩力量而回位，增大肺内压，产生呼气。

外呼吸包括肺通气和肺换气。肺通气是指外界气体与肺内气体的交换过程；肺换气是指肺泡气与肺泡壁毛细血管内血液中的气体交换过程。

内呼吸，又称为组织呼吸，是指血液与组织细胞间的气体交换。气体运输是指机体通过血液循环把肺摄取的氧运送到组织细胞，并把组织细胞产生的二氧化碳运送到肺的过程。

大气和肺泡之间的压力差是气体进出肺的直接动力。

正常情况下，肺总是表现为回缩倾向，胸膜腔内压因而通常为负。吸气时胸廓扩大，肺被扩张，回缩力增大，胸内负压也增大；呼气时相反，胸内负压减少。如果胸膜腔破裂，空气将立即进入胸膜腔形成气胸，胸膜负压消失。

【例题 1】平静呼吸时，与呼气运动无关的是（D）。

A. 膈肌舒张　B. 肺内容量减小　C. 肋间外肌舒张
D. 腹壁肌肉收缩　E. 肺内压高于大气压

【例题 2】吸气时，胸膜腔内的压力变化是（C）。

A. 负压变化　B. 负压减小　C. 负压增大
D. 压力等于大气压　E. 压力大于大气压

考点 2：常见术语名称★★★

肺活量是指用力吸气后再用力呼气，所能呼出的气体量，即补吸气量、潮气量与补呼气量之和。

每分通气量是指每分钟进或出肺的气体总量。每分通气量 = 潮气量 × 呼吸频率。

肺泡通气量 =（潮气量 – 无效腔量）× 呼吸频率。

动物每次吸入的气体，一部分停留在呼吸性细支气管以上部位的呼吸道内，这部分气体不能参与肺泡间的气体交换，称为解剖无效腔或死腔。由于无效腔的存在，每次吸入的新鲜空气，一部分停留在无效腔内，另一部分进入肺泡，只有进入肺泡的气体才能实现气体交换。因此肺泡通气量才是呼吸过程中的有效通气量。

肺通气 / 血流量是指每分钟肺泡通气量和每分肺血流量之间的比值，健康动物的比值是相对恒定的，比例是恰当的，可以实现良好的肺换气。肺泡与血液间的气体交换是通过扩散进行的，气体扩散遵循物质扩散的一般规律，即由压力高的区域向压力低的区域扩散，扩散的方向主要取决于气体的分压差。

【例题 1】提供肺泡与血液间气体扩散的方向主要取决于（A）。

A. 气体的分压差　B. 气体的分子量　C. 呼吸运动
D. 气体与血红蛋白亲和力　E. 呼吸膜通透性

【例题 2】呼吸过程中的有效通气量是（E）。

A. 肺活量　B. 潮气量　C. 补吸气量　D. 补呼气量　E. 肺泡通气量

【例题 3】某马的潮气量为 6L，补吸气量、补呼气量、余气量均为 12L，则肺活量为（D）。

A. 12L　B. 18L　C. 24L　D. 30L　E. 42L

考点 3：氧和二氧化碳在血液中运输的基本方式★★★★

O_2 和 CO_2 以物理溶解和化学结合两种形式存在于血液中，绝大部分 O_2 和 CO_2 以化学结合方式存在于血液中。

血液中的 O_2 主要是与红细胞内的血红蛋白（Hb）结合，以氧合血红蛋白（HbO_2）的形式运输，约占 98.5%，溶解运输仅占 1.5%。

CO_2 在血液中以化学结合方式运输的量高达 95%，主要包括两种结合运输方式，即碳酸氢盐运输方式（88%）和氨基甲酰血红蛋白运输方式（7%），以溶解形式运输仅占 5%。

【例题】二氧化碳在血浆中运输的主要化学结合形式是（B）。

A. 碳酸氢铵　B. 碳酸氢钠　C. 碳酸氢钾　D. 磷酸氢钾　E. 磷酸氢钠

考点 4：氧离曲线及其影响因素★★★

氧离曲线，又称为氧合血红蛋白解离曲线，是表示 PO_2 与 Hb 氧饱和度的关系曲线。氧离曲线呈 S 形，是血液运输有效 O_2 的特征表现。

血液中的 pH 越低或 PCO_2 越高，氧离曲线右移；温度升高可使氧离曲线向右移动；血液中 2，3- 二磷酸甘油酸（2，3-DPG）增多，氧离曲线右移。若情况相反，则氧离曲线左移。

考点 5：呼吸中枢★★★

呼吸中枢是指中枢神经系统内产生和调节呼吸运动的神经细胞群，它们分布在大脑皮层、间脑、脑桥、延髓和脊髓等部位。脊髓是呼吸反射的初级中枢，基本呼吸节律产生于延髓，在脑桥上 1/3 处的 PBKF 核团中存在呼吸调整中枢，其作用是限制吸气，促使吸气转为呼气。其中肺牵张反射包括肺扩张反射和肺缩小反射，肺牵张反射传入神经是迷走神经，中枢位于延髓，传出神经为运动神经，效应器为呼吸肌，感受器位于支气管至细支气管的平滑肌内。

外周化学感受器包括颈动脉体和主动脉体，存在着对血液中 CO_2 分压、pH 和 O_2 分压变化敏感的化学感受器，对血液中缺氧和氢离子浓度升高很敏感。

【例题 1】颈动脉体和主动脉体化学感受器可以感受的刺激是（B）。

A. 白蛋白含量变化　B. 氢离子浓度变化　C. 钠离子浓度变化
D. 钙离子浓度变化　E. 钾离子浓度变化

【例题 2】对于肺扩张反射不正确的表述是（A）。

A. 感受器位于细支气管和肺泡内　B. 传入神经是迷走神经
C. 中枢位于延髓　D. 传出神经为运动神经
E. 效应器为呼吸肌

【例题 3】抑制动物吸气过长过深的调节中枢位于（D）。

A. 脊髓　B. 延髓　C. 间脑　D. 脑桥　E. 大脑皮层

第六章 采食、消化和吸收

轻装上阵

如何学？

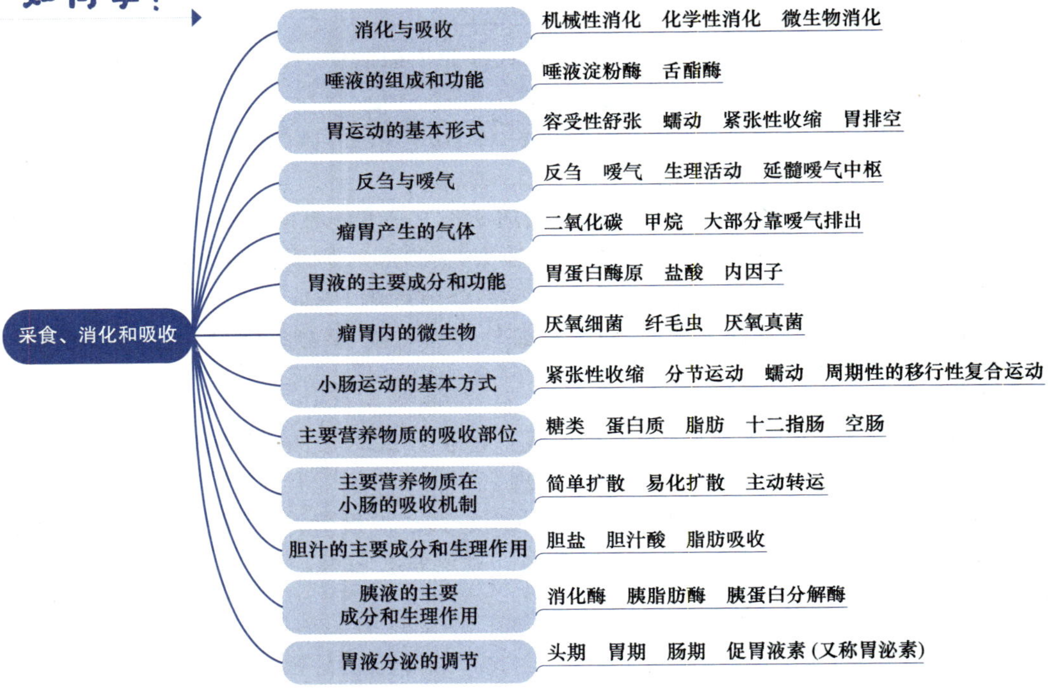

如何考？

本章考点在考试中主要出现在A1、B1型题中，每年分值平均3分。下列所述考点均需掌握。对于重点内容，希望考生予以特别关注。

考点冲浪

考点1：消化与吸收的概念★★★

消化是指食物中的各种营养物质在消化道内被分解为可以吸收和利用的小分子物质的过程。食物在消化道内的消化有3种方式：机械性消化、化学性消化和微生物消化。

吸收是指食物经过消化后，透过消化道黏膜，进入血液和淋巴的过程。

考点2：唾液的组成和功能★★★★

唾液是3对大唾液腺（腮腺、颌下腺和舌下腺）和口腔黏膜中许多小腺体的混合分泌物。唾液的蛋白性分泌物有两种：一种为浆液性分泌物，富含唾液淀粉酶；另一种是黏液性分泌物，富含黏液，具有润滑和保护作用。

唾液的生理功能主要有润湿口腔和饲料的作用；唾液淀粉酶在接近中性环境中催化淀粉水解为麦芽糖；起到清洁和保护的作用，其中的溶菌酶有杀菌作用；维持口腔的碱性环境；

某些动物如牛、犬和猫的汗腺不发达，可以借助唾液中水分的蒸发来调节体温；反刍动物有大量尿素经唾液进入瘤胃，参与机体的尿素再循环。

某些以乳为食的幼畜，如奶牛，唾液中含有舌酯酶，是由舌背侧浆液腺细胞分泌的，可以水解脂肪成为游离脂肪酸。

【例题 1】唾液的浆液性分泌产物中富含的消化酶是（A）。

A. 淀粉酶　B. 舌酯酶　C. 蛋白酶　D. 核酸酶　E. 溶菌酶

【例题 2】以乳为食的犊牛等幼畜唾液中特有的消化酶是（B）。

A. 淀粉酶　B. 舌酯酶　C. 蛋白酶　D. 核酸酶　E. 溶菌酶

考点 3：胃运动的基本形式★★★

胃的运动形式包括容受性舒张、蠕动、紧张性收缩、胃排空。胃蠕动是指胃壁肌肉呈波浪形向幽门推进的舒缩运动。胃排空是指胃内容物分批进入十二指肠的过程，动力来源于胃收缩运动。

考点 4：反刍与嗳气★★★★

反刍是一种生理活动，是指反刍动物将饲料不经咀嚼而吞进瘤胃，在瘤胃经浸泡软化和一定时间的发酵后，饲料返回到口腔仔细咀嚼的特殊消化活动。反刍包括逆呕、再咀嚼、再混唾液和再吞咽 4 个阶段。1 次反刍一般可持续 40~50min。成年牛 1 昼夜进行 6~8 次反刍。

嗳气是一种生理性反射动作，是机体排出发酵气体的主要方式。瘤胃气体增多，对瘤胃背囊壁的压力增大，兴奋瘤胃背囊壁和贲门括约肌的牵张感受器，经迷走神经，传导延髓嗳气中枢，导致嗳气。

考点 5：瘤胃产生的气体★★★★

瘤胃微生物在发酵过程中不断产生大量气体，主要是二氧化碳（50%~70%）和甲烷（30%~40%），还含有少量的氮和微量的氢、氧和硫化氢。瘤胃中的气体约 1/4 通过瘤胃壁吸收入血后经肺排出；一部分为瘤胃内微生物所利用；一小部分随饲料残渣经胃肠道排出；但大部分是靠嗳气排出。如产生的气体过多，不能及时排出，可以形成急性瘤胃臌气。

【例题】瘤胃发酵产生的气体大部分（C）。

A. 经呼吸道排出　B. 被微生物利用　C. 经嗳气排出
D. 经直肠排出　E. 被胃肠道吸收

考点 6：胃液的主要成分和功能★★★★★

单胃动物胃底腺区位于胃底部，由主细胞、壁细胞和黏液细胞组成。主细胞分泌胃蛋白酶原，壁细胞分泌盐酸，黏液细胞分泌黏液。此外，壁细胞还分泌内因子。幽门腺区的腺细胞分泌碱性黏液，还有散在的 G 细胞分泌促胃液素。

胃蛋白酶是胃液中主要的消化酶，刚分泌出来时以无活性的酶原形式存在，经盐酸激活后成为有活性的蛋白酶。胃蛋白酶的最适 pH 为 1.5~2.5。

盐酸的主要生理作用是有利于蛋白质消化；一定的杀菌作用；促进胰液、肠液和胆汁分泌，并刺激小肠运动；使食物中的 Fe^{3+} 还原为 Fe^{2+}，与铁和钙结合形成可溶性盐，有利于吸收。

内因子为壁细胞分泌的一种糖蛋白，能与维生素 B_{12} 结合形成不透析的复合体，使维生素 B_{12} 在转运到回肠途中不被消化液中的水解酶破坏，促进维生素 B_{12} 吸收入血。

可溶性黏液由胃腺主细胞和颈黏液细胞分泌，与胃黏膜分泌的碳酸氢盐一起构成了“黏液 - 碳酸氢盐屏障”，阻止了胃酸和胃蛋白酶对黏膜的侵蚀。

【例题 1】消化液中由主细胞分泌，能被盐酸激活并发挥作用的成分是（C）。

A. 胆盐　B. 内因子　C. 胃蛋白酶　D. 胰蛋白酶　E. 胰脂肪酶

【例题 2】激活胃蛋白酶原的因子是（D）。

A. 碳酸氢盐　B. 内因子　C. 磷酸氢盐　D. 盐酸　E. 钠离子

【例题 3】消化液中能与维生素 B_{12} 结合成复合体，促进维生素 B_{12} 吸收入血的成分是（B）。

A. 胆盐　B. 内因子　C. 胃蛋白酶　D. 胰蛋白酶　E. 胰脂肪酶

考点 7：瘤胃内的微生物★★★

瘤胃内具有微生物所需的营养物质，pH 维持在 6~7，瘤胃内气体多为二氧化碳、甲烷和氮气，从而形成厌氧环境。

在一般饲养条件下，瘤胃中的微生物主要是厌氧细菌、纤毛虫和厌氧真菌。

瘤胃细菌主要有纤维素分解菌、蛋白质分解菌、蛋白质合成菌和维生素合成菌。

瘤胃纤毛虫分为全毛虫、贫毛虫，瘤胃中的纤毛虫含有多种酶，如分解糖类的酶、蛋白质分解酶及纤维素分解酶。

瘤胃真菌产生蛋白酶，多数为胞外酶，可以消化植物细胞壁多聚糖、植物蛋白质及碳水化合物。

【例题】瘤胃生态环境中少见的微生物是（B）。

A. 厌氧细菌　B. 需氧细菌　C. 贫毛虫　D. 全毛虫　E. 真菌

考点 8：小肠运动的基本方式★★

小肠运动的基本方式包括紧张性收缩、分节运动、蠕动和周期性的移行性复合运动。紧张性收缩是小肠运动的基础。

小肠的运动分为两个时期：一是发生在进食后的消化期，有两种主要的运动形式，即分节运动和蠕动，它们是发生在紧张性收缩的基础上；二是发生在消化间期的周期性的移行性复合运动。分节运动是指由肠环形肌产生的节律性收缩和节律性舒张形成的小肠运动形式。

【例题】主要由肠环形肌产生的节律性收缩和舒张形成的小肠运动形式是（D）。

A. 紧张性收缩　B. 蠕动　C. 逆蠕动　D. 分节运动　E. 钟摆运动

考点 9：主要营养物质的吸收部位★★★

小肠是主要营养物质吸收的主要部位。一般认为糖类、蛋白质和脂肪的消化产物大部分在十二指肠和空肠吸收，离子（钙、铁、氯等）成分在小肠前段吸收。大部分营养成分到达回肠时，已吸收完毕。回肠具有独特的功能，即主动吸收胆盐和维生素 B_{12}。

【例题】铁在肠道内吸收的主要部位是（C）。

A. 直肠　B. 盲肠　C. 十二指肠　D. 回肠　E. 结肠

考点 10：主要营养物质在小肠的吸收机制★★★

小肠吸收营养物质的主要机制分为被动吸收和主动转运两大类。被动吸收包括简单扩散、易化扩散和渗透。主动转运则是一种逆浓度梯度、耗能的物质转运过程。

小肠腔中的葡萄糖、半乳糖通过同向转运机制吸收，即通过与 Na^+ 吸收相偶联的继发性主动转运机制吸收。肠腔的 Na^+ 顺着浓度差扩散进入细胞，肠绒毛上皮基底部有 Na^+ 泵，通过消耗能量的主动运输机制将细胞内 Na^+ 泵入细胞间液，维持细胞内外的 Na^+ 浓度差。小肠黏膜上皮细胞的刷状缘上存在 Na^+- 葡萄糖和 Na^+- 半乳糖同向转运载体，它们有特定的与糖和钠结合的位点，形成 Na^+- 载体 - 葡萄糖复合体和 Na^+- 载体 - 半乳糖复合体，通过转运载体的变构转位，使复合体上的结合位点从肠腔面转向细胞质面，释放出糖分子和 Na^+，从而细胞内的葡萄糖通过扩散进入细胞间液而转入血液中。

蛋白质的吸收机制与葡萄糖、半乳糖相似，即通过与 Na^+ 吸收相偶联的继发性主动转运机制；脂类物质一般是以简单扩散方式吸收；Na^+ 的转运是主动转运过程；多数 B 族维生素和维生素 C 都依赖于特异性载体的主动转运方式被吸收。

【例题 1】营养物质在小肠吸收的主要机制包括（A）。

A. 简单扩散、易化扩散、主动转运　　B. 滤过、易化扩散、主动转运
C. 滤过、简单扩散、易化扩散　　D. 自噬、简单扩散、主动转运
E. 自噬、易化扩散、主动转运

【例题 2】小肠吸收葡萄糖的主要方式是（D）。

A. 胞吞　　B. 易化扩散　　C. 简单扩散
D. 继发性主动转运　　E. 原发性主动转运

考点 11：胆汁的主要成分和生理作用★★★★

胆汁是一种具有苦味的黏滞性的有色的碱性液体，胆汁的成分主要是胆汁酸、胆盐和胆色素。食草动物的胆汁为暗绿色，食肉动物的胆汁为赤褐色。

胆汁的生理作用主要是胆盐或胆汁酸的作用。胆盐的主要作用：降低脂肪的表面张力，使脂肪乳化成极细小的微粒，增加脂肪与酶的接触面积，加速其水解；增加脂肪酶的活性，起激活剂作用：胆盐能与脂肪的分解产物脂肪酸和甘油酯结合，形成水溶性复合物；促进脂溶性维生素吸收；刺激小肠运动，促进脂肪和维生素 A、维生素 D、维生素 E、维生素 K 的消化和吸收。

【例题 1】胆汁的组分中参与消化的主要成分是（D）。

A. 内因子　　B. 卵磷脂　　C. 胆固醇　　D. 胆盐　　E. 胆色素

【例题 2】与脂肪的分解产物脂肪酸、甘油酯结合成复合物，从而促进其吸收的是（D）。

A. 内因子　　B. 碳酸氢盐　　C. 胰脂肪酶　　D. 胆盐　　E. 胃蛋白酶原

【例题 3】消化液中能降低脂肪表面张力，增加脂肪与酶的接触面积，并促进脂肪分解产物吸收的成分是（A）。

A. 胆盐　　B. 内因子　　C. 胃蛋白酶　　D. 胰蛋白酶　　E. 胰脂肪酶

考点 12：胰液的主要成分和生理作用★★★

胰液含有机物和无机物，无机物以碳酸氢盐含量最高，由胰腺内小导管细胞所分泌，主要作用是中和十二指肠内的胃酸，使肠黏膜免受胃酸侵蚀，同时为小肠内各种消化酶提供适

宜的弱碱环境；胰液中的有机物为多种消化酶，主要有胰淀粉酶、胰脂肪酶、胰蛋白分解酶及水解多肽的羧肽酶、核糖核酸酶等。其中胰蛋白分解酶分泌时以无活性的酶原形式存在，在十二指肠被肠激酶激活为蛋白酶，分解蛋白质为蛋白胨，进一步分解为小分子多肽。

考点 13：胃液分泌的调节★★★

采食是分泌胃液最主要的刺激因子，通过神经和体液途径调节胃液分泌。胃液分泌的调节分为头期、胃期和肠期 3 个时期。

头期分泌发生在食物进入胃之前，食物的形状、气味、口味及食欲等是引起头期反射活动、刺激胃液分泌的主要因子。

食物进入胃，所产生的机械性扩张刺激引起神经反射，使促胃液素（又称胃泌素）释放，促进胃液分泌。

肠期胃液分泌的主要机制是食物的机械扩张刺激和化学刺激作用于十二指肠黏膜，后者释放促胃液素，促进胃液分泌。

【例题】促进胃液分泌的激素是（C）。

A. 降钙素　B. 甲状旁腺激素　C. 促胃液素　D. 胆囊收缩素　E. 雌激素

第七章　能量代谢和体温

轻装上阵

如何学？

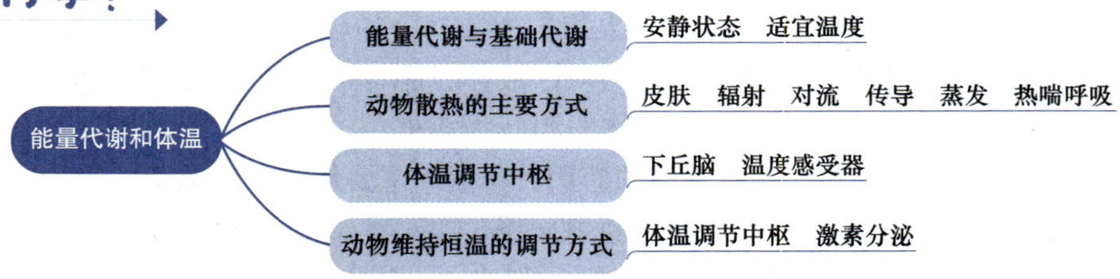

如何考？

本章考点在考试中主要出现在 A1 型题中，每年分值平均 1 分。下列所述考点均需掌握。散热方式等内容，希望考生予以特别关注。

考点冲浪

考点 1：能量代谢与基础代谢★★

能量代谢是指动物体内伴随物质代谢而发生的能量的释放、转移、贮存和利用的过程。

基础代谢是指动物在维持基本生命活动的条件下的能量代谢水平。所谓基本生命活动条件：清醒；肌肉处于安静状态；最适宜的外界环境温度；消化道内空虚。

静止能量代谢是指动物在早晨饲喂前卧下休息时的能量代谢水平，主要与动物个体大小、年龄、性别、生理状态相关。

【例题】下列与动物静止能量代谢率无关的是（A）。

A. 肌肉发达程度　　B. 个体大小　　C. 年龄

D. 性别　　E. 生理状态

考点 2：动物散热的主要方式★★★★

动物机体的主要散热器官是皮肤，另外，通过呼吸、排粪、排尿散失一部分热量。

动物通过皮肤以辐射、对流、传导等方式进行散热；当环境温度接近或高于体表温度时，只能以蒸发方式散热。皮肤是机体热量散失的重要途径。

辐射散热是指动物以红外线的形式将体热传给外界温度较低的物体。

对流散热是指机体通过与体表接触的气体或液体流动来交换和散发热量的方式，如畜舍通风。

传导散热是指机体的热量直接传给同他接触的较冷物体的散热方式，如冷敷、躺卧在湿冷的地板上。

当环境温度高于体表温度时，辐射、传导、对流等方式的热交换基本停止，蒸发散热成为唯一有效的散热方式。

汗腺不发达的动物，如犬和家禽依靠热喘呼吸实现散热。绵羊可以发汗，但热喘呼吸是其主要的散热方式。

【例题】在气温接近或超过体温时，马属动物最有效的散热方式是（D）。

A. 传导　　B. 对流　　C. 辐射　　D. 蒸发　　E. 热喘

考点 3：体温调节中枢★★★

在环境温度改变的情况下，恒温动物通过下丘脑的体温调节中枢、温度感受器、效应器等所构成的神经反射机制，调节动物机体的产热和散热过程，使之达到动态平衡，维持体温恒定。中枢温度感受器指分布于脊髓、延髓、脑干网状结构及下丘脑等处对温度变化敏感的神经元。外周温度感受器是分布于皮肤、黏膜和内脏的游离神经末梢。

【例题 1】构成中枢温度感受器的是（B）。

A. 神经节　　B. 神经元　　C. 神经胶质细胞

D. 神经突触　　E. 环层小体

【例题 2】外周温度感受器是分布于皮肤、黏膜和内脏的（D）。

A. 腺细胞　　B. 环层小体　　C. 血管内皮细胞

D. 游离神经末梢　　E. 神经元细胞体

考点 4：动物维持体温恒定的基本调节方式★★★

体温调节中枢是一个多层次的整合机构，最基本的体温调节中枢位于下丘脑。下丘脑的视前区 - 下丘脑前部是体温调节中枢的感受和整合中心部位。在环境温度改变的情况下，动物通过下丘脑的体温调节中枢、温度感受器、效应器等所构成的神经反射机制，及通过甲状腺激素、肾上腺激素、去甲肾上腺激素等的分泌改变机体代谢率，同时调节机体的产热和散热过程，使之达到动态平衡，维持体温恒定。感染引起发热时，下丘脑体温调节中枢体温调节点上移。

动物在寒冷环境中，散热量明显增加，在发生战栗之前先出现寒冷性肌紧张，此时代谢率增加，随着寒冷的继续作用，在此基础上出现战栗，产热量大大增加，维持体温平衡。

【例题 1】恒温动物体温调节的基本中枢位于（C）。

A. 脊髓　　B. 延髓　　C. 下丘脑　　D. 小脑　　E. 大脑

【例题 2】动物维持体温相对恒定的基本调节方式是（E）。

A. 体液调节　　B. 自身调节　　C. 自分泌调节　　D. 旁分泌调节　　E. 神经体液调节

【例题 3】寒冷环境下，参与维持动物机体体温稳定的是（E）。

A. 冷敏神经元发放冲动频率减少　　B. 深部血管舒张

C. 体表血管舒张　　D. 甲状腺激素分泌减少

E. 骨骼肌战栗产热

【例题 4】感染引起发热的机制是（C）。

A. 非寒战产热增加　　B. 寒战产热增加

C. 下丘脑体温调节中枢体温调节点上移　　D. 外周热感受器发放冲动增加

E. 中枢热敏神经元发放冲动频率增加

第八章　尿的生成和排出

轻装上阵

如何学？

如何考？

本章考点在考试中主要出现在 A1、A2 型题中，每年分值平均 2 分。下列所述考点均需掌握。对于重点内容，希望考生予以特别关注。

考点冲浪

考点 1：尿的生成★★★

肾脏是最主要的排泄器官，通过尿的生成，排除体内大部分代谢产物。尿的生成包括 3 个环节：肾小球的滤过作用，形成原尿；肾小管和集合管的重吸收作用；肾小管和集合管的分泌与排泄作用，形成终尿。

尿来源于血液，血液流经肾小球时，血浆中的水和小分子溶质过滤进入肾囊腔内，形成原尿，原尿中除了不含血细胞和大分子蛋白之外，其他成分与血浆基本相同。正常情况下，原尿中不含有高分子量蛋白质。

【例题】正常情况下，原尿中不含有（A）。

A. 高分子量蛋白质　　B. Na^+　　C. Ca^{2+}

D. 葡萄糖　　E. K^+

考点 2：影响原尿形成的主要因素★★★★★

肾小球的滤过作用主要取决于两个因素：一是滤过膜的通透性；二是有效滤过压。有效滤过压 = 肾小球毛细血管血压 –（血浆胶体渗透压 + 囊内压）。肾小球滤过率是指每分钟两侧肾脏生成的原尿量。

滤过膜通透性的变化：在正常情况下，滤过膜的通透性是比较稳定的，对肾小球滤过率的影响不大。影响肾小球滤过膜通透性的因素包括肾小球毛细血管内皮细胞肿胀、内皮下基膜增厚、管腔狭窄及囊内皮孔隙加大。只有在病理情况下，如急性肾小球肾炎时，由于内皮细胞肿胀，基膜增厚，致使肾小球毛细血管腔变得狭窄或阻塞不通，有效滤过面积明显减少，造成肾小球滤过率显著下降，结果出现少尿或无尿。

在机体缺氧或中毒时，滤过膜的通透性增大，原来不能透过滤过膜的血细胞和蛋白质也可通过，造成肾小球滤过率增加，尿量增多，甚至可以出现蛋白尿和血尿。

有效滤过压的变化：在正常情况下，血浆胶体渗透压不会出现明显的变动，也不会对有效滤过压造成明显的影响。试验中给动物快速静脉内注射大量的生理盐水后，出现尿量增加，其原因可能是大量的生理盐水入血后，使血浆胶体渗透压相应降低，导致有效滤过压升高，肾小球滤过率增大而出现尿量增加。

肾盂和输尿管发生结石、肿瘤或其他异物阻塞，囊内压升高，有效滤过压降低，肾小球滤过率减少，导致尿量减少。

【例题 1】肾小球滤过率是指（A）。

A. 两侧肾脏生成的原尿量
B. 一侧肾脏生成的原尿量
C. 流经两侧肾脏的血量
D. 流经一侧肾脏的血量
E. 一个肾单位生成的原尿量

【例题 2】影响肾小球滤过膜通透性的因素不包括（E）。

A. 肾小球毛细血管内皮细胞肿胀
B. 肾小球毛细血管内皮下基膜增厚
C. 肾小球毛细血管管腔狭窄
D. 囊内皮孔隙增大
E. 肾小球旁细胞分泌增加

【例题 3】急性肾小球肾炎时，动物出现少尿或无尿的主要原因是（B）。

A. 肾小囊内压降低
B. 肾小球滤过率降低
C. 毛细血管血压下降
D. 血浆胶体渗透压升高
E. 血浆晶体渗透压升高

【例题 4】一犬因腹泻脱水，某兽医门诊实习生误给病犬静脉输入过量注射用水，引起其尿量增多，分析该犬尿量增多的生理机制是（C）。

A. 囊内压下降
B. 肾血流量下降
C. 血浆胶体渗透压下降
D. 血浆晶体渗透压下降
E. 肾小球毛细血管血压下降

考点 3：尿生成的调节★★★

正常情况下，动物机体可以根据体内的水、盐代谢状况，调节尿的生成量，以维持水盐代谢平衡。其中抗利尿激素和肾素 - 血管紧张素 - 醛固酮系统是调节尿生成的主要因素。

抗利尿激素的主要作用是提高远曲小管和集合管上皮细胞对水的通透性，促进水的重吸收，从而减少尿量，产生抗利尿作用。因大量饮用清水后，导致抗利尿激素分泌减少，引起尿量增加，称为水利尿。调节抗利尿激素释放的主要因素是血浆晶体渗透压和循环血量的变化。如果动物大量出汗、严重呕吐或腹泻，使机体大量失水，血浆晶体渗透压升高，就会刺激渗透压感受器，引起抗利尿激素分泌增加。

醛固酮是肾上腺皮质球状带细胞所分泌的一种激素，主要作用是促进远曲小管和集合管对 Na^+ 的主动重吸收，同时促进 K^+ 的排出，即醛固酮的“保 Na^+ 排 K^+”作用。肾素 - 血管紧张素 - 醛固酮系统可以刺激醛固酮的分泌。

【例题 1】决定尿液浓缩和稀释的重要因素是（E）。

A. 肾小球血流量　　B. 肾小球滤过率　　C. 肾小球囊液渗透压
D. 肾小球滤过分数　　E. 远曲小管和集合管对水的通透性

【例题 2】动物严重呕吐或者腹泻时，尿量减少的主要机制是（A）。

A. 抗利尿激素分泌增加　　B. 血浆晶体渗透压降低　　C. 血浆胶体渗透压降低
D. 入球小动脉舒张　　E. 肾小囊内压升高

【例题 3】促进抗利尿激素分泌的主要因素是（D）。

A. 血浆胶体渗透压升高或血容量增加　　B. 血浆晶体渗透压降低或血容量增加
C. 血浆胶体渗透压降低或血容量降低　　D. 血浆晶体渗透压升高或血容量降低
E. 肾小球滤过率增大

第九章　神经系统

轻装上阵

如何学？

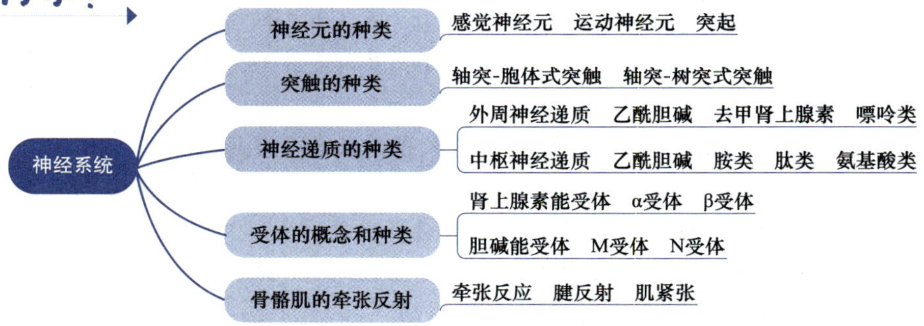

如何考？

本章考点在考试中主要出现在 A1、B1 型题中，每年分值平均 2 分。下列所述考点均需掌握。神经递质、受体的种类是考查最为频繁的内容，希望考生予以特别关注。

考点冲浪

考点 1：神经元的种类★★

神经元是神经系统的结构和功能单位，形态和功能多种多样。根据其功能，可以分为感觉神经元、中间神经元和运动神经元。神经元的结构分为胞体和突起两部分。

考点 2：神经纤维传导兴奋的特征★★

神经纤维传导兴奋具有完整性、绝缘性、双向性、不衰减性与相对不疲劳性等 5 个特征。

考点 3：突触的种类★★

根据突触的接触部位、传递方式和功能影响，突触分为轴突 - 胞体式突触、轴突 - 树突式突触、轴突 - 轴突式突触等 3 类。

考点 4：突触传递的基本特征★★

突触传递是指神经冲动从一个神经元通过突触传递到另一个神经元的过程。

当神经冲动传至轴突末梢时，突触前膜兴奋并释放递质，递质通过突触间隙，扩散到突触后膜，与突触后膜上的特殊受体结合，改变突触后膜对离子的通透性，使突触后膜电位发生变化，这种突触后膜的电位变化，称为突触后电位。由于突触后膜通透性发生改变，膜外高浓度的 Na^+ 迅速内流，结果造成膜内负电位迅速降低，由于膜外 Na^+ 具有较高的浓度势能，当膜电位减少到 0 时，还可以继续内移转为正电位，直至膜内正电位阻止 Na^+ 内移为止，此时的电位为 Na^+ 的平衡电位。

【例题】神经元兴奋性突触后电位产生的主要原因是（C）。

A. K^+ 内流　　B. K^+ 外流　　C. Na^+ 内流　　D. Na^+ 外流　　E. Cr^{2+} 内流

考点 5：神经递质的种类★★★★

大多数神经元之间的突触传递必须以突触前膜释放的化学物质为中介，才能完成信息的传递，这种化学物质称为神经递质。

根据神经递质产生的部位，分为外周神经递质和中枢神经递质。

外周神经递质是由外周神经系统的神经元合成的神经递质，包括乙酰胆碱、去甲肾上腺素和嘌呤类或肽类等。

中枢神经递质包括乙酰胆碱、胺类、氨基酸类和肽类等。乙酰胆碱是中枢神经系统的重要递质，神经肌肉接头等全部躯体运动神经所释放的递质都是乙酰胆碱，与感觉、运动、学习、记忆等功能有关。胺类包括多巴胺、肾上腺素、去甲肾上腺素和 5- 羟色胺等。氨基酸类包括谷氨酸、天冬氨酸（兴奋性氨基酸）和甘氨酸、γ - 氨基丁酸（抑制性氨基酸）；甘氨酸在脊髓中产生突触后抑制，γ - 氨基丁酸在大脑皮层产生突触后抑制，在脊髓产生突触前抑制。重要的肽类有 P 物质和脑啡肽，P 物质见于脊髓背根神经节，具有明显的镇痛作用。

【例题】神经 - 肌肉接头突触前膜囊泡中的神经递质是（C）。

A. 肾上腺素　　B. 去甲肾上腺素　　C. 乙酰胆碱　　D. 5- 羟色胺　　E. 多巴胺

考点 6：受体的概念和种类★★★★

受体是指细胞膜或细胞内能够与特定的化学物质（如激素、递质等）结合并产生生物学效应的特殊分子，一般为大分子蛋白质。

肾上腺素能受体是指能与儿茶酚胺（包括去甲肾上腺素和肾上腺素等）结合的受体，分

为 α 和 β 两种；β 受体分为 β_1 和 β_2 两个亚型。酚妥拉明是 α 受体的阻断药，消除升压效应；心得安（普萘洛尔）是 β 受体的阻断药，消除降压效应。

胆碱能受体是指能与乙酰胆碱结合的受体。胆碱能受体分为毒蕈碱受体（M 受体）和烟碱受体（N 受体）。毒蕈碱受体与乙酰胆碱结合后，产生毒蕈碱样作用；烟碱受体与乙酰胆碱结合后，产生与烟碱样作用。阿托品可以与 M 受体结合，阻断乙酰胆碱的毒蕈碱样作用，是 M 受体的阻断剂。N 受体分为神经节型 N_1 和神经 - 肌肉接头型（N_2）。其中，N_2 受体存在于神经 - 肌肉接头后膜（终板膜）上。美洲箭毒可以与 N_2 受体结合，阻断乙酰胆碱的分泌活动；筒箭毒碱也可以与 N_2 受体结合，阻断乙酰胆碱的烟碱样作用，是烟碱型受体（N 受体）的阻断药。

【例题 1】属于肾上腺素能受体的是（E）。

A. M 受体和 N 受体　　B. M 受体和 β 受体　　C. M 受体和 α 受体
D. N 受体和 β 受体　　E. α 受体和 β 受体

【例题 2】神经 - 骨骼肌接头后膜（终板膜）的胆碱能受体是（E）。

A. α 受体　　B. β 受体　　C. M 受体　　D. N_1 受体　　E. N_2 受体

【例题 3】能够阻滞神经末梢释放乙酰胆碱的是（B）。

A. 黑寡妇蜘蛛毒　　B. 肉毒梭菌毒素　　C. 美洲箭毒
D. 银环蛇毒　　E. 有机磷毒药

【解析】能够阻滞神经末梢释放乙酰胆碱的是肉毒梭菌毒素。黑寡妇蜘蛛毒可促进神经末梢释放乙酰胆碱，导致乙酰胆碱耗竭。美洲箭毒和银环蛇毒可特异性地阻断终板膜上乙酰胆碱受体（N_2）通道，从而起到松弛肌肉的作用。有机磷毒药能抑制神经元末梢胆碱酯酶活性。

【例题 4】箭毒可以与之结合而起阻断作用的受体是（E）。

A. α 受体　　B. β 受体　　C. M 受体　　D. N_1 受体　　E. N_2 受体

【例题 5】能被阿托品阻断的受体是（C）。

A. α 受体　　B. β 受体　　C. M 受体　　D. N_1 受体　　E. N_2 受体

考点 7：骨骼肌的牵张反射★★

牵张反射是维持动物姿势最基本的反射，一般分为腱反射和肌紧张。牵张反射的感受器和效应器都存在于骨骼肌内。

腱反射是指快速牵拉肌腱时发生的牵张反射。例如，敲击股四头肌腱时，股四头肌发生收缩，膝关节伸直，称为膝反射；敲击跟腱时，腓肠肌收缩，跗关节伸直，称为跟腱反射。

肌紧张是指骨骼肌受到缓慢而持续的牵拉时，被牵拉的肌肉发生缓慢而持续的收缩。

第十章 内分泌

轻装上阵

如何学？

- 内分泌
  - 激素的概念和种类：含氮激素 类固醇激素 脂肪酸衍生物激素
  - 内分泌的种类：内分泌 旁分泌 自分泌 神经内分泌
  - 下丘脑激素的种类：抗利尿激素 催产素
  - 垂体激素的种类：生长激素 促甲状腺激素 FSH LH
  - 甲状腺激素的生理功能：促进生长发育 呆小症 促进糖原分解
  - 甲状旁腺激素的生理功能：血钙升高 血磷降低 降钙素
  - 肾上腺激素的生理功能：醛固酮 保钠排钾 肾上腺素 促进分解
  - 胰岛激素的生理功能
    - A细胞 胰高血糖素 升高血糖
    - B细胞 胰岛素 降低血糖
  - 松果体激素的生理功能：褪黑素 抑制性腺 昼夜光照节律
  - 胎盘激素的生理功能：绒毛膜促性腺激素 孕激素 雌激素

如何考？

本章考点在考试中主要出现在 A1、A2、B1 型题中，每年分值平均 3 分。下列所述考点均需掌握。各种激素种类和功能是考查最为频繁的内容，希望考生予以特别关注。

考点冲浪

考点 1：激素的概念和种类★★★★★

激素是指由内分泌腺体或内分泌细胞分泌、具有特定生理功能的生物活性物质。

激素按化学性质分为含氮激素、类固醇激素和脂肪酸衍生物激素。

含氮激素包括两类，一类为多肽类和蛋白质类激素，包括下丘脑调节肽（又称下丘脑激素，包括促性腺激素释放激素、促甲状腺激素释放激素等）、腺垂体激素（生长激素、促甲状腺激素、催乳素等）、神经垂体激素（抗利尿激素、催产素）、胰岛素、甲状旁腺激素、降钙素及胃肠激素等；另一类为胺类激素，包括肾上腺素、去甲肾上腺素和甲状腺激素等。

类固醇激素主要包括肾上腺皮质分泌的皮质激素和性腺分泌的性激素等。

脂肪酸衍生物激素包括白三烯、前列腺素。

【例题】属于含氮激素的是（E）。

A. 甲状腺素、胰岛素、前列腺素

B. 甲状旁腺激素、胰岛素、雌激素

C. 降钙素、肾上腺素、雄激素

D. 生长激素、去甲肾上腺素、孕激素

E. 生长激素、胰岛素、肾上腺素

考点 2：内分泌的种类★★★

内分泌是指细胞分泌的激素进入血液，通过血液循环到达靶器官或靶细胞发挥生理调节功能的方式。

旁分泌是指细胞分泌的激素到达组织液，通过扩散到达相邻靶细胞而起作用的方式。

自分泌是指细胞分泌的激素到达组织液，对自身起调节作用。

神经内分泌是指由神经细胞分泌的激素，通过血液循环到达靶器官或靶细胞，发挥调节作用。

【例题】细胞分泌的激素进入组织液，通过扩散到达靶细胞，发挥调节作用，这种信息传递方式是（C）。

A. 内分泌　B. 外分泌　C. 旁分泌　D. 自分泌　E. 神经内分泌

考点3：下丘脑激素的种类★★★

下丘脑促垂体区肽能神经元分泌的肽类激素，能调节腺垂体的活动，被称为下丘脑调节肽。下丘脑调节肽分为释放激素（因子）和抑制激素（因子）两大类。

另外，下丘脑的大细胞神经元位于视上核、室旁核等处，细胞体积大，轴突末梢大部分终止于神经垂体，大细胞神经元分泌的激素包括抗利尿激素（血管升压素）和催产素，这些激素经轴突运送至神经垂体贮存，机体需要时由垂体释放入血，构成下丘脑-神经垂体系统。

【例题1】下丘脑大细胞神经元分泌的主要激素是（B）。

A. 生长抑素　B. 催产素　C. 促性腺激素释放激素
D. 促黑激素释放抑制因子　E. 催乳素

【例题2】幼犬，生长迟缓、反应迟钝且呆滞，与该病症有关的下丘脑激素是（C）。

A. 甲状腺激素　B. 促甲状腺激素　C. 促甲状腺激素释放激素
D. 生长激素　E. 生长激素释放激素

【解析】根据题干“生长迟缓、反应迟钝且呆滞”，可以判断为呆小症，与甲状腺激素不足有关，而促甲状腺激素释放激素属于下丘脑激素，且它可以促进甲状腺激素的合成与分泌。

【例题3】下丘脑-神经垂体系统分泌的激素是（B）。

A. 生长激素和催乳素　B. 抗利尿激素和催产素
C. 促性腺激素和促黑激素　D. 肾上腺素和去甲肾上腺素
E. 促甲状腺激素和促肾上腺皮质激素

考点4：垂体激素的种类和生理功能★★★

垂体分为腺垂体和神经垂体。神经垂体自身不能合成激素。

腺垂体分泌各种促激素，腺垂体激素主要有生长激素（GH）、催乳素（PRL）、促性腺激素（GTH）、促甲状腺激素（TSH）、促肾上腺皮质激素（ACTH）、促黑素细胞激素（MSH）等，它们分别作用于靶细胞，调节动物的生长、代谢和繁殖。垂体分泌的促性腺激素主要包括促卵泡素（FSH，又称卵泡刺激素、促卵泡激素）和促黄体素（LH，又称黄体生成素、促黄体生成素），二者具有协同作用。

生长激素的生理功能是促进生长发育，调节物质代谢。幼年时生长激素分泌不足会导致患儿生长停滞，身材矮小，即侏儒症；如果生长激素分泌过多，会造成巨人症。成年时期生长激素分泌过多，会出现肢端肥大症。

促卵泡素的生理功能是促进卵巢卵泡细胞增殖，促进卵泡生长发育并分泌卵泡液。在畜牧业实践中，促卵泡素常用于诱导母畜发情排卵和超数排卵、治疗卵巢功能疾病等。

催产素的生理功能是促进乳汁排出，刺激子宫收缩。

【例题 1】垂体分泌的促性腺激素包括（C）。

A. 促黑色激素与雄激素　B. 促黑色激素与孕酮　C. 促卵泡素与促黄体素
D. 促卵泡激素与催乳素　E. 促黄体生成素与催产素

【例题 2】由腺垂体分泌的激素是（C）。

A. 抗利尿激素与催乳素　B. 抗利尿激素和催产素　C. 生长激素与催乳素
D. 生长激素与催产素　E. 催乳素与催产素

考点 5：甲状腺激素的生理功能★★★

甲状腺激素主要包括甲状腺素（四碘甲状腺原氨酸，T_4）和三碘甲腺原氨酸（T_3），合成甲状腺激素的主要原料是碘和酪氨酸。甲状腺激素可以促进机体生长、发育和成熟，特别对脑和骨骼的发育尤为重要。甲状腺激素合成不足或出生后甲状腺功能低下，会造成神经发育受阻、智力低下；长骨生长停滞，身材矮小，表现为呆小症。

甲状腺激素可以促进蛋白质合成、肝糖原分解和脂肪分解，可以使机体内绝大多数组织的耗氧量和产热量增加，但作用持续时间较短。甲状腺激素的产热效应与靶组织细胞 Na^+-K^+-ATP 酶（钠钾泵）活性升高密切相关，还能促进脂肪酸氧化产热。

【例题 1】参与甲状腺激素合成的元素是（E）。

A. 铁　B. 铜　C. 锰　D. 锌　E. 碘

【例题 2】促进机体产热的主要激素是（D）。

A. 皮质酮　B. 胰岛素　C. 醛固酮　D. 甲状腺素　E. 甲状旁腺素

考点 6：甲状旁腺激素的生理功能★★★

甲状旁腺激素（甲状旁腺素，PTH）是调节血钙和血磷水平最重要的激素之一，它使血钙升高、血磷降低。主要作用方式为促进骨钙溶解进入血液，使血钙升高；甲状旁腺激素还可促进肾远球小管对钙的重吸收，使尿钙减少，血钙升高；抑制近球小管对磷的重吸收，使尿中磷酸盐增加，血磷降低。降钙素的功能与甲状旁腺激素相反，具有降低血钙的功能。

【例题 1】调节血钙浓度的激素是（C）。

A. 促甲状腺激素　B. 促甲状腺激素释放激素　C. 甲状旁腺激素
D. 三碘甲状腺原氨酸　E. 甲状腺激素

【例题 2】促进机体“保钙排磷”的主要激素是（E）。

A. 皮质酮　B. 胰岛素　C. 醛固酮　D. 甲状腺素　E. 甲状旁腺激素

考点 7：肾上腺激素的生理功能★★★

肾上腺皮质激素主要包括糖皮质激素和盐皮质激素两类。糖皮质激素具有显著的升血糖作用；盐皮质激素具有保钠、保水和排钾作用。

糖皮质激素包括皮质醇和皮质酮类激素。肾上腺皮质球状带合成分泌的盐皮质激素主要包括醛固酮、11-脱氧皮质酮、11-脱氧皮质醇，其中以醛固酮的生物活性最高。盐皮质激素的主要功能是对肾有保钠、保水和排钾作用，进而影响细胞外液和循环血量的相对稳定。

肾上腺髓质的嗜铬细胞分泌的肾上腺素和去甲肾上腺素具有广泛的功能，能促进糖原分解，升高血糖，促进脂肪分解，使产热量增加。

【例题 1】属于糖皮质激素的是（C）。

A. 胰岛素　B. 醛固酮　C. 皮质醇　D. 肾上腺素　E. 胰高血糖素

【例题 2】属于盐皮质激素的是（C）。

A. 降钙素　B. 抗利尿激素　C. 醛固酮　D. 皮质醇　E. 肾上腺素

【例题 3】促进机体“保钠排钾”的主要激素是（C）。

A. 皮质酮　B. 胰岛素　C. 醛固酮　D. 甲状腺素　E. 甲状旁腺素

考点 8：胰岛激素的生理功能★★★★★

胰腺的内分泌部称为胰岛，胰岛细胞依其形态、染色特点和功能，分为 A、B、D、F 等细胞类型。其中 A 细胞（约占 25%）分泌胰高血糖素，B 细胞（占 60%~70%）分泌胰岛素，D 细胞（约占 10%）分泌生长抑素（SS），F 细胞（PP）细胞分泌胰多肽（PP）。

胰岛素的主要功能是促进合成代谢，抑制分解代谢，促进蛋白质合成，抑制分解；对维持血糖相对稳定发挥重要的调节作用，胰岛素具有降低血糖的作用。

胰高血糖素是促进分解代谢的激素，促进脂肪和蛋白质的分解，通过促进糖原分解和葡萄糖异生，具有升高血糖的作用。

生长抑素通过旁分泌作用于 A 细胞，抑制胰高血糖素的分泌，降低血糖。

【例题】胰岛中分泌胰岛素的细胞是（B）。

A. A 细胞　B. B 细胞　C. D 细胞　D. F 细胞　E. PP 细胞

考点 9：松果体激素的生理功能★★★

松果体激素是松果体（松果腺）细胞分泌激素的总称，主要是褪黑素和肽类激素。褪黑素的合成和分泌是松果体的主要功能。

褪黑素是色氨酸的衍生物，对下丘脑 - 腺垂体 - 性腺轴、下丘脑 - 腺垂体 - 甲状腺轴和肾上腺皮质的活动均有抑制作用。主要是通过抑制垂体促性腺激素，影响生殖系统的功能，表现为抑制性腺和副性腺的发育，延缓性成熟；在神经系统，褪黑激素具有镇静、镇痛和抗惊厥的作用；褪黑素可使皮肤色素细胞内的色素颗粒聚集，颜色变浅，以适应外界环境的色彩变化。

褪黑素的合成和分泌受交感神经的调节，并与昼夜光照节律有密切的关系。光照能抑制松果体的活动，使褪黑素的分泌减少；黑暗可促进松果体的活动，使褪黑素分泌增加。

【例题 1】松果腺分泌的主要激素是（B）。

A. 松弛素　B. 褪黑素　C. 降钙素　D. 抑制素　E. 促黑激素

【例题 2】褪黑素对生长发育期哺乳动物生殖系统的影响是（E）。

A. 促进性腺的发育　B. 促进副性腺的发育

C. 促进垂体分泌促性腺激素　D. 延长精子的寿命

E. 延缓性成熟

考点 10：胎盘激素的生理功能★★

胎盘激素包括有绒毛膜促性腺激素（CG）、胎盘催乳素、孕激素和雌激素。

绒毛膜促性腺激素是胎盘滋养层细胞产生的一种糖蛋白激素。根据动物的属性不同，分别为马绒毛膜促性腺激素（eCG）或孕马血清促性腺激素（PMSG）、驴绒毛膜促性腺激素（dCG）、绵羊绒毛膜促性腺激素（oCG）、人绒毛膜促性腺激素（hCG）。绒毛膜促性腺激素（主要是 PMSG 和 hCG）广泛应用于动物繁殖或生殖生物学的研究中，可以作为诱发排卵或治疗某些不育症的制剂，或作为妊娠及妊娠相关疾病的诊断指标等。

【例题】可以治疗某些不育症的激素是（A）。

A. 绒毛膜促性腺激素　　B. 降钙素　　C. 褪黑素

D. 松弛素　　E. 抑制素

第十一章　生殖和泌乳

轻装上阵

如何学？

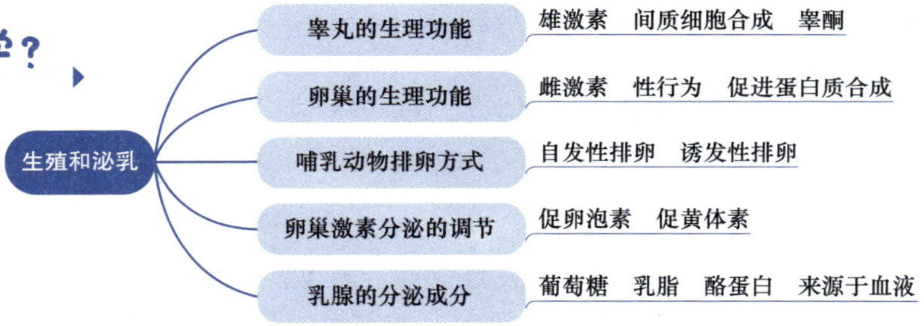

如何考？

本章考点在考试中主要出现在 A1 型题中，每年分值平均 1 分。下列所述考点均需掌握。对于重点内容，希望考生予以特别关注。

考点冲浪

考点 1：睾丸的生理功能★★★★

睾丸是雄性动物的主要性器官，包括生成精子和分泌激素两方面的主要功能。

睾丸的生精作用是指睾丸内精原细胞发育成精子的过程。睾丸支持细胞对生精细胞有营养支持作用。

睾丸分泌的主要激素为雄激素，它由睾丸间质细胞合成，包括睾酮、双氢睾酮和雄烯二酮等。雄激素的主要生理功能是促进精子的生成与成熟；促进生殖器官的发育，刺激雄性副性征的出现和性行为；促进蛋白质合成和骨骼生长。

睾丸间质细胞分泌的睾酮在还原酶的作用下形成双氢睾酮，芳香化酶使其转变成雌激素（主要为雌二醇）。抑制素是支持细胞分泌的多肽激素，能抑制垂体促卵泡素的合成和分泌，从而影响精子的生成。

【例题 1】动物分泌雄激素的主要器官是（A）。

A. 睾丸　B. 附睾　C. 输精管　D. 精囊腺　E. 前列腺

【例题 2】睾丸内能够合成睾酮的细胞是（E）。

A. 精原细胞　B. 精母细胞　C. 精细胞　D. 支持细胞　E. 间质细胞

【例题 3】芳香化酶可将睾酮转变为（D）。

A. 抑制素　B. 雄激素　C. 黄体生成素　D. 雌二醇　E. 松弛素

【例题 4】睾丸支持细胞分泌的多肽激素为（A）。

A. 抑制素　B. 雄激素　C. 黄体生成素　D. 雌二醇　E. 松弛素

考点 2：卵巢的生理功能★★★★

卵巢是雌性动物的主要性器官，具有生成卵子和分泌激素两方面的主要功能。

卵巢的生卵作用是指卵巢内原始卵泡发育成卵子的过程。

卵巢分泌的主要激素为雌激素，它主要由成熟卵泡的颗粒细胞、内膜细胞及黄体等合成，分泌入血后，大部分与性激素结合蛋白和清蛋白结合，极少为游离型。雌激素的主要生理功能是促进生殖器官的发育和成熟，刺激雌性副性征的出现和性行为，如促进输卵管上皮细胞增生，刺激乳腺导管和结缔组织增生；促进蛋白质合成和加速骨骼生长。

【例题】对雌激素表述不正确的是（B）。

A. 主要由成熟卵泡的颗粒细胞合成　B. 主要以游离形式存在于血浆

C. 促进输卵管上皮细胞增生　D. 可以加速骨的生长

E. 刺激乳腺导管和结缔组织增生

考点 3：哺乳动物的排卵方式★★

哺乳动物的排卵分为自发性排卵和诱发性排卵。自发性排卵是指卵泡发育成熟后，可自行破裂而排卵的过程，如牛、马、猪、羊等大多数家畜。诱发性排卵是指卵泡发育成熟后，必须通过交配才能排卵，如猫、兔、骆驼。

【例题】具有自发性排卵功能的动物是（E）。

A. 猫　B. 兔　C. 骆驼　D. 水貂　E. 牛

考点 4：卵巢激素分泌的调节★★

在环境因素的影响下，下丘脑释放促性腺激素释放激素，通过垂体门脉系统促使腺垂体分泌促卵泡素和促黄体素，可以促进卵巢中的卵泡发育、成熟，进一步促进雌激素的合成和分泌；促卵泡素还影响颗粒细胞上促黄体素受体和排卵前促黄体素高峰的形成，促黄体素在排卵后维持动物机体黄体细胞分泌孕激素（主要是孕酮），因此促黄体素是孕激素分泌的直接刺激因子。

【例题 1】山羊，3 岁，发情期迟迟不见排卵，经 B 超检查卵巢发育正常，该羊最可能出现异常的激素是（D）。

A. TSH　B. OXT　C. FSH　D. LH　E. PRL

【例题 2】直接刺激黄体分泌孕酮的激素是（C）。

A. 褪黑素　B. 促卵泡素　C. 促黄体素

D. 促甲状腺激素　　　　E. 促肾上腺皮质激素

考点5：乳腺的分泌成分★★★

乳腺腺泡细胞从血液中摄取营养物质合成乳，分泌乳糖、乳脂和乳蛋白（包括酪蛋白和乳清蛋白），以及无机盐和激素等。乳腺腺泡细胞需要的葡萄糖来源于血液，乳脂主要来源于血液中的葡萄糖、游离脂肪酸、乙酸和羟丁酸三种途径。促进乳腺腺泡发育的主要激素是孕酮。

【例题1】乳腺腺泡细胞合成的物质包括（E）。

A. 乳糖、酪蛋白和维生素　　　　B. 葡萄糖、酪蛋白和维生素
C. 乳糖、酪蛋白、无机盐　　　　D. 葡萄糖、酪蛋白和无机盐
E. 乳糖、酪蛋白和乳脂

【例题2】促进乳腺腺泡发育的主要激素是（B）。

A. 睾酮　　　　B. 孕酮　　　　C. 胸腺素
D. 甲状旁腺激素　　　　E. 松弛素

第四篇
动物生物化学

第一章 蛋白质化学及其功能

轻装上阵

如何学?

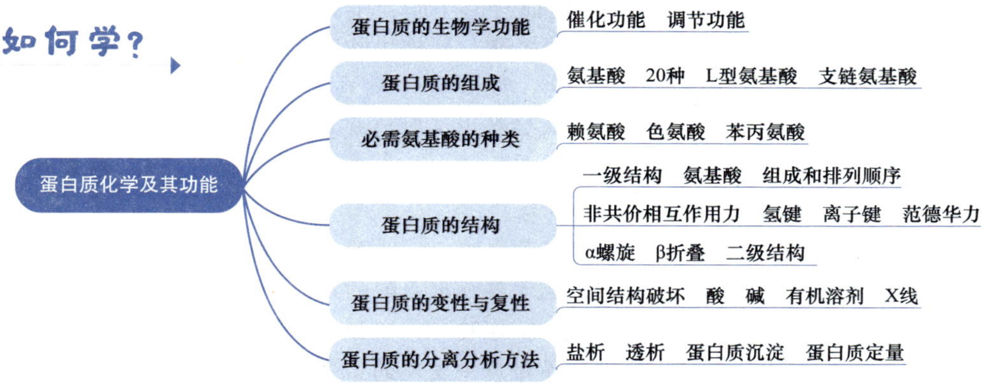

如何考?

本章考点在考试中主要出现在A1型题中，每年分值平均2分。下列所述考点均需掌握。蛋白质结构和分析方法是考查最为频繁的内容，希望考生予以特别关注。

考点冲浪

考点1：蛋白质的生物学功能★

蛋白质是生物体最重要的组成成分，具有重要的生物学功能，包括催化功能、贮存与运输功能、调节作用、运动功能、防御功能、营养功能、结构成分、膜的组成成分以及参与遗传活动等。

考点2：蛋白质的组成★★

氨基酸是蛋白质的基本结构单位，包括丙氨酸、缬氨酸、亮氨酸、异亮氨酸、苯丙氨酸、色氨酸、甲硫氨酸（又称为蛋氨酸）、脯氨酸、甘氨酸、丝氨酸、苏氨酸、半胱氨酸、酪氨酸、天冬酰胺、谷氨酰胺、组氨酸、赖氨酸、精氨酸、天冬氨酸和谷氨酸20种，称为标准氨基酸。除甘氨酸外，其余19种氨基酸都含有不对称的碳原子，为L型氨基酸。

【例题】在中枢神经系统内，具有抑制性作用的氨基酸是（E）。

A. 谷氨酸　　B. 亮氨酸　　C. 天冬氨酸　　D. 丙氨酸　　E. 甘氨酸

【解析】本题考查蛋白质的组成。中枢神经递质包括乙酰胆碱、单胺类、氨基酸类和肽类，氨基酸类包括谷氨酸、甘氨酸等，谷氨酸是兴奋性递质，甘氨酸能产生突触后抑制。因此在中枢神经系统内，具抑制性作用的氨基酸是甘氨酸。

考点3：必需氨基酸的种类★★★

动物合成其组织蛋白质时，所有的20种氨基酸都是不可缺少的。其中一部分氨基酸只要有氨的来源，就可在动物体内利用其他原料合成，这些氨基酸称为非必需氨基酸。但有另一部分氨基酸在动物体内不能合成，或合成量不足，远不能满足动物需要，因而必须由饲料供给，被称为必需氨基酸，主要有赖氨酸、甲硫氨酸、色氨酸、苯丙氨酸、亮氨酸、异氨酸、缬氨酸和苏氨酸。缬氨酸、亮氨酸和异亮氨酸的脂肪族侧链都具有分支，称为支链氨基酸。

氨基酸的侧链基团（R）的极性和电荷有所不同，呈碱性的带正电荷的极性氨基酸为碱性氨基酸，主要有组氨酸、赖氨酸和精氨酸。原核生物和真核生物少数蛋白质中发现的第 21 种编码氨基酸是硒代半胱氨酸。

【例题 1】动物不能自身合成、必须从饲料中摄取的氨基酸是（A）。

A. 赖氨酸　B. 甘氨酸　C. 脯氨酸　D. 丙氨酸　E. 谷氨酸

【例题 2】含支链的必需氨基酸是（B）。

A. 蛋氨酸　B. 亮氨酸　C. 苏氨酸　D. 赖氨酸　E. 色氨酸

【例题 3】合成蛋白质的氨基酸中，属于碱性氨基酸的是（D）。

A. 半胱氨酸　B. 异亮氨酸　C. 谷氨酸　D. 精氨酸　E. 蛋氨酸

【例题 4】原核生物和真核生物少数蛋白质中发现的第 21 种氨基酸是（C）。

A. 甘氨酸　B. 亮氨酸　C. 硒代半胱氨酸

D. 异亮氨酸　E. 脯氨酸

考点 4：蛋白质的结构★★★★

蛋白质的一级结构是指蛋白质多肽链上各种氨基酸的组成和排列顺序。

蛋白质的高级结构即空间结构，又称构象，包括二级结构、三级结构和四级结构等。

蛋白质空间结构的形成依赖于其原子和基团之间的非共价相互作用。非共价相互作用力包括氢键、离子键、范德华力、疏水力 4 类。

蛋白质的二级结构是指多肽链主链的肽键之间借助氢键形成的有规则的构象，包括有 α 螺旋、β 折叠和 β 转角等。某些情况下 α 螺旋与 β 折叠发生的结构转换会导致疾病发生，如疯牛病的病因就可能与这种转换有直接的关系。

蛋白质的三级结构是指多肽链中所有原子和基团在三维空间中的排布，是在二级结构基础上形成的有生物活性的构象。

蛋白质的四级结构是指较大的蛋白分子由两条或多条肽链组成，这些肽链本身都具有特定的三级结构，称为亚基。亚基之间以非共价键相连。亚基的种类、数目、空间排布以及相互作用称为蛋白质的四级结构，如血红蛋白就是四聚体。

【例题 1】不属于蛋白质二级结构的形式是（B）。

A. β- 折叠　B. 无规则卷曲　C. β- 转角　D. α- 螺旋　E. 二面角

【例题 2】具有四级结构的蛋白质通常有（C）。

A. 一个 α 亚基　B. 一个 β 亚基　C. 两种或两种以上的亚基

D. 辅酶　E. 二硫键

考点 5：蛋白质的变性与复性★★★★

蛋白质变性是指在某些理化因素作用下，蛋白质由天然的有序状态转变为伸展的无序状态，并引起生物功能的丧失及理化性质的改变。蛋白质变性的实质是维持高级结构的次级键及空间结构的破坏，蛋白质的一级结构保持不变。

引起天然蛋白质变性的物理因素有加热、辐射、紫外线、X 线，以及剧烈的振荡、研磨、搅拌等；化学因素有酸、碱、有机溶剂、尿素、盐酸胍、重金属盐、三氯醋酸、苦味酸、磷钨酸和去污剂等，如酒精消毒可以使细菌、病毒的蛋白质发生变性。

变性的蛋白质在变性因素消除后，可以部分或全部恢复折叠状态，并恢复部分或全部的生物学功能，称为复性。

【例题】紫外线消毒是因为它能引起蛋白质（B）。

A. 变构　　B. 变性　　C. 断裂　　D. 水解　　E. 聚合

考点 6：蛋白质的分离分析方法★★★★

盐析是指在高浓度的盐溶液里，无机盐离子从蛋白质分子的水膜中夺取水分子，破坏水膜，使蛋白质分子相互结合而发生沉淀的现象，可用于蛋白质的粗分离，通过透析，可以获得纯蛋白质。

在碱性溶液中，蛋白质分子中的负离子基团可与重金属盐（如醋酸铅、氯化汞、硫酸铜等）的正离子结合成难溶的蛋白质重金属盐，从溶液中沉淀出来。临床上可利用这种特性抢救重金属盐中毒的病人和动物。

生物碱试剂［如苦味酸、单宁酸、三氯醋酸（三氯乙酸）、钨酸等］在 pH 小于蛋白质等电点时，其酸根负离子能与蛋白质分子上的正离子相结合，成为溶解度很小的蛋白盐沉淀下来。临诊化验时，常用上述生物碱试剂除去血浆中的蛋白质，以减少干扰。

蛋白质与酚试剂反应生成蓝色物质，是蛋白质定量的经典方法，可以用于氨基酸和蛋白质的定量分析，称为福林-酚法，又称 Lowry 法。蛋白质分子中的芳香族氨基酸，如色氨酸、酪氨酸、苯丙氨酸等，在 280nm 波长的紫外线范围内有特异的吸收光谱，利用这一紫外吸收性质，可以使用紫外分光光度计测定蛋白质的浓度。

实验室蛋白质的脱盐常用透析法。蛋白质分子不能通过半透膜，而无机盐等小分子化合物能自由通过半透膜。利用这一特性，将蛋白质与小分子化合物的溶液装入用半透膜制成的透析袋中并密封，然后将透析袋放入流水或缓冲液中，则小分子化合物可以穿过半透膜，而蛋白质仍留在透析袋中。

蛋白质层析技术包括凝胶过滤层析和亲和层析。

【例题 1】蛋白质紫外吸收的最大波长是（E）。

A. 220nm　　B. 230nm　　C. 240nm　　D. 260nm　　E. 280nm

【例题 2】蛋白质与其所含有的盐分分开可以选用（A）。

A. 透析技术　　B. 离心技术　　C. 盐析技术

D. 电泳技术　　E. 分子杂交技术

【例题 3】动物样品分析中，常用于沉淀蛋白质的试剂是（D）。

A. 稀盐酸　　B. 尿素　　C. 巯基乙醇　　D. 三氯乙酸　　E. 胆酸盐

第二章 生物膜

轻装上阵

如何学？

- 生物膜
  - 生物膜的化学结构和运动方式
    - 脂质双分子层 双亲性 寡糖链
    - 分子摆动 侧向扩散运动 跨膜翻转
  - 相变温度的调节
    - 相变温度 脂肪酸不饱和程度

如何考？

本章考点在考试中主要出现在A1型题中，每年分值平均1分。下列所述考点均需掌握。对于重点内容，希望考生予以特别关注。

考点冲浪

考点1：生物膜的化学结构和运动方式★★★★★

生物膜是细胞膜和细胞内膜的总称。细胞膜的化学成分主要包括蛋白质、脂质和少量多糖、金属离子。生物膜是由液态的脂质双分子层中镶嵌着可移动的球形蛋白质构成，每个脂质分子均由一个头部和两个尾部构成，头部具有亲水性，分别朝向膜的内、外表面；而尾部具有疏水性，伸入膜的中央。膜脂质分子的双亲性是形成脂质双层结构的分子基础。

膜脂包括磷脂、少量的糖脂和胆固醇；膜上的寡糖链都暴露在质膜的外表面上（伸向细胞外），与细胞的相互识别和通讯等生理活动有关联。膜脂分子在脂双层中处于不停地运动中，其运动方式有分子摆动、围绕自身轴线的旋转、侧向的扩散运动以及在脂双层之间的跨膜翻转等。

膜蛋白是膜生物学功能的主要体现者，目前所知的膜蛋白有酶、受体、转运蛋白、抗原和结构蛋白等，生物膜的功能越复杂，其组成中蛋白质的含量就越多。

【例题1】构成生物膜的骨架是（D）。

A. 蛋白质 B. 胆固醇 C. 糖聚合物

D. 脂质双分子层 E. 脂蛋白复合物

【例题2】生物膜功能的主要体现者是（A）。

A. 蛋白质 B. 脂类 C. 糖类 D. 水 E. 无机盐类

【例题3】属于生物膜组成成分的物质是（C）。

A. 丙酮酸 B. 乳糖 C. 磷脂 D. 乙酸 E. 甘油

【例题4】细胞膜上的寡糖链（A）。

A. 均暴露在细胞膜的外表面 B. 结合在细胞膜的内表面

C. 都结合在膜蛋白上 D. 都结合在膜脂上

E. 分布在细胞膜的两侧

【例题5】细胞膜上用来捕捉和辨认细胞外化学信号的成分是（B）。

A. 卵磷脂 B. 寡糖链 C. 胆固醇 D. 脑磷脂 E. 鞘磷脂

考点2：相变温度的调节★★★

膜脂双层中的脂质分子在一定的温度范围里，可以呈现有规律的凝固状态或可流动的液态（实际是液晶态）。两种状态的转变温度称为相变温度（T_c），磷脂分子赋予了生物膜可以在凝固态和液态两相之间互变的特性。一般来说，脂质分子中所含的脂肪酸的烃链的不饱和程度越高，其相变温度越低。膜上的胆固醇对膜的流动性和相变温度有调节功能。

【例题 1】生物膜内能调节其相变温度的成分是（D）。

A. 水　　B. Na^+　　C. 糖类　　D. 胆固醇　　E. 膜蛋白

【例题 2】冷水鱼类的细胞膜富含不饱和脂肪酸，因此具有（C）。

A. 更优良的通透性　　B. 更多样的运动形态　　C. 更低的相变温度

D. 更好的膜结合性能　　E. 更稳定的双层结构

第三章　酶

轻装上阵

如何学？

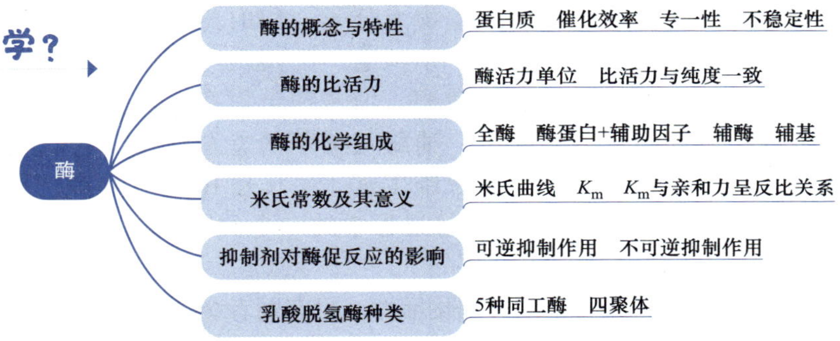

如何考？

本章考点在考试中主要出现在 A1 型题中，每年分值平均 1 分。下列所述考点均需掌握。对于重点内容，希望考生予以特别关注。

考点冲浪

考点 1：酶的概念与特性★★

酶又称生物催化剂，是活细胞产生的具有催化功能的蛋白质。酶的特点包括有极高的催化效率、高度的专一性或特异性、活性的可调节性、不稳定性。酶促反应速度最大时的温度称为最适温度，动物体内的酶，其最适温度为 35~40℃。动物体内多数酶的最适 pH 接近中性，但也有例外，如胃蛋白酶的最适 pH 约为 1.8，胰蛋白酶约为 8，而肝精氨酸酶约为 9.8。

临床上进行血清（或血浆）、尿液等体液中酶活性测定以帮助诊断疾病。由于某些组织器官受损伤时，细胞内的一些酶可大量释放进入血液中，成为疾病诊断的依据。例如，急性胰腺炎时，血清淀粉酶活性升高；急性肝炎时，血清转氨酶活性升高。

【例题 1】动物组织中的酶，其最适温度大多在（C）。

A. 20~24℃　　B. 25~34℃　　C. 35~40℃　　D. 41~45℃　　E. 60℃以上

【例题 2】单胃动物胃蛋白酶的最适 pH 范围是（A）。

A. 1.6~2.4　B. 3.6~5.4　C. 6.6~7.4　D. 7.6~8.4　E. 8.6~9.4

【例题 3】动物发生急性胰腺炎时，血清中活性显著升高并具有诊断意义的是（D）。

A. 丙氨酸转移酶　B. 天冬氨酸转移酶　C. 碱性磷酸酶
D. 淀粉酶　E. 肌酸激酶

考点 2：酶的比活力★★

酶的催化活性是指酶催化化学反应的能力，可用在一定的条件下酶催化某一化学反应的反应速度来衡量。酶活性的大小用酶活力单位来表示。

酶活力单位是指在特定的条件下，酶促反应在单位时间内生成一定量的产物或消耗一定量的底物所需的酶量，每克酶制剂或每毫升酶制剂所含有的活力数值称为酶的比活力，对同一种酶来说，酶的比活力越高，纯度越高。

【例题】酶的比活力越高表示酶（B）。

A. 纯度越低　B. 纯度越高　C. 活力越小　D. K_m 值越大　E. 性质越稳定

考点 3：酶的化学组成★★★★

酶是活细胞产生的具有催化功能的生物大分子，酶的化学本质主要是蛋白质。酶分为单纯酶和结合酶，消化道内的酶属于单纯酶。酶蛋白与辅助因子结合，形成完整的酶分子称为全酶，其中辅助因子包括辅酶、辅基和金属离子。辅酶与酶蛋白结合疏松，可以用透析或超滤等物理方法除去。辅酶与辅基的差别，在于它们与酶蛋白结合的牢固程度不同，并无严格界限。大多数维生素（尤其是 B 族维生素）是许多酶的辅酶或辅基的组成成分。NAD^+ 是糖有氧分解过程中的一个关键辅酶，具有结合二氧化碳的功能。

酶蛋白与辅助因子单独存在时，没有催化活性，只有两者结合成完整的分子时，才表现出活性。

酶蛋白在酶促反应中主要起识别和结合底物的作用，决定酶促反应的专一性；而辅助因子则决定反应的种类与性质。

【例题 1】结合酶的基本结构是（C）。

A. 由多个亚基聚合而成　B. 由多个辅助因子组成
C. 由酶蛋白和辅助因子组成　D. 由酶蛋白组成
E. 由不同的酶结合而成

【例题 2】具有结合 CO_2 功能的辅酶或辅基是（B）。

A. 四氢叶酸　B. NAD^+　C. 生物素　D. 钴胺素　E. FAD

考点 4：米氏常数及其意义★★

在其他因素，如酶浓度、pH、温度等不变的情况下，底物浓度的变化与酶促反应速度之间的关系呈矩形双曲线，称为米氏曲线。米氏常数用 K_m 表示，K_m 是酶的特征常数之一，K_m 值的大小，近似地表示酶和底物的亲和力，K_m 值越大，意味着酶和底物的亲和力小，反之则大。

【例题】可以近似反映酶与底物结合能力的参数是（E）。

A. 初速度　B. 比活力　C. 转换数　D. 最大速度　E. 米氏常数

考点 5：抑制剂对酶促反应的影响★★

抑制剂是指能使酶的催化活性削弱或丧失的物质，这种作用称为抑制作用。抑制剂对酶的作用有不可逆抑制和可逆抑制之分。

不可逆抑制剂通常以共价键方式与酶的必需基团进行结合，一经结合就很难自发解离，不能用透析或超滤等物理方法解除抑制，如有机磷杀虫剂能专一地作用于胆碱酯酶活性中心的丝氨酸残基，使其磷酰化而破坏酶的活性中心，导致酶的活性丧失，而胆碱能神经末梢分泌的乙酰胆碱不能被及时分解，过多的乙酰胆碱导致胆碱能神经过度兴奋，使昆虫失去知觉，对人和家畜产生严重中毒症状，甚至死亡。

可逆抑制剂和酶的结合属于非共价结合，用透析或超滤等物理方法除去抑制剂后，酶的活性能恢复。

可逆抑制作用分为竞争性抑制作用和非竞争性抑制作用。竞争性抑制作用的抑制剂一般与酶的天然底物结构相似，可与底物竞争酶的活性中心，从而降低酶与底物的结合效率，抑制酶的活性，磺胺类药物是典型的例子。

【例题】有机磷杀虫剂抑制胆碱酯酶的作用属于（B）。

A. 竞争性抑制　　B. 不可逆抑制　　C. 可逆性抑制

D. 非竞争性抑制　　E. 反竞争性抑制

考点 6：乳酸脱氢酶的种类★

同工酶是指催化相同的化学反应，但酶蛋白的分子结构、理化性质和免疫学性质不同的一组酶。

乳酸脱氢酶就是由 4 种亚基（M 和 H）构成的 5 种同工酶，每种酶分子都是四聚体。其中 LDH_1（H_4）主要存在于心肌中，而 LDH_5（M_4）主要存在于骨骼肌中。

第四章 糖代谢

轻装上阵

如何学？

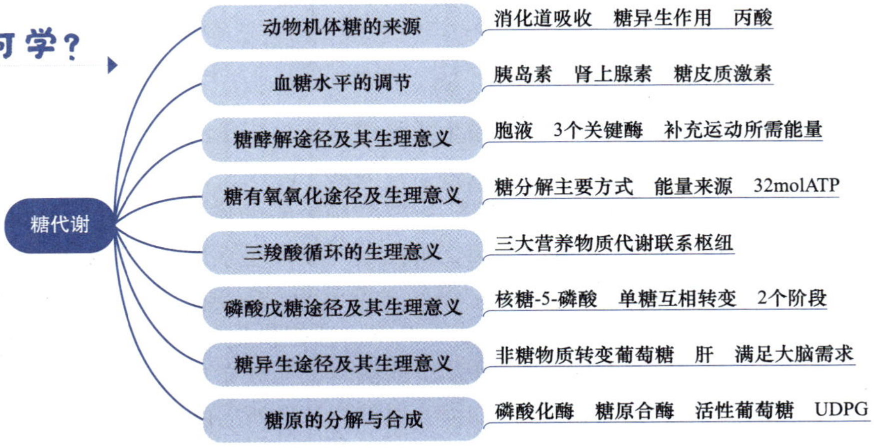

如何考？

本章考点在考试中主要出现在 A1、B1 型题中，每年分值平均 3 分。下列所述考点均需掌握。糖代谢是每年考查最为频繁的内容，希望考生予以特别关注。

考点冲浪

考点1：动物机体糖的来源★★★

动物体内糖的来源主要由消化道吸收，其次是通过糖异生。对于非反刍动物，糖的主要来源是淀粉在消化道中被酶水解变成葡萄糖，通过小肠吸收；对于反刍动物，从饲料中摄取的糖主要是纤维素，在瘤胃中微生物分泌的纤维素酶的作用下，可以变成乙酸、丙酸和丁酸等低级脂肪酸，其中丙酸是异生成葡萄糖的主要前体。

【例题】反刍动物体内葡萄糖的重要来源是（D）。

A. 淀粉的消化吸收　　B. 纤维素的消化吸收　　C. 消化道微生物产生
D. 在体内由丙酸转化　　E. 在体内由脂肪转化

考点2：血糖水平的调节★★

血糖是指血液中的葡萄糖。血糖浓度受进食的影响，但在短时间不进食，也能维持正常血糖水平。血糖浓度的相对恒定，是保证细胞进行正常代谢、维持组织器官正常机能的重要条件之一。

动物在采食后的消化吸收期间，肝糖原和肌糖原合成加强而分解减弱，氨基酸的糖异生减弱，脂肪组织加快将糖转变为脂肪，使血糖在暂时上升之后很快恢复正常。动物长时间剧烈运动后持续饥饿时，血糖浓度下降，但仍保持一定水平，此时血糖的来源主要靠糖异生，以保证动物脑组织对能量的需求，调节血糖浓度的主要激素有降低血糖的胰岛素和升高血糖的胰高血糖素、肾上腺素、糖皮质激素等。

【例题1】动物采食后血糖浓度（E）。

A. 维持恒定　　B. 逐渐下降　　C. 先下降后上升
D. 先下降后恢复正常　　E. 先上升后恢复正常

【例题2】动物长时间剧烈运动后，补充血糖的主要途径是（A）。

A. 葡萄糖异生　　B. 肝糖原分解　　C. 肌糖原分解
D. 脂肪酸氧化　　E. 糖酵解

考点3：糖酵解途径及其生理意义★★★

糖酵解途径是指在无氧情况下，葡萄糖生成乳酸并释放能量的过程，又称为糖的无氧分解或无氧氧化。糖的无氧分解在细胞液中进行，分为两个阶段：第一阶段由葡萄糖分解为丙酮酸（具体过程为：3-磷酸甘油醛在甘油醛-3-磷酸脱氢酶的作用下，氧化脱氢和磷酸化，变成丙酮酸，并产生 $NADH+H^+$ 和 ATP。第二阶段是丙酮酸还原为乳酸。整个过程涉及 3 个关键酶，分别是己糖激酶（或葡萄糖激酶）、磷酸果糖激酶和丙酮酸激酶。

糖的无氧分解主要的生理意义在于为动物机体迅速提供生理活动所需的能量（2ATP）。当动物在缺氧或剧烈运动时，氧的供应不能满足肌肉将葡萄糖完全氧化的需求，这时肌肉处于相对缺氧状态，糖的无氧分解过程随之加强，以补充运动所需的能量。哺乳动物的成熟红细胞中没有线粒体，完全依赖糖酵解供能。

【例题 1】糖酵解最主要的生理意义在于（D）。

A. 调节动物机体的酸碱平衡　B. 在动物肌肉中贮存磷酸肌酸

C. 满足动物机体大部分的 ATP 需求　D. 在动物缺氧时迅速提供所需的能量

E. 为动物机体提供糖异生的原料一乳糖

【例题 2】为哺乳动物红细胞生理活动提供所需能量的主要途径是（A）。

A. 糖酵解途径　B. 2，3- 二磷酸甘油酸支路　C. 柠檬酸循环

D. 糖醛酸循环　E. 磷酸戊糖途径

【例题 3】糖酵解途径中，催化产生 $NADH+H^+$ 的酶是（A）。

A. 甘油醛 -3- 磷酸脱氢酶　B. 葡萄糖 -6- 磷酸脱氢酶　C. 丙酮酸脱氢酶复合物

D. 6- 磷酸葡萄糖酸脱氢酶　E. 苹果酸脱氢酶

考点 4：糖有氧氧化途径及其生理意义★★★

糖有氧氧化途径是指葡萄糖在有氧条件下彻底氧化生成水和二氧化碳的过程，又称为糖的有氧分解。有氧分解是糖分解的主要方式，绝大多数细胞都通过它获得能量。

糖有氧氧化途径分为 3 个阶段：第一阶段由葡萄糖分解为丙酮酸；第二阶段是丙酮酸氧化脱羧生成乙酰 CoA；第三阶段是乙酰 CoA 进入三羧酸循环彻底氧化生成水和二氧化碳。

生理意义：底物脱下氢经由琥珀酸循环，经过呼吸链，可以产生 1.5molATP。糖的有氧分解是动物机体获得生理活动所需能量的主要来源，最终合计能得到 32（或 30）molATP。

【例题】底物脱下氢经由琥珀酸循环呼吸氧化，可以产生 ATP 的摩尔数是（B）。

A. 3.5　B. 1.5　C. 2.5　D. 1　E. 3

考点 5：三羧酸循环的生理意义★★★★

三羧酸循环是糖、脂肪、氨基酸及其他有机物质代谢的联系枢纽。糖有氧分解过程中产生的丙酮酸、α- 酮戊二酸和草酸乙酸可以氨基化转变为丙氨酸、谷氨酸和天冬氨酸，反之这些氨基酸可以脱去氨基转变为相应的酮酸进入糖的有氧分解过程。因而，三羧酸循环将各种营养物质的相互转变联系在一起。

三羧酸循环是三大物质分解代谢的共同归宿，乙酰 CoA 不仅是糖有氧分解的产物，同时也是脂肪酸和氨基酸代谢的产物。因此，三羧酸循环是三大营养物质的最终代谢通路。据估计，动物体内约 2/3 的有机物质通过三羧酸循环被分解，三羧酸循环成为各种营养物质分解代谢的共同归宿。

三羧酸循环经过 4 次脱氢完成一个循环，在这个循环中，发生底物水平磷酸化的反应为琥珀酰辅酶 A 转变成琥珀酸。

【例题 1】三羧酸循环中可以通过转氨形成氨基酸的酮酸是（E）。

A. 延胡索酸　B. 柠檬酸　C. 苹果酸　D. 异柠檬酸　E. 草酰乙酸

【例题 2】三羧酸循环中，发生底物水平磷酸化的反应为（B）。

A. 草酰乙酸与乙酰辅酶 A 的缩合　B. 琥珀酰辅酶 A 转变成琥珀酸

C. 琥珀酸脱氢　D. 延胡索酸脱氢

E. 苹果酸脱氢

【例题 3】葡萄糖和脂肪酸分解进入三羧酸循环的共同中间代谢产物是（B）。

A. 丙酸　　B. 乙酰 CoA　　C. 琥珀酰 CoA
D. α- 磷酸甘油　　E. 磷酸二羟丙酮

考点 6：磷酸戊糖途径及其生理意义★★★★

磷酸戊糖途径是又一条重要的糖代谢途径，其反应在细胞质中进行，分为 2 个阶段：第一阶段是氧化反应，生成磷酸戊糖、二氧化碳；第二阶段是非氧化反应，包括一系列基团转移。

生理意义：磷酸戊糖途径生成的核糖 -5- 磷酸是合成核苷酸和核酸的原料；在脂类合成旺盛的脂肪组织中，保护巯基酶活性，维持红细胞的完整。磷酸戊糖途径与糖的有氧氧化途径及糖酵解途径相互联系，因此成为不同碳原子数的单糖互相转变和氧化分解的共同途径。

磷酸戊糖途径中产生的还原辅酶 $NADPH+H^+$ 是生物合成反应的重要供氢体，为合成脂肪、胆固醇、类固醇激素和脱氧核苷酸提供氢，所以在脂类合成旺盛的脂肪组织、哺乳期乳腺、肾上腺皮质、睾丸等组织中磷酸戊糖途径较活跃。

【例题 1】磷酸戊糖途径较为活跃的器官是（C）。
A. 快速跳动的心脏　　B. 剧烈运动的肌肉　　C. 哺乳期的乳腺
D. 机体的表皮　　E. 饥饿时的肝脏

【例题 2】糖代谢中可产生还原性辅酶 $NADPH+H^+$ 的代谢途径是（B）。
A. 糖异生途径　　B. 磷酸戊糖途径　　C. 糖酵解
D. 三羧酸循环　　E. 乳酸循环

考点 7：糖异生途径及其生理意义★★★★

由非糖物质转变为葡萄糖或糖原的过程称为糖异生。肝是糖异生的主要器官。

糖异生途径与糖酵解途径多数反应是共有的，是可逆的。非糖物质（如甘油、丙酸、乳酸、生糖氨基酸等）转变成葡萄糖或糖原的过程是葡萄糖 -6- 磷酸酶（肝）、果糖 -1，6- 二磷酸酶，以及由丙酮酸羧化酶与磷酸烯醇式丙酮酸羧激酶组成的“丙酮酸羧化支路”，这个过程主要在肝和肾中进行。

生理意义：由非糖物质通过异生作用转变成葡萄糖或糖原可以维持血糖恒定，保证动物细胞从血液中摄取必要的葡萄糖，尤其在饥饿等缺糖的情况下，糖异生作用对于满足大脑和神经系统、胎儿等的葡萄糖需求有重要意义。

【例题 1】可以在动物体内转变成葡萄糖和糖原的物质是（A）。
A. 乳酸　　B. 乙酸　　C. 亮氨酸　　D. 乙酰乙酸　　E. 赖氨酸

【例题 2】反刍动物体内糖异生的主要原料是（B）。
A. 甘油　　B. 丙酸　　C. 乳酸　　D. 丙酮　　E. 丙酮酸

考点 8：糖原的分解与合成★★★

糖原在糖原磷酸化酶的催化下进行磷酸化反应，需要正磷酸，生成葡萄糖 -1- 磷酸，这是糖原分解的主要产物，糖原分解的关键酶是磷酸化酶。糖原合酶是糖原合成过程的关键酶，形成的尿苷二磷酸葡萄糖（UDPG）可以看作是“活性葡萄糖”，在体内作为糖原合成的葡萄糖供体。

【例题 1】糖原分解的关键酶是（C）。

A. 磷酸酶　B. 糖基转移酶　C. 磷酸化酶　D. 葡萄糖苷酶　E. 己糖激酶

【例题 2】合成糖原所需的“活性葡萄糖”是（D）。

A. 葡萄糖 -6- 磷酸　B. 葡萄糖 -1- 磷酸　C. UMP- 葡萄糖

D. UDP- 葡萄糖　E. 葡萄糖酸

第五章　生物氧化

轻装上阵

如何学？

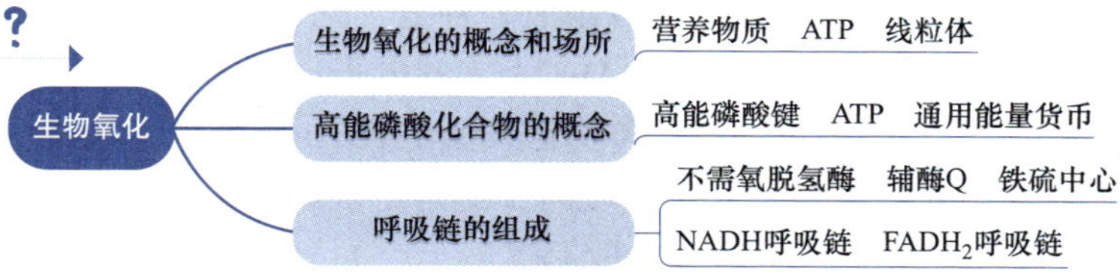

如何考？

本章考点在考试中主要出现在 A1 型题中，每年分值平均 1 分。下列所述考点均需掌握。对于重点内容，希望考生予以特别关注。

考点冲浪

考点 1：生物氧化的概念和场所★★★

生物氧化是指营养物质，如糖、脂肪和蛋白质在体内分解，消耗氧气，生成二氧化碳和水并释放能量的过程。

生物氧化在细胞内并且有水存在的环境中进行，营养物质以脱氢、脱羧（产生二氧化碳）、水化、加成和化学键的断裂等方式分解，能量的释放是逐步的，部分可以转变成为可以利用的化学能，并贮存在 ATP 中。

在真核生物，生物氧化发生在线粒体中，而在原核生物则发生在细胞膜上。

【例题 1】真核细胞生物氧化的主要场所是（A）。

A. 线粒体　B. 溶酶体　C. 核糖体

D. 过氧化物酶体　E. 高尔基复合体

【例题 2】生物氧化中产生 CO_2 的主要方式是（D）。

A. 缩合反应　B. 偶联反应　C. 脱氧反应　D. 脱羧反应　E. 羧化反应

考点 2：高能磷酸化合物的概念★★★

ATP、GTP、CTP、UTP 等都是含有高能磷酸键的化合物，统称为高能磷酸化合物。其中 ATP 在体内不断形成又不断消耗，ATP/ADP 循环是生物体系中能量交换的基本形式，将放能反应与耗能反应相偶联是生命系统能量交换的核心。ATP 的生成方式分为底物磷酸化和氧化磷酸化，其中氧化磷酸化是需氧生物获取 ATP 的主要方式，是底物脱下的氢经呼吸链依次传递，最终与氧结合生成水，释放的能量用于 ADP 的磷酸化，生成 ATP。ATP 是自由能的直接供体，它的作用犹如货币一样在生物体内使用和流通，因此人们将它形象地称为“通用能量货币”。

【例题 1】生物体内被称为“通用能量货币”的物质是（B）。

A. ADP　B. ATP　C. GTP　D. CTP　E. UTP

【例题 2】动物细胞获得 ATP 的主要方式是（B）。

A. 氧化脱氨　B. 氧化磷酸化　C. 氧化脱羧　D. 底物磷酸化　E. 无氧氧化

考点 3：呼吸链的组成★★★

呼吸链，又称电子传递链，是指由多种脱氢酶以及氢和电子传递体组成的氧化还原系统。呼吸链的组成主要有不需氧脱氢酶、辅酶 Q（CoQ，又称泛醌，是依靠醌式结构与酚式结构之间的互变传递氢的一种递氢体）、铁硫中心和细胞色素等。其中分布在线粒体内膜上的不需氧脱氢酶、递氢体和电子传递体可以组成 4 种复合物，形成两条互相联系又互相独立的呼吸链，由复合物Ⅰ、Ⅲ、Ⅳ组成以 NADH 为首的电子传递链称为 NADH 呼吸链；以复合体Ⅱ、Ⅲ、Ⅳ组成以琥珀酸为首的电子传递链称为 $FADH_2$ 呼吸链，最终生成氧气。

【例题 1】可以在醌式结构和酚式结构之间互变的递氢体是（E）。

A. NAD^+　B. FMN　C. FAD　D. CoA　E. CoQ

【例题 2】NADH 呼吸链不包括的是（E）。

A. 复合物Ⅰ　B. 复合物Ⅳ　C. 复合物Ⅲ　D. CoQ　E. 复合物Ⅱ

第六章　脂类代谢

轻装上阵

如何学？

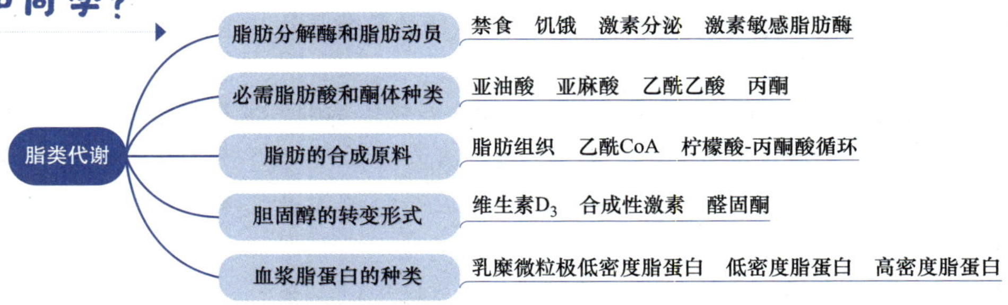

如何考？

本章考点在考试中主要出现在 A1 型题中，每年分值平均 2 分。下列所述考点均需掌握。脂肪的合成和分解等重点内容，希望考生予以特别关注。

考点冲浪

考点 1：脂肪分解酶和脂肪动员★★★

在激素敏感脂肪酶作用下，贮存在脂肪细胞中的脂肪被水解为游离脂肪酸（非酯化脂肪酸）和甘油并释放进入血液，被其他组织氧化利用，这一过程称为脂肪动员。禁食、饥饿或交感神经兴奋时，肾上腺素、去甲肾上腺素和胰高血糖素分泌增加，激活脂肪酶，促进脂肪动员。

【例题】在脂肪动员过程中催化脂肪水解的酶是（E）。

A. 硫酯酶　　B. 磷脂酶　　C. 脂酚基转移酶

D. 脂蛋白脂肪酶　　E. 激素敏感脂肪酶

考点 2：必需脂肪酸和酮体的种类★★★

亚油酸、亚麻酸和花生四烯酸具有十分重要的生理功能，在动物体内不能合成，必须从饲料中摄取，称为必需脂肪酸，可以衍生成前列腺素和细胞因子，由胆固醇可以衍生出性激素、维生素 D_3 和促进脂类消化吸收的胆汁酸。酮体包括乙酰乙酸、β- 羟丁酸和丙酮 3 种小分子，是脂肪酸分解的特殊中间产物。

【例题】动物自身不能合成，必须从饲料中摄取的脂肪酸是（D）。

A. 油酸　　B. 软脂酸　　C. 硬脂酸　　D. 亚油酸　　E. 丙酸

考点 3：脂肪的合成原料★★★

动物体内合成脂肪的器官主要是肝脏、脂肪组织和小肠黏膜上皮。家畜主要是在脂肪组织中合成，家禽主要是在肝脏中合成。脂肪酸的合成主要在细胞液内进行，合成脂肪酸的直接原料是乙酰 CoA，主要来自葡萄糖的分解，主要借助柠檬酸 - 丙酮酸循环来实现。脂肪酸的合成是在一个多酶复合体催化下完成的，这个多酶复合体包括 7 个酶和 1 个酯酰基载体蛋白（ACP），ACP 的巯基在反应过程中参与脂酰基的传递。反刍动物可以利用瘤胃生成的乙酸和丁酸，分别转变为乙酰 CoA 和丁酰 CoA，合成脂肪酸。脂肪酸的活化，需要在细胞液中消耗 ATP 的 2 个高能磷酸键活化为脂酰 CoA，接着借助脂酰肉碱转移系统从细胞液转移至线粒体内。

【例题 1】长链脂肪酸合成过程中酯酰基的主要载体是（C）。

A. CoA　　B. ACP　　C. 肉碱

D. 硫辛酸　　E. 脂肪酸结合蛋白

【例题 2】脂酰 CoA 从胞液转运进入线粒体，需要的载体是（A）。

A. 肉碱　　B. 苹果酸　　C. 柠檬酸

D. 甘油 -3- 磷酸　　E. α- 酮戊二酸

【例题 3】脂肪酸合成过程中酰基的载体是（A）。

A. ACP　　B. CoA　　C. 肉碱　　D. FH_4　　E. 生物素

【例题 4】糖的分解代谢为脂肪酸合成提供的原料之一是（B）。

A. $NADP^+$　　B. 乙酰 CoA　　C. NAD^+　　D. FAD　　E. 乳酸

考点 4：胆固醇的转变形式★★

胆固醇经修饰后转变为 7- 脱氢胆固醇，后者在紫外线照射下，在动物皮下转变为维生素 D_3。胆固醇也是体内合成雌二醇、孕酮、睾酮等性激素的前体；还可以转变为醛固酮激素，调节水盐代谢，转变成皮质醇，调节糖、脂肪和蛋白质代谢。

考点 5：血浆脂蛋白的种类★★

血脂是指血浆中所含的脂质，包括胆固醇、三酰甘油（甘油三酯）、磷脂以及非酯化脂肪酸。

血浆脂蛋白是脂类在血浆中的存在形式和运输方式，主要分为乳糜微粒、极低密度脂蛋白、低密度脂蛋白和高密度脂蛋白 4 种类型。

乳糜微粒是运输外源（来自肠道吸收的）三酰甘油和胆固醇酯的脂蛋白形式。

极低密度脂蛋白是把肝内合成的三酰甘油、磷脂、胆固醇与载脂蛋白结合形成脂蛋白，是运输内源性三酰甘油的主要形式。

低密度脂蛋白是向组织转运肝合成的内源性胆固醇的主要形式，富含胆固醇及其酯。

高密度脂蛋白主要在肝和小肠内合成，其作用是机体胆固醇的“清扫机”，通过胆固醇的逆向转运，把外周组织中衰老细胞膜上的及血浆中的胆固醇运回肝代谢。

【例题 1】血液中转运内源性甘油三酯的脂蛋白是（B）。

A. 乳糜微粒　　B. 极低密度脂蛋白　　C. 低密度脂蛋白
D. 高密度脂蛋白　　E. 游离脂肪酸结合蛋白

【例题 2】动物血浆低密度脂蛋白中富含（B）。

A. 蛋白质　　B. 胆固醇酯　　C. 不饱和脂肪酸
D. 卵磷脂　　E. 甘油三酯

【例题 3】通过“逆向转运”，将胆固醇运回肝进行代谢的是（B）。

A. 乳糜微粒　　B. 高密度脂蛋白　　C. 极低密度脂蛋白
D. 低密度脂蛋白　　E. 脂肪酸蛋白复合物

第七章　含氮小分子的代谢

轻装上阵

如何学？

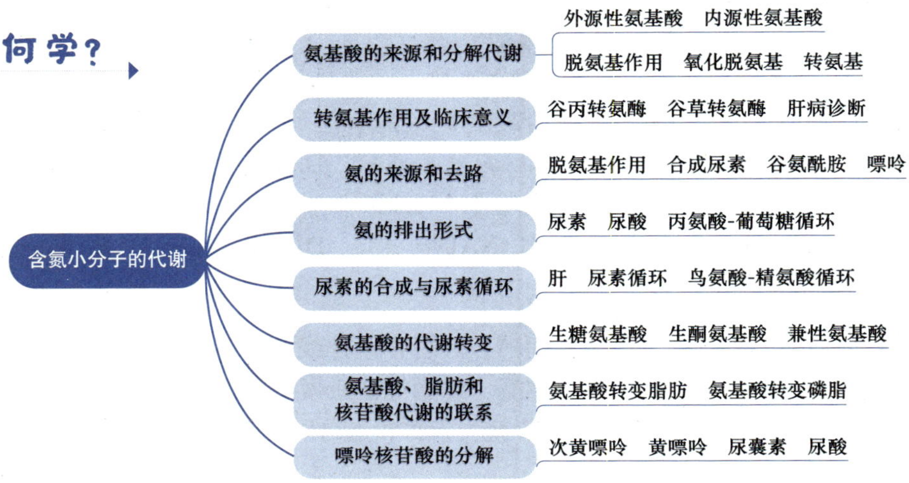

如何考？

本章考点在考试中主要出现在 A1 型题中，每年分值平均 3 分。下列所述考点均需掌握。三大物质代谢转换等重点内容，希望考生予以特别关注。

考点冲浪

考点 1：氨基酸的来源和分解代谢★★★

动物体内的氨基酸有两个来源：一是饲料蛋白质在消化道中被蛋白酶水解后吸收的，称为外源性氨基酸；二是体蛋白被组织蛋白酶水解产生的和由其他物质合成的，称为内源性氨基酸。两者共同组成了氨基酸代谢库。

在大多数情况下，氨基酸分解时首先脱去氨基生成氨和 α- 酮酸。氨可转变成尿素、尿酸等排出体外，而 α- 酮酸可以再转变为氨基酸，或彻底分解为二氧化碳和水，并释放出能量。脱氨基作用是氨基酸分解的主要途径，主要有氧化脱氨基、转氨基和联合脱氨基 3 种方式。氨基酸在脱羧酶的催化下脱羧基，产生二氧化碳和相应的胺，胺类多具有特殊的生理功能，如谷氨酸脱羧生成 γ- 氨基丁酸、组氨酸脱羧产生组胺等。机体内少见，其辅酶也是磷酸吡哆醛。

大多数氨基酸脱氨基是通过转氨基作用和氧化脱氨基作用联合进行的，称为联合脱氨基作用。各种氨基酸先与 α- 酮戊二酸进行转氨基反应，生成相应的 α- 酮酸和 L- 谷氨酸，然后 L- 谷氨酸再经 L- 谷氨酸脱氢酶作用进行氧化脱氨基作用，生成氨和 α- 酮戊二酸。

【例题 1】氨基酸脱去氨基后产生（B）。

A. 尿素和水　　B. 氨和 α- 酮酸　　C. 尿素和 α- 酮酸
D. 氨和二氧化碳　　E. 二氧化碳、氨和水

【例题 2】参与联合脱氨基作用的酶是（A）。

A. L- 谷氨酸脱氢酶　　B. L- 氨基酸氧化酶　　C. 谷氨酰胺酶
D. 氨甲酰基转移酶　　E. 氨甲酰磷酸合成酶

【例题 3】动物氨基酸代谢中产生游离氨的反应是（E）。

A. 脱羧　　B. 异构　　C. 缩合　　D. 转氨　　E. 脱氨

【例题 4】通过脱羧基作用形成 r- 氨基丁酸的氨基酸是（B）。

A. 脯氨酸　　B. 谷氨酸　　C. 丙氨酸　　D. 天冬氨酸　　E. 赖氨酸

考点 2：转氨基作用及其临床意义★

转氨基作用是指在氨基转移酶的催化下，某一种氨基酸的 α- 氨基转移到另一种 α- 酮酸的酮基上，生成相应的氨基酸和 α- 酮酸。体内大多数氨基酸都参与转氨基过程，并存在多种转氨酶。转氨酶的辅酶是磷酸吡哆醛。

大多数转氨酶主要存在于组织细胞内，血清中活性较低，其中以心脏和肝中的活性最高。因此发生急性肝炎时，患者血清中谷丙转氨酶活性显著升高；心肌梗死患者血清中谷草转氨酶活性明显上升，临床上可以作为肝病、心脏疾病诊断和预后的指标之一。

【例题】氨基酸转氨酶的辅酶是（B）。

A. 生物素　B. 磷酸吡哆醛　C. 四氢叶酸　D. 辅酶 A　E. 谷氨酰胺

考点 3：氨的来源与去路★★

氨对大脑是有毒性的，浓度升高时可以引起“肝昏迷”。畜禽体内氨的主要来源是氨基酸的脱氨基作用，其次是从消化道吸收的一些氨。氨排出体外有 3 种形式。在肝中合成尿素后，由肾排出是最主要的去路；其次是合成谷氨酰胺，参与嘌呤、嘧啶和非必需氨基酸的合成。

【例题】对大脑有毒性，浓度升高时可以引起所谓“肝昏迷”的是（D）。

A. α- 酮戊二酸　B. 酮体　C. 丙酮酸　D. 氨　E. 谷氨酰胺

考点 4：氨的排出形式★★

许多水生动物借助水直接排氨；绝大多数陆生脊椎动物以排尿素的方式排氨；鸟类和陆生爬行动物则以排尿酸的形式排氨。

氨在禽类体内可以合成谷氨酰胺，以及用于其他一些氨基酸和含氮分子的合成，但不能合成尿素，而是把体内大部分的氨合成尿酸排出体外。其过程是利用氨基酸提供的氨基合成嘌呤，再由嘌呤分解产生尿酸。尿酸在水溶液中溶解度很低，会以白色粉状的尿酸盐从尿液中析出。

过量的氨对动物机体是有毒的，必须转运出去，以消除其毒性。转运的方式有两种，一种是通过谷氨酰胺从大脑、肌肉等组织向肝或肾转运氨，另一种是通过丙氨酸 - 葡萄糖循环转运氨。

丙氨酸 - 葡萄糖循环是指肌肉中的氨基酸经转氨基作用将氨基转给丙酮酸生成丙氨酸，生成的丙氨酸经血液运到肝，在肝中通过联合脱氨基作用释放出氨，用于尿素的合成。产生的丙酮酸通过糖异生生成葡萄糖，形成的葡萄糖由血液回到肌肉，又沿糖分解途径转变为丙酮酸。

【例题 1】禽类排出氨的主要形式是（C）。

A. 尿素　B. 嘌呤　C. 尿酸盐　D. 游离氨　E. 谷氨酰胺

【例题 2】尿酸作为代谢终产物的动物是（A）。

A. 鸡　B. 猪　C. 牛　D. 羊　E. 犬

【例题 3】肌肉与肝脏之间氨的转运必须借助（D）。

A. 嘌呤核苷酸循环　B. 乳酸循环　C. 柠檬酸 - 丙酮酸循环

D. 丙氨酸 - 葡萄糖循环　E. 柠檬酸循环

考点 5：尿素的合成与尿素循环★★★

哺乳动物体内氨的主要去路是合成尿素排出体外。肝是合成尿素的主要器官。肾、脑等也能合成尿素，但合成量甚微。氨转变为尿素是一个循环反应过程，称为尿素循环，又称为鸟氨酸 - 精氨酸循环。尿素合成是一个消耗能量的过程，每生成 1mol 尿素，需水解 3molATP 中的 4 个高能磷酸键。形成 1mol 尿素，可以清除 2mol 氨和 1molCO_2。

【例题 1】哺乳动物合成尿素的主要器官是（A）。

A. 肝　B. 脑　C. 脾　D. 肾　E. 胰

【例题 2】尿素合成的循环是（B）。

A. 三羧酸循环　　B. 鸟氨酸 - 精氨酸循环　　C. 柠檬酸 - 丙酮酸循环
D. 乳酸循环　　E. 丙氨酸 - 葡萄糖循环

考点 6：氨基酸的代谢转变★★★★

生糖氨基酸是指在动物体内可以转变成葡萄糖的氨基酸，主要有丙氨酸、甘氨酸、丝氨酸、半胱氨酸等；生酮氨基酸是指能转变成酮体的氨基酸，主要有赖氨酸和亮氨酸；既能生酮又能生糖的氨基酸称为兼性氨基酸，包括色氨酸、苯丙氨酸和异亮氨酸。

苯丙氨酸、酪氨酸等是甲状腺激素、肾上腺素、去甲肾上腺素的前体，色氨酸是合成维生素 B_5 的原料。只要有氨基供应，由糖分解代谢生成的 α- 酮酸就可以作为“碳骨架”，通过氨基化反应合成非必需氨基酸。

【例题 1】可以为氨基酸的再合成提供“碳骨架”的是（C）。

A. 尿素　B. 尿酸　C. α- 酮酸　D. 二氧化碳　E. 一碳基团

【例题 2】可以转变为肾上腺素的氨基酸是（D）。

A. 谷氨酸　B. 亮氨酸　C. 甘氨酸　D. 苯丙氨酸　E. 赖氨酸

考点 7：氨基酸、脂肪和核苷酸代谢的联系★★★★★

所有的氨基酸，无论是生糖的还是生酮的都可以转变为脂肪。生酮氨基酸转变成乙酰 CoA 后，合成脂肪酸；生糖氨基酸通过异生生成糖以后，再转变成脂肪。另外，丝氨酸、甲硫氨酸是合成脑磷脂和卵磷脂的原料。而核苷酸 UTP 参与单糖的转变和糖原的合成；CTP 参与磷脂的合成；GTP 为蛋白质多肽链合成所必需。

【例题 1】所有氨基酸在动物体内最终都能转变为（C）。

A. 必需脂肪酸　B. 磷脂　C. 脂肪　D. 核苷酸　E. 葡萄糖

【例题 2】胞嘧啶核苷三磷酸（CTP）除了用于核酸合成外，还参与（A）。

A. 磷脂合成　B. 糖原合成　C. 蛋白质合成　D. 脂肪合成　E. 胆固醇合成

【例题 3】脱羧产物可以作为磷脂合成原料的氨基酸是（E）。

A. 半胱氨酸　B. 谷氨酸　C. 组氨酸　D. 色氨酸　E. 丝氨酸

考点 8：嘌呤核苷酸的分解★★

许多动物体内含有腺嘌呤酶和鸟嘌呤酶，分别催化腺嘌呤和鸟嘌呤水解、脱氨生成次黄嘌呤和黄嘌呤，在黄嘌呤氧化酶的作用下，最后生成尿酸。在人、灵长类、鸟类、爬行类和大部分昆虫中，嘌呤分解的最终产物是尿酸；大多数哺乳动物是排尿囊素；某些硬骨鱼类则排尿囊酸。

第八章　核酸的功能与分析技术

轻装上阵

如何学？

- 核酸的功能与分析技术
  - 核酸的种类：DNA　RNA　mRNA　tRNA　rRNA
  - 核酸的化学组成：腺嘌呤　尿嘧啶　脱氧核糖　核糖
  - DNA的二级结构：DNA双螺旋模型　碱基当量定律
  - 核酸的变性：双螺旋变单链　解链温度　核酸定量分析
  - DNA损伤：理化因子　紫外线　诱变剂　生物突变
  - DNA复制：DNA→RNA→蛋白质　中心法则
  - RNA聚合酶的种类：RNA聚合酶Ⅰ、Ⅱ、Ⅲ
  - 遗传密码的数量：UAA　UAG　UGA　终止密码　61个密码子
  - 核酸分析技术：Southern-印迹　原位杂交　PCR

如何考？

本章考点在考试中主要出现在A1型题中，每年分值平均2分。下列所述考点均需掌握。对于重点内容，希望考生予以特别关注。

考点冲浪

考点1：核酸的种类★★★

核酸是遗传信息的载体，分为脱氧核糖核酸（DNA）和核糖核酸（RNA）两大类。

DNA是主要的遗传物质。在真核细胞中，DNA主要存在于细胞核的染色体上，并与组蛋白等结合，是染色体的主要成分。RNA主要存在于细胞质中，微粒体中含量最多，依据其功能，主要分为三大类：信使RNA（mRNA）、转运RNA（tRNA）和核糖体RNA（rRNA）。

【例题】生命中有机体遗传信息的载体是（C）。

A. 蛋白质　B. 氨基酸　C. 核酸　D. 核苷酸　E. 多糖

考点2：核酸的化学组成★★★★

核酸都是单核苷酸的多聚体，核苷酸之间是以磷酸二酯键连接起来的。核酸中的碱基主要有嘧啶碱基和嘌呤碱基两类。DNA中含有胸腺嘧啶（T）和胞嘧啶（C），以及腺嘌呤（A）和鸟嘌呤（G）；而RNA中由尿嘧啶（U）代替胸腺嘧啶（T），主要有尿嘧啶（U）和胞嘧啶（C），以及腺嘌呤（A）和鸟嘌呤（G）。

核糖属于戊糖，DNA中含的糖是2′-脱氧核糖，RNA中含的糖是核糖。

【例题1】核酸中核苷酸的连接方式是（D）。

A. 糖苷键　B. 糖肽键　C. 肽键

D. 3', 5'- 磷酸二酯键　　E. 二硫键

【例题 2】只出现在 DNA 分子中的碱基是（E）。

A. 腺嘌呤（A）　　B. 尿嘧啶（U）　　C. 鸟嘌呤（G）

D. 胞嘧啶（C）　　E. 胸腺嘧啶（T）

考点 3：DNA 的二级结构★★

DNA 双螺旋模型：以碱基当量定律为基础，1953 年 Watson 和 Crick 提出了 DNA 的双螺旋结构模型，即 DNA 的二级结构。DNA 分子是一个右手双螺旋结构，其结构特点主要有 2 条多核苷酸链呈相反方向，内侧碱基呈平面状。DNA 的三级结构为 DNA 超螺旋。

在 DNA 分子中，碱基总是腺嘌呤（A）与胸腺嘧啶（T）配对，鸟嘌呤（G）与胞嘧啶（C）配对，同时 A 与 T、G 与 C 的摩尔比都接近于 1，称为碱基当量定律，它是提出 DNA 分子结构模型的基础。

考点 4：核酸的变性★★★★

核酸的变性是指碱基对之间的氢键断裂。通过加热，导致 DNA 的双螺旋结构分开，成为 2 条单链的 DNA 分子。加热变性后的 DNA 生物学活性丧失，并且由于螺旋内部碱基的暴露使其在 260nm 处的紫外线吸收值升高，称为增色效应，结果是 DNA 溶液的黏度下降，沉降系数增加，比旋下降。

一般将 50% 的 DNA 分子发生变性时的温度称为解链温度或熔点温度（T_m）。

核酸具有紫外线吸收特性，在 260nm 处具有最大吸收值，利用这一特性可以定性、定量分析测定核酸。

【例题 1】加热使 DNA 的紫外线吸收值增加，所涉及的 DNA 结构的改变是（C）。

A. DNA 修饰　　B. DNA 复性　　C. DNA 变性　　D. DNA 重组　　E. DNA 损伤

【例题 2】DNA 变性时，对紫外线吸收的变化特征为（A）。

A. 增色效应　　B. 减色效应　　C. 变构效应　　D. 协同效应　　E. 诱导效应

考点 5：DNA 损伤★★

某些物理化学因子，如紫外线、电离辐射和化学诱变剂等，会造成 DNA 局部结构和功能的破坏，受到破坏的可能是 DNA 的碱基、核糖或是磷酸二酯键，损伤的结果是引起生物突变，甚至导致死亡。

【例题】紫外线照射可能诱发皮肤癌，所涉及的 DNA 结构的改变是（E）。

A. DNA 修饰　　B. DNA 复性　　C. DNA 变性　　D. DNA 重组　　E. DNA 损伤

考点 6：DNA 复制★★

遗传因子按 DNA → RNA →蛋白质的方向传递，这就是经典的分子遗传学的中心法则。后来发现，某些病毒的遗传物质是 RNA（如 RNA 病毒），它们的 RNA 也通过复制传递给下一代，是对经典中心法则理论的发展和补充。

【例题】遗传学的中心法则里，目前尚未发现（E）。

A. DNA 复制　　B. 基因转录　　C. 反转录

D. RNA 复制　　E. 蛋白质指导 RNA 合成

考点 7：蛋白质的翻译★★

原核生物的蛋白质生物合成包括肽链的起始、肽链的延长、合成的终止和翻译后加工。其中肽链的延长需要延伸因子和 GTP 协助。

【例题】原核生物蛋白质生物合成时，肽链延伸需要的能量分子是（B）。

A. ATP　　B. GTP　　C. UTP　　D. CTP　　E. TTP

考点 8：RNA 聚合酶的种类★★

转录过程由 RNA 聚合酶催化。RNA 聚合酶识别启动因子并与之结合，起始并完成基因的转录。原核生物只有 1 种 RNA 聚合酶，而真核生物有 RNA 聚合酶Ⅰ、RNA 聚合酶Ⅱ和 RNA 聚合酶Ⅲ 3 种 RNA 聚合酶。

考点 9：遗传密码的数量★★

遗传密码是指 DNA 或由其转录的 mRNA 中的核苷酸（碱基）顺序与其编码的蛋白质多肽链中氨基酸顺序之间的对应关系。每 3 个相邻的碱基组成 1 个密码子，共有 64 个密码子，其中 UAA、UAG、UGA 不编码任何氨基酸，表示肽链合成的终止信号，称为终止密码；其他 61 个密码子分别代表不同的氨基酸。

考点 10：核酸分析技术★★

常用的核酸分析技术有：Southern- 印迹，Northern- 印迹，斑点印迹杂交（dot- 印迹）和狭线印迹杂交（slot- 印迹），原位杂交，PCR 技术。

Southern- 印迹：将在电泳凝胶中分离的 DNA 片段转移并结合在适当的滤膜上，经变性后，通过与标记的单链 DNA 或 RNA 探针杂交，以检测被转移 DNA 片段中特异的基因。

Northern- 印迹：将 RNA 分子从电泳凝胶转移并结合到适当的滤膜上，通过标记的单链 DNA 或 RNA 探针杂交，以检测特异 RNA 的表达。

斑点印迹杂交（dot- 印迹）和狭线印迹杂交（slot- 印迹）：在 Southern- 印迹杂交的基础上发展的两种类似的快速检测特异核酸（DNA 或 RNA）分子的核酸杂交技术，这两种方法适用于核酸样品的定量检测。

原位杂交：将菌落或噬菌斑转移到硝酸纤维素滤膜上，使溶菌变性的 DNA 与滤膜原位结合，再与标记的 DNA 或 RNA 探针杂交，然后显示与探针序列具有同源性的 DNA 印迹位置，与原来的平板对照，便可从中挑选出含有插入序列的菌落或噬菌斑。该技术又称为菌落（或噬菌斑）原位杂交。

聚合酶链式反应（Polymerase chain reaction，PCR），即 PCR 技术，是一种在体外快速扩增特定基因或 DNA 序列的方法，又称为基因的体外扩增，可以获得足够数量的精确 DNA 拷贝。限制性核酸内切酶，又称限制性内切酶、限制酶，使 DNA 分子很容易地在体外被切割和连接，被称为 DNA 重组技术中一把神奇的“手术刀”。

第九章 水、无机盐代谢与酸碱平衡

轻装上阵

如何学？

- 水、无机盐代谢与酸碱平衡
  - 体液的组成与渗透压
    - 细胞外液 血浆 组织间液 Na^+ Cl^-
    - 细胞内液 K^+ 蛋白质 晶体渗透压
  - 体液酸碱平衡的调节
    - 缓冲体系 二氧化碳 酸性或碱性物质
    - 碳酸氢盐缓冲体系 磷酸盐缓冲体系 肺呼吸

如何考？

本章考点在考试中主要出现在 A1 型题中，每年分值平均 1 分。下列所述考点均需掌握。对于重点内容，希望考生予以特别关注。

考点冲浪

考点 1：体液的组成与渗透压★

体液包括细胞外液和细胞内液。细胞外液主要是指血浆和组织间液，还包括淋巴液和脑脊液。在细胞外液中含量最多的阳离子是 Na^+，阴离子则以 Cl^- 和 HCO_3^- 为主要成分。

细胞外液中 Na^+ 占阳离子总量的 90% 左右，Cl^- 的含量与 Na^+ 有平行关系，因此 Na^+ 和 Cl^- 所引起的渗透压作用占细胞外液总渗透压的 90% 左右，这说明 Na^+ 是维持细胞外液渗透压及其容量的决定因素。

体液中小分子晶体物质产生的渗透压称为晶体渗透压，水在细胞内外的流通主要受到无机盐产生的晶体渗透压的影响。

细胞内液的化学成分与细胞外液相比，很不相同。一是细胞内的蛋白质含量较高；二是细胞内液的主要阳离子是 K^+，其次是 Mg^{2+}，而 Na^+ 则很少，主要阴离子是蛋白质和磷酸根离子。

体液渗透压的大小是由单位容积的机体体液内所含溶质有效粒子的数目决定的，而与溶质粒子（分子、离子）的大小和价数等性质无关。

【例题 1】维持细胞外液晶体渗透压的主要离子是（C）。

A. H^+　B. K^+　C. Na^+　D. Mg^+　E. Ca^{2+}

【例题 2】影响水在细胞内、外扩散的主要因素是（D）。

A. 缓冲力　B. 扩散力　C. 静水压　D. 晶体渗透压　E. 胶体渗透压

【例题 3】体液渗透压决定于其溶质的有效粒子的（C）。

A. 大小　B. 价数　C. 数目　D. 质量　E. 扩散系数

考点 2：体液酸碱平衡的调节★★

动物机体是通过体液的缓冲体系，由肺呼出二氧化碳和由肾排出酸性或碱性物质来调节体液的酸碱平衡的。

血液中主要的缓冲体系有以下 3 种：碳酸氢盐缓冲体系、磷酸盐缓冲体系、血浆蛋白体系和血红蛋白体系，以碳酸 - 碳酸氢盐的缓冲能力最大。肺和肾调节酸碱平衡的作用，主要是通过调节血浆中碳酸和碳酸氢盐的浓度实现，如通过肺呼吸（加强或减弱二氧化碳的呼出），调节血浆和体液中 H_2CO_3 的浓度。血浆中碳酸 - 碳酸氢盐缓冲体系是最重要的缓冲体系。

第十章 器官和组织的生物化学

轻装上阵

如何学？

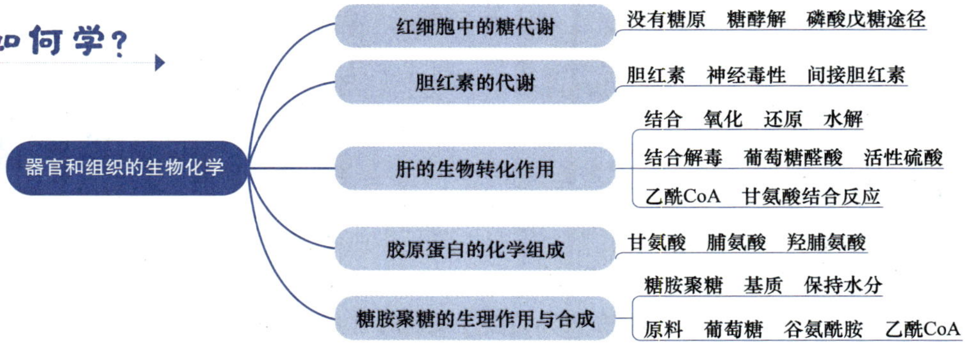

如何考？

本章考点在考试中主要出现在 A1、B1、A2 型题中，每年分值平均 3 分。下列所述考点均需掌握。肝脏的生物转化作用是每年考查最为频繁的内容，希望考生予以特别关注。

考点冲浪

考点 1：红细胞中的糖代谢★★

哺乳动物成熟的红细胞没有糖原的贮存。红细胞膜上含有运载葡萄糖的载体，使葡萄糖很容易通过细胞膜，因此葡萄糖的浓度在红细胞内与血浆中几乎相等。而葡萄糖的代谢绝大部分是通过糖酵解途径，小部分通过磷酸戊糖途径、2，3- 二磷酸甘油酸支路和糖醛酸循环。

考点 2：胆红素的代谢★★★★★

血红蛋白是一种含铁的特殊蛋白质，由珠蛋白和亚铁血红素组成。血红素中央的亚铁离子（Fe^{2+}）是氧的结合部位。

衰老的红细胞在破裂后，血红蛋白的辅基血红素被氧化分解为铁及胆绿素，胆绿素被还原为胆红素。胆红素具有毒性，特别是对神经系统的毒性较大，且在水中溶解度很小，进入血液后，即与血浆清蛋白或 α_1 球蛋白结合成溶解度较大的复合体而运输，与蛋白质结合后，可限制胆红素自由地通过各种生物膜，减少游离胆红素进入组织细胞产生毒性作用。这种与蛋白质结合的胆红素在临床上称为间接胆红素（游离胆红素），产生毒性作用，间接胆红素不能通过肾从尿排出。血液中胆红素升高，会引起全身皮肤黄染。

【例题 1】血红蛋白分子中包含的金属离子是（B）。

A. 镁离子　B. 铁离子　C. 锌离子　D. 锰离子　E. 铜离子

【例题 2】具有细胞毒性的血红素代谢产物是（D）。

A. 胆素　B. 胆绿素　C. 胆素原　D. 游离胆红素　E. 结合胆红素

【例题 3】为减少细胞毒性，与血浆蛋白结合后，运输的形式是（D）。

A. 胆红素　B. 胆素原　C. 胆绿素　D. 间接胆红素　E. 直接胆红素

【例题 4】黄疸是由于血液含有过多的（A）。

A. 胆红素　B. 胆绿素　C. 血红素　D. 胆色素　E. 胆固醇

考点 3：肝的生物转化作用★★★★★

肝是生物转化的主要场所，肝中的生物转化作用有结合、氧化、还原、水解等方式。其中以氧化和结合的方式最为重要。

肝内最重要的解毒方式是结合解毒，参与结合解毒的物质有葡萄糖醛酸、硫酸、甘氨酸、乙酰 CoA 等。凡含有羟基、羧基的毒物或在体内氧化后含羟基、羧基的毒物，其中大部分是与葡萄糖醛酸结合而解毒的。许多药物如乙酰水杨酸（阿司匹林）、吗啡、樟脑，以及体内许多正常代谢产物，如胆红素、雌激素等，大部分也都是通过与葡萄糖醛酸结合后排出体外。大肠内腐败产生的或由其他途径进入体内的酚类可以与硫酸结合而解毒，此硫酸称为“活性硫酸”。肝中乙酰 CoA 可与芳香族胺类作用，使其乙酰化而解毒，称为酰基化反应，如磺胺类药物。

另外，肠内腐败产生的有毒胺类（如腐胺、尸胺等）被吸收后，进入肝，大部分在肝中经胺氧化酶的催化，先被氧化成醛及氨，醛再氧化成酸，酸最后氧化成二氧化碳和水，氨则大部分在肝合成尿素，从而使胺类物质丧失生物活性。饲料残渣在大肠杆菌作用下可产生苯甲酸，苯甲酸与甘氨酸结合形成马尿酸而解毒，经肾由尿排出。

【例题 1】肝脏中与含羟基、羧基毒物结合并解毒的主要物质是（E）。

A. 硫酸　B. 甘氨酸　C. 谷氨酰胺　D. 乙酰 CoA　E. 葡萄糖醛酸

【例题 2】肝中解除胺类物质毒性的主要反应是（B）。

A. 结合反应　B. 氧化反应　C. 异物反应　D. 水解反应　E. 裂解反应

【例题 3】磺胺类药物在肝脏中的解毒机制是（C）。

A. 氧化反应　B. 甘氨酸结合反应　C. 酰基化反应

D. 谷胱甘肽还原反应　E. 葡萄糖醛酸结合反应

【例题 4】苯甲酸在肝脏中转化为马尿酸的解毒机制是（B）。

A. 氧化反应　B. 甘氨酸结合反应　C. 酰基化反应

D. 谷胱甘肽还原反应　E. 葡萄糖醛酸结合反应

考点 4：胶原蛋白的化学组成★

胶原蛋白是结缔组织中主要的蛋白质，体内的胶原蛋白都以胶原纤维的形式存在。胶原蛋白中含有大量的甘氨酸、脯氨酸、羟脯氨酸及少量羟赖氨酸。羟脯氨酸及羟赖氨酸为胶原蛋白所特有，体内其他蛋白质不含或含量甚微。

【例题】胶原蛋白中含量最丰富的氨基酸是（C）。

A. 丙氨酸　B. 亮氨酸　C. 脯氨酸　D. 色氨酸　E. 半胱氨酸

考点 5：糖胺聚糖的生理作用与合成★

糖胺聚糖又称为氨基多糖或黏多糖，具有酸性，是结缔组织基质中的主要成分，结合水的能力很强，使皮肤和其他组织保持足够的水分，以维持丰满状态。在皮肤创伤后形成肉芽的过程中，常有糖胺聚糖增生的现象，具有促进创伤愈合的作用。同时它们附着于关节面上，能减少关节面的摩擦，具有润滑、保护作用。

合成糖胺聚糖的基本原料是葡萄糖，氨基部分来自谷氨酰胺，乙酰基部分来自乙酰CoA，硫酸部分来自“活性硫酸”。

【例题】结缔组织基质中的主要糖成分是（A）。

A. 糖胺聚糖　B. 壳多糖　C. 葡萄糖　D. 乳糖　E. 糖原

第五篇

动物病理学

第一章 动物疾病概论

轻装上阵

如何学？

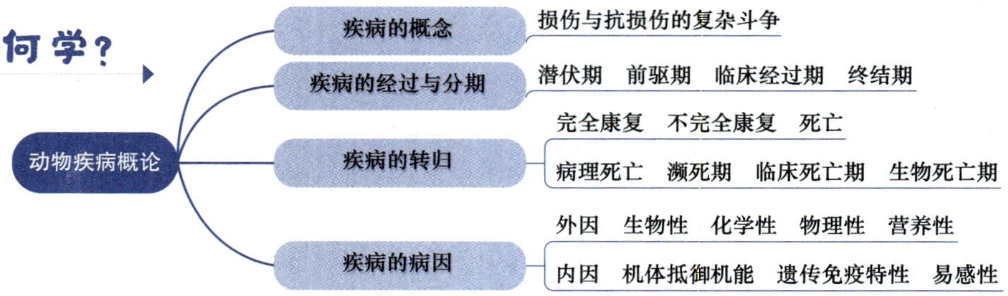

如何考？

本章考点在考试中主要出现在 A1 型题中，每年分值平均 1 分。下列所述考点均需掌握。对于重点内容，希望考生予以特别关注。

考点冲浪

考点 1：疾病的概念★

疾病是指机体在一定条件下与病因相互作用而产生的损伤与抗损伤的复杂斗争过程。疾病过程中一般出现各种机能、代谢和形态结构的异常变化，以及各种相应的症状、体征和行为异常。

【例题】下列属于疾病发生的一般机制的是（A）。

A. 损伤与抗损伤的斗争　B. 因果转化　C. 局部与整体

D. 神经体液机制　E. 病程

考点 2：疾病的经过与分期★★

疾病从发生、发展到结局的过程，称为病程。这个过程具有一定的阶段性，通常分为潜伏期、前驱期、临床经过期和终结期。

潜伏期：又称隐蔽期，指从病因作用于机体开始，到疾病的第一批症状出现为止的一段时期。

前驱期：又称先兆期，指从疾病出现最初症状，到主要症状开始暴露的一段时期。

临床经过期：又称症状明显期，指紧接前驱期之后，疾病的主要或典型症状已充分表现出来的阶段。由于疾病不同，所表现症状的特征和持续的时间也有所不同。这一阶段对诊断疾病很有价值。

终结期：又称转归期，指疾病的结束阶段。

【例题 1】疾病发展过程中，从最初症状出现到典型症状开始暴露的时期称为（B）。

A. 潜伏期　B. 前驱期　C. 症状明显期　D. 转归期　E. 隐蔽期

【例题 2】动物疾病发展不同时期中最具有临床上诊断价值的是（C）。

A. 潜伏期　B. 前驱期　C. 临床经过期　D. 转归期　E. 终结期

考点 3：疾病的转归★★★

疾病的转归是指疾病过程的发展趋向和结局。疾病的转归一般分为完全康复（痊愈）、不完全康复和死亡三种形式。

完全康复（痊愈）：当致病因素作用停止或消失后，机体的机能恢复正常，损伤的组织修补康复，疾病症状全部消除，畜禽的生产能力恢复正常。

不完全康复：患病动物的主要症状虽然消除，但受损器官的机能和形态结构未完全恢复，而是通过其他器官的代偿来维持生命活动。

死亡：指机体作为一个整体的功能永久性停止，即生命的终结或生命有机体完整性的解体。根据死亡的原因，死亡分自然死亡和病理死亡。

自然死亡是指由机体衰老所致的死亡。病理死亡是指由疾病和暴力所引起的死亡，发生在任何年龄的动物。

根据死亡的进程不同，分为濒死期、临床死亡期和生物死亡期。

濒死期：此期的重要特征是脑干以上的神经中枢功能丧失或出现明显的抑制现象。

临床死亡期：临床死亡的特征是呼吸和心跳停止，反射活动消失以及中枢神经系统高度抑制。临床死亡是可逆的。

生物死亡期：死亡的不可逆阶段，此时大脑皮层、各系统、器官的组织细胞功能和代谢完全停止，并发生了不可逆的形态和功能的改变，一般逐渐表现出死后变化，即尸冷、尸僵、尸斑，最终尸体腐烂并分解。

考点 4：疾病的病因★★★

疾病发生的原因包括外因和内因两大类。

疾病发生的外因包括：①生物性因素，包括各种病原微生物（如细菌、病毒、支原体、衣原体、螺旋体、霉菌）和寄生虫（如原虫、蠕虫）；②化学性因素，包括强酸、碱等可引起接触性损伤的化学物质，有机毒物和生物性毒物；③物理性因素，包括高温、低温、电流和一切机械性因素；④营养性因素，包括营养缺乏和营养过剩。

疾病发生的内因一般是指机体抵御机能的降低、遗传特性和免疫特性的改变以及机体对致病因素的易感性等。机体防御机能包括屏障机能、吞噬与杀菌作用、解毒机能、排除机能等；机体的反应性包括种属、品种或品系、个体、年龄、性别。

【例题 1】属于生物性致病因素的是（A）。

A. 病毒　B. 蛇毒　C. 紫外线　D. 芥子气　E. 电磁辐射

【例题 2】不属于化学性致病因素的是（D）。

A. 强酸、强碱　B. 蛇毒　C. 芥子气　D. 紫外线　E. 有机磷农药

【例题 3】维生素 E 缺乏引起雏鸡脑软化的病因属于（B）。

A. 物理性因素　B. 营养性因素　C. 化学性因素

D. 血液循环障碍　E. 生物性因素

第二章　组织与细胞损伤

轻装上阵

如何学？

- 组织与细胞损伤
  - 变性的概念和种类：可逆性改变　细胞肿胀　脂肪变性　玻璃样变性
  - 颗粒变性的病变特点：细胞肿大　浅红染色颗粒　实质细胞
  - 空泡变性的病变特点：水泡变性　皮肤　黏膜上皮　大小空泡
  - 脂肪变性的病变特点：脂滴增多　圆形空泡状　苏丹红　苏丹黑染色
  - 肝脏、心脏脂肪变性的病变特点：槟榔肝　戒指细胞　虎斑心　脂肪浸润
  - 玻璃样变性的病变特点：肾小球肾炎　均质红染的玻璃样圆形小滴
  - 淀粉样变性的病变特点：淀粉样物质　西米脾　火腿脾
  - 细胞坏死的概念和形态学标志：不可逆　病理死亡　细胞凋亡　核浓缩　核碎裂
  - 凝固性坏死的种类和病变特点：凝固性坏死　贫血性梗死　干酪样坏死　蜡样坏死
  - 液化性坏死的病变特点：蛋白水解酶　霉玉米中毒　化脓性炎症
  - 坏疽的种类：干性坏疽　湿性坏疽　气性坏疽
  - 坏死的结局：反应性炎症　溶解吸收　腐离脱落　机化　包囊形成　钙化

如何考？

本章考点在考试中主要出现在A1、A2型题中，每年分值平均3分。下列所述考点均需掌握。变性、坏死的种类和病变特点是考查最为频繁的内容，希望考生予以特别关注。

考点冲浪

考点1：变性的概念和种类★★★

变性是指细胞及细胞间质内出现异常物质或正常物质的数量显著增多，并伴有不同程度的功能障碍。一般而言，变性是可逆性改变。

常见的细胞变性主要有细胞肿胀、脂肪变性、脂肪浸润、玻璃样变性等。细胞肿胀是指细胞内水分增加，胞体增大，细胞质内出现微细颗粒或大小不等的水泡，包括颗粒变性和空泡变性。细胞间质变性有黏液样变性、玻璃样变性、淀粉样变性和纤维素样变性等。引起细胞肿胀的原因主要有细菌和病毒感染、中毒、缺氧、缺血、免疫反应、机械性损伤、电离辐射等，凡是能改变细胞的离子浓度和水平衡的各种因素均能导致细胞肿胀。

细胞肿胀由于致病因子的不同，引起的发病机理也不同：一般是细胞受致病因子的作用，造成细胞膜损伤，细胞膜钠-钾泵功能障碍，细胞内 Na^+ 不能被泵出细胞外，致使细胞内 Na^+ 浓度升高而使细胞内渗透压升高，水分进入细胞，引起细胞肿胀；或者致病因子破坏线粒体酶系统，使三羧酸循环障碍，ATP生成减少，致使细胞能量供应不足，造成细胞内中间代谢产物增多，导致线粒体肿胀变性、空泡化。

【例题 1】细胞内水分增加，胞体增大，胞质内出现微细颗粒或大小不等的水泡称为（E）。

A. 脂肪变性　B. 黏液样变性　C. 淀粉样变　D. 透明变性　E. 细胞肿胀

【例题 2】细胞肿胀的常见原因不包括（B）。

A. 细菌感染　B. 全身性营养不良　C. 中毒

D. 缺血　E. 缺氧

【例题 3】与细胞肿胀发生无关的是（B）。

A. 细胞内线粒体受损　B. 脂肪酸的氧化

C. 细胞膜的钠 - 钾泵功能障碍　D. 三羧酸循环障碍

E. ATP 生成减少而致细胞能量供应不足

考点 2：颗粒变性的病变特点★★

颗粒变性是组织细胞最轻微且最常见的细胞变性，主要特征是变性细胞的体积肿大，细胞质内出现微细的浅红染色颗粒。变性的实质器官肿胀混浊，失去原有光泽，呈土黄色，似沸水烫过一样。这种变性主要发生在心脏、肝脏、肾脏等实质器官的实质细胞，有实质变性之称。细菌和病毒感染、中毒、缺氧、电离辐射等均是致病因素。

考点 3：空泡变性的病变特点★★

空泡变性是指在变性细胞的细胞质、细胞核内出现大小不一的空泡（水泡），使细胞呈蜂窝状或网状，又称水泡变性。空泡变性多发生于皮肤和黏膜上皮，如痘疹、口蹄疫等皮肤和黏膜上的疱疹。实质器官的空泡变性常由颗粒变性转化而来。

考点 4：脂肪变性的病变特点★★★

脂肪变性是细胞内脂肪代谢障碍的形态表现，特点是细胞质内出现了正常情况下在光镜下看不见的脂滴，或细胞质内脂滴增多。

在正常细胞结构中，脂滴是重要的细胞质内含物之一。脂滴以极小的微粒散布于细胞质中，光镜下看不见。脂滴的主要成分是中性脂肪（甘油三酯）及脂质（胆固醇之类）。在常规石蜡切片中，由于脂滴被脂溶剂（乙醇、二甲苯等）溶解而呈圆形空泡状，有时不易与空泡变性相区分，可做冷冻切片，用脂肪染色显示，如用苏丹Ⅱ或油红将脂肪染成橘红色，用苏丹Ⅳ将脂肪染成红色，用苏丹黑 B 及锇酸将脂肪染成黑色等。

【例题】脂肪变性是指（E）。

A. 组织中出现脂肪细胞　B. 脂肪细胞内脂肪滴增多

C. 脂肪组织中脂肪细胞增多　D. 组织内脂滴增多或脂肪细胞增多

E. 正常不见脂滴的细胞内出现脂滴，或细胞质内脂滴增多

考点 5：肝脏、心脏脂肪变性的病变特点★★★

肝脂肪变性主要表现肝脏肿大，质地脆软，色泽浅黄色至土黄色，切面结构模糊，有油腻感，有的甚至质脆如泥，如鸡脂肪肝综合征，肝切面由暗红色的瘀血部分和黄褐色的脂肪变性部分相互交织，形成红黄相间的类似槟榔或肉豆蔻切面的花纹色彩，称为“槟榔肝”。

妊娠中毒和有机磷中毒时脂肪变性发生在肝小叶边缘，称为周边性脂肪变性；慢性肝脏瘀血、缺氧、四氯化碳中毒时称为中心性脂肪变性。脂肪变性严重时，将肝细胞核挤向一边，形成戒指状，称为“戒指细胞”。

严重贫血、中毒、恶性口蹄疫及慢性心力衰竭时，心肌发生脂肪变性。透过心内膜可见乳头肌和肉柱的静脉血管周围有灰黄色的条纹或斑点分布在色彩正常的心肌之间，呈红黄相间的虎皮状斑纹，称为“虎斑心”。

脂肪浸润是指实质细胞之间脂肪组织增多，又称为间质脂肪浸润，主要发生于心脏、胰腺、骨骼肌等组织内，脂肪细胞浸润至心内膜下、心肌细胞之间。

【例题 1】某肉鸡场病死鸡，剖检见营养状况良好，肝脏肿大，颜色浅黄、油亮，切面结构模糊，有油腻感，质脆如泥。将此肝脏做石蜡切片，HE 染色后，镜下可见肝细胞内有（E）。

A. 红染团块　B. 红染条索　C. 红染小颗粒

D. 均质红染圆滴　E. 大小不一的空泡

【例题 2】“槟榔肝”的发生是由于（D）。

A. 肝瘀血伴随肝细胞坏死　B. 肝瘀血伴随胆色素沉着

C. 肝瘀血伴随淀粉样物质沉着　D. 慢性肝瘀血伴随肝脂肪变性

E. 慢性肝瘀血伴随肝细胞颗粒变性

【例题 3】心脏发生脂肪浸润时，脂肪细胞出现于（D）。

A. 心内膜内　B. 心肌原纤维内　C. 心肌细胞内

D. 心肌细胞之间　E. 心脏血管内

考点 6：玻璃样变性的病变特点★★

玻璃样变性是指在变性的细胞胞质中出现大小不一、均质红染的玻璃样圆形小滴。这种病变常见于肾小球肾炎，当上皮细胞被破坏时，透明蛋白即游离在肾小管腔内，并互相融合凝集成透明管形。

【例题】病死犬，死前出现蛋白尿，肾脏组织病理学观察可见肾小管上皮细胞内有大小不一、均质红染的滴状物，该病变为（E）。

A. 气球样变　B. 水泡变性　C. 颗粒变性　D. 脂肪变性　E. 玻璃样变性

考点 7：淀粉样变性的病变特点★★

淀粉样变性是指在某些组织的网状纤维、血管壁或间质内出现淀粉样物质沉着的病变。淀粉样物质化学性质上属于糖蛋白，遇碘时被染成棕褐色，滴加 1% 硫酸溶液后则呈蓝紫色，故称之为淀粉样物质，其实与淀粉并无关系。

脾脏淀粉样变性：其淀粉样物质沉着于淋巴滤泡的周边、中央动脉壁的中膜和外膜之间及红髓的细胞间，其中以淋巴滤泡周边的量最多。淀粉样物质沉着在淋巴滤泡部位时，呈半透明灰白色颗粒状，外观如煮熟的西米，俗称“西米脾”。若淀粉样物质弥漫沉着在红髓部分，则呈不规则的灰白区，没有沉着的部位仍保留脾髓固有的暗红色，二者互相交织成火腿样花纹，故称“火腿脾”。

考点 8：细胞坏死的概念和形态学标志★★★★

细胞坏死是指动物活体内部组织、细胞的病理性死亡。坏死组织、细胞的物质代谢停止，功能丧失，表现出一系列的形态学改变，是一种不可逆的病理变化。除极端的外界病理因素刺激引起的损伤和死亡外，大多数坏死由变性发展而来。

细胞凋亡是指为维持内环境稳定，由基因控制的细胞自主的有序性死亡，是一种主动的由基因决定的细胞自我破坏的过程，又称程序性细胞死亡。形成凋亡小体是细胞凋亡的重要形态学特征。

细胞核的改变是细胞坏死的主要形态学标志，细胞核变化的特征表现为核浓缩、核碎裂和核溶解。

【例题 1】细胞坏死是（C）。

A. 能形成凋亡小体的病理过程　　B. 由基因决定的细胞自我死亡

C. 不可逆的过程　　D. 可逆的过程

E. 细胞器萎缩的过程

【例题 2】细胞发生程序性死亡时可见到的特征性结构是（E）。

A. 核固缩　　B. 核碎片　　C. 核小体　　D. 残余小体　　E. 凋亡小体

考点 9：凝固性坏死的种类和病变特点★★★★

凝固性坏死（干性坏死）：指坏死组织由于水分减少和蛋白质凝固而变成灰白色或黄白色、干燥无光泽的凝固状。凝固性坏死分为贫血性梗死、干酪样坏死、蜡样坏死和脂肪坏死。

贫血性梗死：常见于肾脏、心脏、脑等器官，坏死区呈灰白色、干燥，早期肿胀，稍突出于脏器的表面，切面坏死区呈楔形，界线清楚，又称白色梗死。

干酪样坏死：主要见于结核分枝杆菌和鼻疽杆菌等引起的感染性炎症。干酪样坏死灶局部除了凝固的蛋白质外，还含有大量的由结核分枝杆菌产生的脂类物质，使坏死灶外观呈灰白色或黄白色，松软无结构，似干酪样或豆腐渣样，故称为干酪样坏死。组织病理学观察，坏死组织固有结构完全破坏而消失，融合成均质、红染的无定形结构。病程较长时，坏死灶内可见蓝染的颗粒状的钙盐沉着。

蜡样坏死：多见于动物的白肌病，表现为肌肉肿胀、无光泽、混浊，干燥坚实，呈灰红或灰白色，如蜡样，故称蜡样坏死。

【例题 1】不常发生白色梗死的器官是（A）。

A. 肝脏　　B. 心脏　　C. 肾脏　　D. 大脑　　E. 脾脏

【例题 2】一奶牛长期患病，临床表现咳嗽、呼吸困难、消瘦和贫血等。死后剖检可见多种器官组织，尤其是肺、淋巴结和乳房等处有散在大小不等的结节性病变，切面有似豆腐渣样、质地松软的灰白色或黄白色物质。进行病理组织学检查，似豆腐渣样物为（E）。

A. 肉芽组织　　B. 寄生虫结节　　C. 中性粒细胞团块

D. 嗜酸性粒细胞团块　　E. 无定形结构的坏死物

考点 10：液化性坏死的病变特点★★★★

液化性坏死（湿性坏死）是指坏死组织在蛋白水解酶的作用下分解变为液态，常见于富含水分和脂质的组织，如脑组织，或蛋白分解酶丰富的组织，如胰腺。马霉玉米中毒引起的大脑软化、鸡硒 - 维生素 E 缺乏时引起的小脑软化等均属于液化性坏死。化脓性炎症是由于大量中性粒细胞崩解，释放出大量蛋白水解酶，使坏死组织溶解液化，如胰腺坏死。

【例题】属于液化性坏死的是（D）。

A. 肺干酪样坏死　　B. 子宫气性坏疽　　C. 肾贫血性梗死

D. 脑软化　　E. 心肌蜡样坏死

考点 11：坏疽的种类和病变特点★★★★

坏疽是指继发有腐败菌感染和其他因素影响的大块组织坏死而呈现灰褐色或黑色等特殊形态改变，主要是血红蛋白分解产生的铁和组织蛋白分解产生的硫化氢结合成硫化铁，使坏死组织呈黑色。坏疽分为干性坏疽、湿性坏疽和气性坏疽。

干性坏疽：常见于缺血性坏死、冻伤等，多继发于肢体、耳壳、尾尖等水分容易蒸发的体表部位。例如，动物患慢性猪丹毒时，颈部、背部直至尾根部常发的皮肤坏死；皮肤冻伤形成的坏死，都是典型的干性坏疽。

湿性坏疽：多发生于与外界相通的内脏（肠、子宫、肺等），腐败菌感染严重，使局部肿胀，呈黑色和暗绿色，如马的异物性肺炎、肠变位和牛的产后坏疽性子宫内膜炎等。

气性坏疽：常发生于深层的开放性创伤合并产气荚膜梭菌等厌氧菌感染时。细菌分解坏死组织时产生大量气体，使坏死组织内含气泡，呈蜂窝状和污秽的棕黑色，用手按压出现捻发音，如牛气肿疽时骨骼肌深部发生气性坏疽。

考点 12：坏死的结局★★★

坏死的结局包括反应性炎症、溶解吸收、腐离脱落、机化和包囊形成及钙化。渗出的大量白细胞使坏死区周围发生脓性溶解，造成坏死物和周围组织分离，称为腐病。由新生肉芽组织溶解、替代坏死组织，最后形成瘢痕的过程称为机化。

机化是指由新生肉芽组织吸收、取代坏死物的过程。

【例题 1】关于坏死的结局，错误的描述是（B）。

A. 反应性炎症　　B. 化生　　C. 腐离脱落
D. 溶解吸收　　E. 机化、组织包裹与钙化

【例题 2】坏死组织由新生肉芽组织吸收、取代的过程称为（B）。

A. 疤痕　　B. 机化　　C. 包囊形成　　D. 钙化　　E. 吸收

第三章　病理性物质沉着

轻装上阵

如何学？

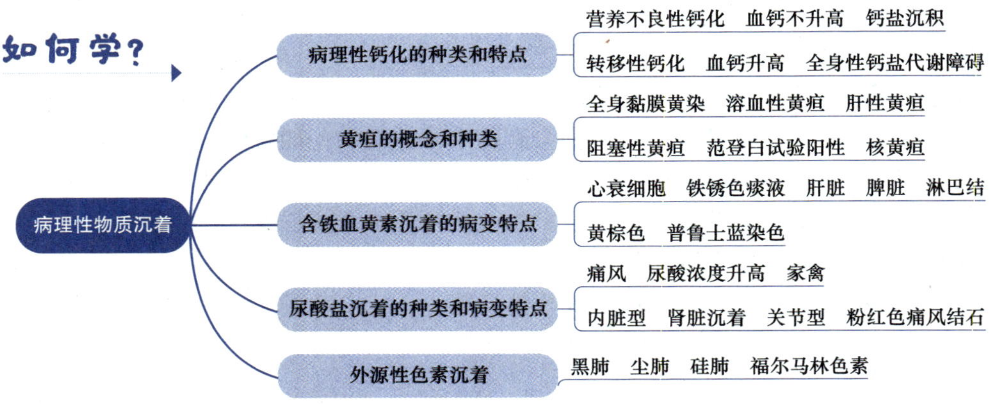

如何考？

本章考点在考试中主要出现在A1型题中，每年分值平均1分。下列所述考点均需掌握。对于重点内容，希望考生予以特别关注。

Ⅰ考点冲浪

考点1：病理性钙化的种类和特点★★★★

病理性钙化是指在骨和牙齿以外的组织内出现的固态钙盐沉积。沉积的钙盐主要是磷酸钙，其次是碳酸钙。病理性钙化分为营养不良性钙化和转移性钙化。

营养不良性钙化是继发于局部变性、坏死组织和病理性产物中的异常钙盐沉积。这种钙化并无全身性钙磷代谢障碍，故血钙不升高。

转移性钙化比较少见，主要是由于全身性钙盐代谢障碍，血钙浓度升高、钙磷代谢紊乱，使钙盐在机体健康组织上沉积所致。转移性钙化常给机体带来不良影响，其影响程度取决于钙化发生的部位和范围。

转移性钙化引起的血钙升高主要见于下列情况：①甲状旁腺机能亢进，如甲状旁腺瘤或代偿性增生时，甲状旁腺素（PTH）分泌增多，PTH可以快速直接作用于骨细胞，激活腺苷环化酶，使环磷酸腺苷增多，促进线粒体等细胞内钙库释放钙离子进入血液，引起血钙升高；②骨质大量破坏，骨内大量钙质进入血液，使血钙浓度升高，常见于骨肉瘤和骨髓病；③维生素D摄入量过多，促进钙从肠道吸收，使血钙增加。

转移性钙化常发生于肺、肾脏、胃黏膜和动脉管壁等处，可能与这些器官组织排酸（肺排碳酸、肾脏排氢离子、胃黏膜排盐酸）后使其本身呈碱性状态有关。肾小管的钙化还与局部钙、磷离子浓度升高有关。广泛性的转移性钙化称为钙化病。

【例题1】动物发生转移性钙化时，出现（C）。

A. 血磷不变　B. 血钙不变　C. 血钙升高　D. 血钙降低　E. 血磷降低

【例题2】与肾转移性钙化发生有关的因素是（C）。

A. 甲状腺功能亢进　B. 甲状腺机能减退　C. 甲状旁腺机能亢进
D. 甲状旁腺机能减退　E. 维生素D减少

【例题3】转移性钙化病灶常见于（E）。

A. 心脏　B. 肝脏　C. 大脑　D. 脾脏　E. 肺

【例题4】转移性钙化一般是（A）。

A. 对机体不利　B. 钙化的组织功能无变化
C. 对机体有利有弊　D. 对机体有利
E. 钙盐沉着在病理产物中

考点2：黄疸的概念和种类★★★

黄疸是指血中胆红素浓度升高引起的全身皮肤、巩膜和黏膜等组织黄染的现象，是机体胆色素代谢障碍的反应。

根据黄疸发生的原因，分为溶血性黄疸、肝性黄疸和阻塞性黄疸三种类型，范登贝赫（范登白）试验时分别表现为间接反应阳性、直接反应和间接反应阳性、直接反应阳性。

新生动物溶血性黄疸时，胆红素进入脑组织内，与脑部基底核的脂类结合，将神经核染成黄色，称为核黄疸。胆红素多侵犯脑神经核，会引起严重的抽搐、痉挛和锥体外系统运动障碍等神经症状，可致迅速死亡。在很多内脏器官，均可见有渐进性坏死，游离胆红素引起神经症状的机理在于它能抑制细胞的氧化磷酸化作用，从而阻断脑的能量供应。

【例题 1】黄疸时，造成皮肤和黏膜黄染的色素是（C）。

A. 含铁血黄素 B. 黑色素 C. 胆红素 D. 血红素 E. 脂褐素

【例题 2】新生动物的核黄疸是由于胆红素进入脑组织内（C）。

A. 与葡萄糖结合 B. 与蛋白质类物质结合 C. 与脂肪类物质结合

D. 与核酸结合 E. 与盐类结合

考点 3：含铁血黄素沉着的病变特点★★★★

含铁血黄素沉着是指含铁血黄素过多聚集而沉着的病理现象。正常机体含铁血黄素在肝、脾和骨髓内有少量存在。

在慢性心力衰竭时，因肺发生瘀血，红细胞漏出至肺泡中，被肺巨噬细胞吞噬后形成含铁血黄素，从而使肺和支气管的分泌物呈浅棕色或铁锈色，这种出现在心力衰竭者肺内和痰中的含有含铁血黄素的巨噬细胞称为心力衰竭细胞或心衰细胞。含铁血黄素是一种黄棕色色素，凡有色素沉着的组织器官都呈现不同程度黄棕色，主要见于富含巨噬细胞的组织，如脾脏、肝脏、淋巴结和骨髓，除颜色变化外，还会出现结节和硬化病变。

巨噬细胞内含有大量含铁血黄素沉着，这些颗粒呈棕黄色，用普鲁士蓝染色，含铁血黄素呈蓝色，细胞核呈红色。

【例题 1】“心力衰竭细胞”出现在（D）。

A. 心脏 B. 肝脏 C. 脾脏 D. 肺 E. 肾脏

【例题 2】动物心力衰竭细胞中的色素颗粒是（E）。

A. 脂褐素 B. 黑色素 C. 胆红素 D. 细胞色素 E. 含铁血黄素

【例题 3】在普鲁士蓝染色的组织切片中，含铁血黄素颗粒呈（C）。

A. 黄色 B. 红色 C. 蓝色 D. 绿色 E. 紫色

【例题 4】溶血性疾病时，脾脏 HE 染色切片中巨噬细胞内出现的棕色颗粒是（B）。

A. 尿酸盐 B. 含铁血黄素 C. 黑色素 D. 胆红素 E. 脂褐素

考点 4：尿酸盐沉着的种类和病变特点★★★

尿酸盐沉着，又称痛风，是指动物体内嘌呤代谢障碍，血液中尿酸浓度升高，并伴有尿酸盐结晶沉着在体内一些器官、组织而引起的疾病。以家禽，尤其是鸡最为常见。

根据尿酸盐在体内沉着的部位，痛风分为内脏型和关节型。

内脏型：表现肾脏肿大，色泽变淡，表面呈白褐色花纹状，切面可见尿酸盐沉积而形成的散在的白色小点；输尿管扩张，管腔内充满白色石灰样沉淀物，多见于肾型传染性支气管炎。

关节型：特征是脚趾和腿部关节肿胀，关节软骨、关节周围结缔组织、骨膜、腱鞘、韧带及骨骼等部位，均可见白色尿酸盐沉着，严重时可见粉红色、大小不等的痛风结石。

痛风发生的机理和原因很复杂，主要因素有蛋白质饲料摄入过多、肾脏损害（维生素 A 缺乏、某些抗菌药物使用、传染性支气管炎、传染性法氏囊病等）、饲养管理不良等。

【例题 1】因代谢障碍引起家禽痛风的物质是（C）。

A. 甘油三酯　　B. 含铁血黄素　　C. 嘌呤　　D. 胆固醇　　E. 糖原

【例题 2】在下列疾病中，鸡痛风常见于（A）。

A. 鸡肾型传染性支气管炎　　B. 鸡新城疫　　C. 鸡流感

D. 雏鸡脑软化　　E. 鸡传染性脑脊髓炎

【例题 3】HE 染色切片中，痛风结节呈（E）。

A. 灰白色　　B. 蓝色　　C. 黄色　　D. 棕色　　E. 粉红色

考点 5：外源性色素沉着★

外源性色素沉着是指外源性色素通过呼吸系统进入肺脏，被肺脏淋巴结吞噬吸收的过程，主要有炭末沉着引起的煤肺病（黑肺）、矿尘引起的尘肺病、采石引起的硅肺病（肺中呈双折射晶体矿物）、四环素引起的牙齿黄染、固定组织时福尔马林色素（棕黑色、颗粒状、针状结构）沉着等。

【例题】在动物支气管肺门淋巴结中常见的外源性色素沉着是（D）。

A. 脂色素　　B. 含铁血黄素　　C. 卟啉色素　　D. 炭末　　E. 黑色素

第四章　血液循环障碍

轻装上阵

如何学？

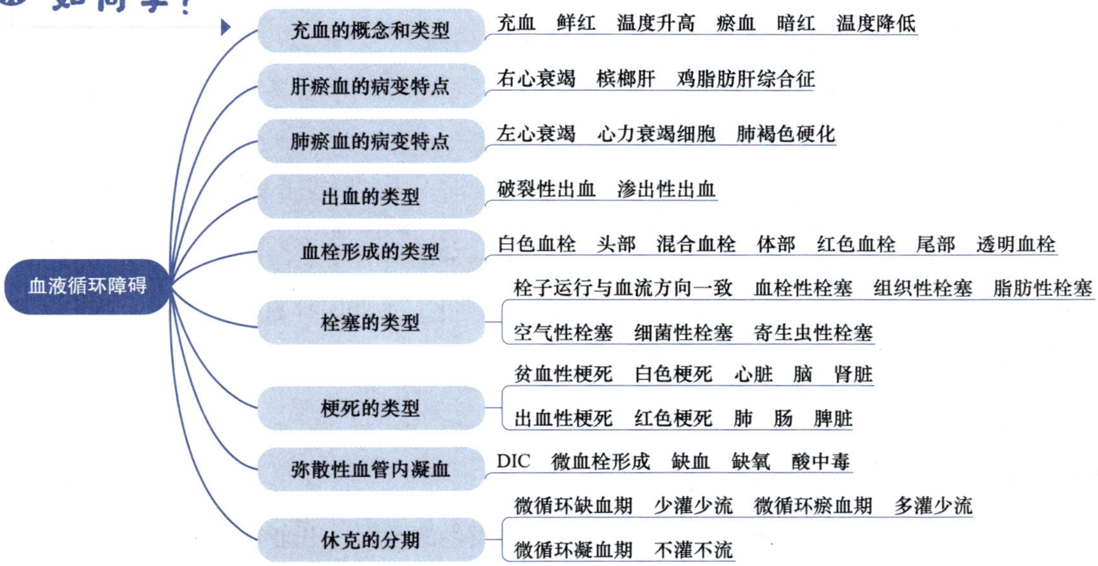

如何考？

本章考点在考试中主要出现在 A1、A2 型题中，每年分值平均 2 分。下列所述考点均需掌握。梗死和休克知识点是考查最为频繁的内容，希望考生予以特别关注。

考点冲浪

考点1：充血的概念和类型★★★

充血是指局部器官或组织内血液含量增多的现象。根据发生的原因和机制，充血分为动脉性充血和静脉性充血两类。

动脉性充血，又称主动性充血（简称充血），是指由于动脉血流量增加而导致组织或器官的血量增多的现象。肉眼观察可见组织或器官肿胀，色泽鲜红，温度升高。

静脉性充血，又称被动性瘀血（简称瘀血），是指由于静脉回流受阻而引起局部组织或器官中血量增多的现象。瘀血的组织或器官体积增大，颜色加深，呈暗红色或紫红色，表面温度降低。

【例题1】局部皮肤动脉性充血的外观表现是（D）。

A. 色泽暗红，温度升高　B. 色泽暗红，温度降低　C. 色泽鲜红，温度降低
D. 色泽鲜红，温度升高　E. 色泽鲜红，温度不变

【例题2】发生瘀血的组织局部（D）。

A. 温度升高，颜色鲜红　B. 温度升高，颜色暗红　C. 温度降低，颜色鲜红
D. 温度降低，颜色暗红　E. 温度不变，颜色暗红

考点2：肝瘀血的病变特点★★★

肝瘀血多见于右心衰竭。急性肝瘀血时，肝脏体积肿大，质地变软，呈暗红紫色，切面流出大量的暗红色液体。肉眼观察时，肝切面由暗红色的瘀血部分和黄褐色的脂肪变性部分相互交织，形成红黄相间的类似槟榔或肉豆蔻切面的花纹色彩的病变肝脏，故称为“槟榔肝”。主要发生于鸡脂肪肝综合征，一般表现为肝脏肿大，质地脆软，色泽浅黄至土黄，切面结构模糊，有油腻感，质脆如泥。

【例题】“槟榔肝”是指慢性肝瘀血伴发肝细胞（B）。

A. 玻璃样变　B. 脂肪变性　C. 颗粒变性　D. 水泡变性　E. 淀粉样变

考点3：肺瘀血的病变特点★★★

肺瘀血多见于左心衰竭和二尖瓣狭窄或关闭不全时，因此时左心腔内压力升高，肺静脉回流受阻，大量血液淤积在肺组织内而造成肺瘀血。慢性肺瘀血时，肺泡腔中见到吞噬有红细胞或含铁血黄素的巨噬细胞，因为慢性肺瘀血常发生于心力衰竭时，因此被称为心力衰竭细胞。长期慢性肺瘀血可致肺间质结缔组织增生而硬化，如此时伴有大量含铁血黄素沉积，使硬化的肺组织呈棕褐色，称为肺褐色硬化。

【例题】肺瘀血的常见原因是（B）。

A. 右心衰竭　B. 左心衰竭　C. 肝功能衰竭　D. 肾功能衰竭　E. 脾功能衰竭

考点4：出血的概念和类型★★★

出血是指血液流出心脏或血管外的现象，根据发生的原因，出血分为破裂性出血和渗出性出血。若出血发生在大脑或心脏，即使少量的出血，也会导致严重后果，甚至死亡。

破裂性出血：指由于血管壁或心脏明显受损而引起的出血，发生在心脏、动脉、静脉或毛细血管，见于外伤（如刺伤、挫伤等）、炎症、恶性肿瘤的侵蚀。

渗出性出血：指由于血管壁通透性升高，红细胞通过内皮细胞间隙和损伤的血管基底膜

漏出到血管外的现象。渗出性出血多见于某些急性败血性传染病（如猪瘟、猪丹毒、炭疽、出血性败血病、鸡新城疫等）、毒物中毒、凝血因子缺乏。出血性浸润是指血液弥漫地分布于组织间隙，使出血的局部呈大片暗红色。当机体有全身性出血趋向时，称为出血性素质，表现为全身组织器官出血。

【例题 1】少量出血可能危及生命的器官是（C）。

A. 肠 B. 肾脏 C. 脑 D. 肝脏 E. 肺

【例题 2】血液弥漫性分布于组织间隙，使出血组织呈现大片暗红色的病变称为（D）。

A. 出血性素质 B. 溢血 C. 点状出血 D. 出血性浸润 E. 斑状出血

考点 5：血栓形成的概念和类型★★★

血栓形成是指在活体的心脏内或血管内血液发生凝固，或某些有形成分析出形成固体物质的过程。所形成的固体物质称为血栓。

根据血栓的形成过程和形态特点，血栓分为白色血栓、混合血栓、红色血栓和透明血栓 4 种类型。

白色血栓主要见于心脏和动脉系统内，如心瓣膜上，在静脉血流缓慢处，主要由血小板、纤维蛋白和少量白细胞组成，常构成血栓的头部。

混合血栓多见于静脉，主要由血小板、纤维蛋白和大量红细胞组成，网罗大量红细胞和少量白细胞，形成红白相间的血凝块，构成血栓的体部。

红色血栓多见于静脉，主要由红细胞和纤维蛋白组成，呈红色血凝块，表面光滑，构成血栓的尾部。

透明血栓是指在微循环内形成的血栓，主要由纤维蛋白凝集而成。在显微镜下，呈红染、均质、无结构的透明物质。

诱发血栓形成的条件分为 3 个方面：心血管内膜损伤；血流缓慢、停滞或形成涡流；血液的凝固性升高，如大面积创伤、大失血、大手术等。

【例题 1】心瓣膜上形成血栓，常见的类型是（A）。

A. 白色血栓 B. 混合血栓 C. 红色血栓 D. 透明血栓 E. 败血型血栓

【例题 2】红色血栓的主要成分是（B）。

A. 血小板和白蛋白 B. 红细胞和纤维蛋白 C. 血小板和红细胞
D. 血小板和白细胞 E. 纤维蛋白和白细胞

考点 6：栓塞的概念和类型★★

栓塞是指血液循环中出现不溶性的异常物质随血流运行并阻塞血管腔的过程。阻塞血管的异常物质称为栓子。栓子运行的方向与血流的方向一致。来自右心的栓子进入肺内形成栓塞，来自门静脉的栓子大多随血流进入肝脏引起栓塞。

根据栓塞发生的原因和栓子的性质，栓塞分为血栓性栓塞、空气性栓塞、脂肪性栓塞、组织性栓塞、细菌性栓塞及寄生虫性栓塞等。

血栓性栓塞：由脱落的血栓引起的栓塞，是栓塞中最常见的一种。

空气性栓塞：指空气和其他气体由外界进入血液，形成气泡，随血流运行阻塞血管的一种栓塞，多见于静脉破裂后，空气进入血管。

脂肪性栓塞：指脂肪滴进入血液并阻塞血管的过程，多见于长骨骨折、手术、脂肪组织挫伤或脂肪肝挤压伤时。

组织性栓塞：指组织、细胞碎片或细胞团块进入血液而引起的栓塞，多见于组织外伤、坏死和恶性肿瘤。

细菌性栓塞：指感染组织中的细菌集落或含细菌的血栓、赘生物脱落进入血液而引起的栓塞，多见于细菌感染性病变。

寄生虫性栓塞：指某些寄生虫或虫卵进入血流所引起的栓塞。

【例题 1】从静脉注入空气所形成的空气性栓子主要栓塞的器官是（B）。

A. 大脑　B. 肺　C. 肾脏　D. 肝脏　E. 脾脏

【例题 2】来自门静脉的栓子主要栓塞在（B）。

A. 心脏　B. 肝脏　C. 脾脏　D. 肺　E. 肾脏

考点 7：梗死的概念和类型★★★★

梗死是指因动脉血流断绝而引起的局部组织或器官发生的坏死。凡能引起动脉血流断绝，同时又不能及时建立有效侧支循环的因素，均为梗死的原因。

根据梗死的颜色和有无感染，梗死分为贫血性梗死、出血性梗死和败血性梗死。

贫血性梗死：因梗死灶的颜色呈灰白色，又称为白色梗死。这种梗死常发生于心脏、脑、肾脏等组织结构致密、侧支循环不丰富的器官组织。贫血性梗死灶的病变主要表现为病灶稍隆起，略干燥，硬固，灰白色，与周围的健康组织分界明显。梗死灶的形状与阻塞动脉的分布区域相一致，如肾的梗死灶呈椎体状。脑组织梗死后，多发生液化性坏死。

出血性梗死：因梗死灶的颜色呈暗红色，又称为红色梗死。这种梗死多见于肺、肠、脾脏等组织结构较松散、血管吻合支较丰富的器官。在发生梗死之前这些器官已处于高度瘀血状态，梗死发生后，大量红细胞进入梗死区，使梗死区呈现暗红色或紫色。

败血性梗死：梗死灶如同时伴有细菌性感染，称为败血性梗死，常发生于肺。

【例题 1】红色梗死常发生于（E）。

A. 心脏　B. 大脑　C. 肾脏　D. 肝脏　E. 肺

【例题 2】动物易发生出血性梗死的器官是（C）。

A. 心脏　B. 肝脏　C. 脾脏　D. 肾脏　E. 胃

考点 8：弥散性血管内凝血的概念和发生原因★★

弥散性血管内凝血（DIC）是指机体在某些致病因子的作用下，以全身微血管内广泛微血栓形成和相继出现止血、凝血功能障碍为主要特征的病理过程。

弥散性血管内凝血发生原因较多，可以归纳为血管内皮细胞损伤、组织严重破坏、血细胞破坏、促凝物质进入血液及其他诱发因素，如缺血、缺氧、酸中毒等。

考点 9：休克的类型和分期★★★★

休克是指机体在致病因素作用下发生的微循环血流灌注量急剧减少而导致各重要器官血流灌注量减少和细胞及器官功能障碍的一种全身性危重病理过程。临床特征为血压降低、脉搏贫弱、皮肤湿冷、可视黏膜发白或发绀、反应迟钝甚至昏迷。

根据休克发生的原因，休克可以分为失血性或失液性休克、创伤性休克、烧伤性休克、感染性休克、心源性休克、过敏性休克、神经源性休克等。

根据休克时微循环的变化规律，可以将休克分为微循环缺血期、微循环瘀血期和微循环凝血期。

微循环缺血期：发生在休克的早期阶段，称为缺血缺氧期。微循环的特点是少灌少流，灌少于流。表现为皮肤湿冷，可视黏膜苍白。

微循环瘀血期：休克进一步发展的结果，称为瘀血缺氧期。微循环的特点是多灌少流，灌大于流。表现为皮温下降，可视黏膜发绀，少尿或无尿。

微循环凝血期：休克的后期阶段，称为微循环衰竭期或凝血性缺氧期。微循环的特点是不灌不流。表现为昏迷、呼吸不规则，皮肤出血，无尿。

按休克的血流动力学特点，休克可以分为低动力型休克（低排高阻型休克）和高动力型休克（高排低阻型休克）。

【例题 1】休克早期机体微循环变化的特征是（A）。

A. 缺血　B. 瘀血　C. 凝血　D. 出血　E. 充血

【例题 2】在休克发展的微循环瘀血期，微循环的特点是（B）。

A. 灌少于流　B. 灌大于流　C. 灌等于流　D. 不灌不流　E. 灌流不变

【例题 3】高动力型休克的特点是（E）。

A. 高排高灌　B. 低排高阻　C. 高排高阻　D. 低排低阻　E. 高排低阻

第五章　细胞、组织的适应与修复

轻装上阵

如何学？

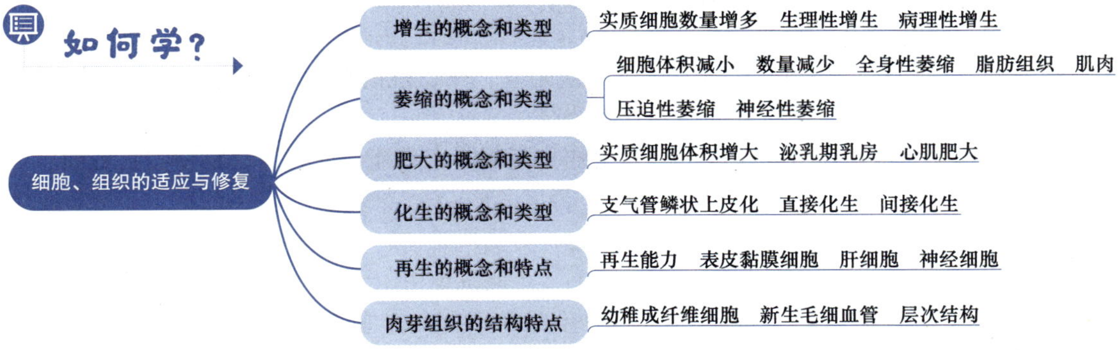

如何考？

本章考点在考试中主要出现在A1型题中，每年分值平均2分。下列所述考点均需掌握。肉芽组织的结构特点是考查最为频繁的内容，希望考生予以特别关注。

考点冲浪

考点 1：增生的概念和类型★★

增生是指实质细胞数量增多并常伴发组织器官体积增大的病理过程。根据增生发生的原因，分为生理性增生和病理性增生。

生理性增生：指在正常生理条件下，组织器官由于生理机能增强而发生的增生，如妊娠后期及泌乳期乳腺的增生。

病理性增生：指由于某些致病因子作用而引起的组织器官的增生。例如，消化道、呼吸道寄生虫寄生时，黏膜上皮细胞长期受到刺激而增生；动物缺碘时，甲状腺上皮增生。

【例题】球虫寄生肠道导致肠黏膜上皮细胞数量增多的病变是（C）。

A. 化生　B. 再生　C. 增生　D. 真性肥大　E. 假性肥大

考点2：萎缩的概念和类型★★★★

萎缩是指发育正常的组织、器官，因其组成细胞的体积减小和数量减少而引起的体积缩小、功能减退的过程。根据萎缩发生的原因和萎缩的范围，萎缩分为全身性萎缩和局部性萎缩。

全身性萎缩：指机体在致病因子作用下，全身各组织器官普遍发生的萎缩，多见于长期营养不良、慢性消化道疾病以及严重消耗性疾病，如结核、恶性肿瘤。

动物发生全身性萎缩时，各组织、器官的萎缩过程有一定规律，其中脂肪组织的萎缩发生得最早且最明显，其次是肌肉，再次是肝脏、肾脏、脾脏、淋巴结。而心脏、脑、内分泌器官很少或不发生萎缩。

局部性萎缩：指在致病因子作用下，局部组织器官发生的萎缩。依据发生的原因，分为如下几种类型。

压迫性萎缩：指组织器官长期受某种压迫而发生的萎缩，如寄生虫包囊（如囊尾蚴等）压迫寄生部位周围组织引起的萎缩。

神经性萎缩：指致病因子导致神经损伤后，神经所支配的效应器官发生的萎缩。例如，鸡发生马立克病，肿瘤侵害坐骨神经，导致支配部位的肢体瘫痪和肌肉萎缩。

废用性萎缩：指器官由于功能降低或失用后发生的萎缩。例如，骨折后肢体长期运动受限，肢体相应肌肉发生萎缩。

缺血性萎缩：指局部动脉血管发生不完全阻塞，所支配的器官供血减少所发生的萎缩，多见于动脉硬化或血栓机化所致的血管管腔狭窄。

内分泌性萎缩：指内分泌功能低下发生的相应靶器官萎缩，如去势动物性器官萎缩。

【例题1】萎缩是指已发育成熟的组织、器官（E）。

A. 体积不变、功能增强　B. 体积不变、功能减退　C. 体积缩小、功能增强
D. 体积缩小、功能不变　E. 体积缩小、功能减退

【例题2】动物发生全身性萎缩时，最早萎缩的组织或器官是（D）。

A. 心脏　B. 肝脏　C. 肾脏　D. 脂肪　E. 垂体

【例题3】发生萎缩的细胞一般（D）。

A. 功能无变化　B. 形态不可恢复　C. 功能丧失
D. 功能降低　E. 代谢停止

考点3：肥大的概念和类型★★

肥大是指组织、器官因实质细胞体积增大而致整个组织器官体积增大的现象。

根据肥大发生的原因，肥大分为生理性肥大和病理性肥大两类。

生理性肥大：指为适应生理机能需要或激素刺激所引起的组织器官的肥大，如妊娠期的子宫、泌乳期的乳房及赛马的心脏肥大等。

病理性肥大：指在疾病过程中，为实现某种功能代偿而引起的相应组织或器官的肥大，又称代偿性肥大，如心瓣膜病时发生的心肌肥大。

考点 4：化生的概念和类型★★

化生是指已经分化成熟的组织在环境条件的改变下，在形态和功能上转变为另一种组织的过程。

化生多发生在结缔组织和上皮组织，如维生素 A 缺乏时，鸡的食管腺单层柱状上皮化生为复层鳞状上皮；慢性支气管炎可以引起支气管假复层纤毛柱状上皮化生鳞状上皮。

根据化生发生的过程，化生分为直接化生和间接化生。

考点 5：再生的概念和特点★★★

再生是指细胞或组织损伤后，由邻近健康的组织细胞分裂增殖完成修复的过程。生理性再生见于红细胞、皮肤表皮、被毛等不断衰亡和新生等。

根据再生能力强弱，将细胞分为不稳定细胞，如表皮细胞、黏膜细胞再生能力强大；稳定细胞，如肝细胞、红细胞受刺激再生；永久性细胞，如神经细胞。

毛细血管的再生是由原有血管以发芽的方式进行；血细胞的再生能力很强，出现造血机能亢进；骨组织的再生能力很强；软骨组织的再生能力较骨组织弱；神经细胞一般无再生能力；心肌细胞不能再生。

【例题】再生能力较弱的细胞是（E）。

A. 肠黏膜上皮细胞　　B. 肾小管上皮细胞　　C. 肝细胞

D. 成纤维细胞　　E. 心肌细胞

考点 6：肉芽组织的结构特点和细胞组成★★★★★

肉芽组织是指由毛细血管内皮细胞和成纤维细胞分裂增殖所形成的富含毛细血管的幼稚的结缔组织。

肉芽组织是由幼稚的成纤维细胞、新生的毛细血管、少量的胶原纤维和数量不等的炎性细胞等有形成分组成。

光镜下肉芽组织具有明显的层次性结构：即表面为坏死组织层（坏死组织、渗出液和炎性细胞）；下层为肉芽组织层（大量的成纤维细胞和丰富的毛细血管，大量的炎性细胞）；再下层为较成熟的结缔组织层（成纤维细胞逐渐成熟，分泌、合成许多胶原蛋白，毛细血管和炎性细胞逐渐减少）；最下层是成熟的结缔组织层。

【例题 1】肉芽组织是指新生幼稚的（C）。

A. 上皮组织　　B. 网状组织　　C. 纤维结缔组织

D. 肌组织　　E. 软骨组织

【例题 2】构成肉芽组织的主要成分是毛细血管内皮细胞和（C）。

A. 肌细胞　　B. 多核巨细胞　　C. 成纤维细胞　　D. 上皮细胞　　E. 纤维细胞

【例题 3】创伤性肉芽组织表层结构的组成主要是（A）。

A. 渗出液和炎性细胞　　B. 成纤维细胞和毛细血管　　C. 纤维细胞和胶原纤维

D. 成熟的结缔组织　　　　E. 疏松结缔组织

【例题 4】创伤愈合时，不属于肉芽组织固有成分的是（D）。

A. 胶原纤维　　　　B. 成纤维细胞　　　　C. 中性粒细胞

D. 平滑肌细胞　　　　E. 新生毛细血管

第六章　水盐代谢及酸碱平衡紊乱

轻装上阵

如何学？

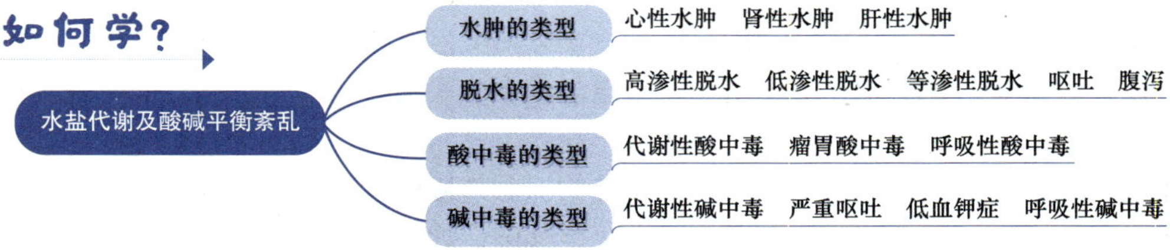

如何考？

本章考点在考试中主要出现在 A1 型题中，每年分值平均 1 分。下列所述考点均需掌握。对于重点内容，希望考生予以特别关注。

考点冲浪

考点 1：水肿的概念和类型★★★

水肿是指等渗性体液在组织间隙（细胞间隙）或体腔中积聚过多的现象。水肿是一种可逆性的病理过程。

根据水肿发生的原因和范围，水肿分为局部性水肿和全身性水肿。局部性水肿有黏膜水肿、皮下水肿等。全身性水肿包括心性水肿、肾性水肿、肝性水肿等。

心性水肿：心功能不全、特别是右心功能不全时，引起的一种全身性水肿，主要表现为四肢、胸腹部皮下水肿，严重时出现胸腔、腹腔积水；而左心功能不全引起肺水肿。

肾性水肿：急性肾功能不全引起的全身性水肿，常见于动物组织结构比较疏松的部位，例如眼睑、面部、腹部皮下、公畜阴囊等处水肿。

肝性水肿：严重肝功能不全、特别是肝硬化时，发生的全身性水肿，同时伴有大量的腹水形成。

注意水中毒：水中毒是指机体摄入水总量超过排出水量，以致水分在体内滞留，引起血浆渗透压下降和循环血量增多的现象，又称为高容量性低钠血症。特点是病畜体液量明显增多，血钠下降。

【例题 1】左心功能不全常引起（E）。

A. 肾水肿　　B. 肝水肿　　C. 脑水肿　　D. 皮肤水肿　　E. 肺水肿

【例题 2】水中毒又称为（C）。

A. 稀释性高钠血症　　　　B. 低容量性高钠血症　　　　C. 高容量性低钠血症

D. 低容量性低钠血症　　E. 高容量性高钠血症

考点 2：脱水的概念和类型★★★

脱水是指各种原因引起的动物细胞外液容量减少的现象。根据脱水后动物血浆渗透压的变化，脱水分为高渗性脱水、低渗性脱水和等渗性脱水 3 种。

高渗性脱水：指动物失水多于失钠，细胞外液容量减少、渗透压升高，又称为低血容量性高钠血症，如高热病畜经皮肤、呼吸蒸发水分过多。

低渗性脱水：指动物失钠多于失水，细胞外液容量减少，渗透压降低，又称为低血容量性低钠血症，如慢性间质性肾炎。

等渗性脱水：指动物体液中的钠和水按血浆中的比例丢失，特点是细胞外液容量减少，渗透压不变，又称为低容量血症。等渗性脱水在动物临床上极为常见，如呕吐、腹泻（丧失大量消化液）以及软组织损伤、大面积烧伤等。

【例题】高渗性脱水的特点是（C）。

A. 细胞外液容量减少，渗透压降低　　B. 细胞外液容量增加，渗透压降低

C. 细胞外液容量减少，渗透压升高　　D. 细胞外液容量增加，渗透压升高

E. 细胞外液容量减少，细胞内液容量增加

考点 3：酸中毒的类型和特点★★

酸中毒是指由于 HCO_3^- 浓度降低或 H_2CO_3 浓度升高所引起的酸碱平衡障碍。酸中毒分为代谢性酸中毒和呼吸性酸中毒两类。

代谢性酸中毒：指以血浆 HCO_3^- 浓度原发性减少为特征的病理过程，在兽医临床上最为常见和重要，主要见于体内固定酸产生过多（如反刍动物瘤胃酸中毒、酮症等）或酸性物质摄入太多（如大量使用水杨酸）、机体内碱性物质丧失过多（如肠液丢失等）或酸性物质排出减少（如急、慢性肾功能不全）等动物原发性疾病的病理过程。

呼吸性酸中毒：指以血浆 H_2CO_3 浓度原发性升高为特征的病理过程，在兽医临床上比较多见，如肺病变、呼吸肌麻痹等。

【例题 1】呼吸性酸中毒的特征是（B）。

A. 血浆 H_2CO_3 浓度原发性减少　　B. 血浆 H_2CO_3 浓度原发性升高

C. 血浆 HCO_3^- 浓度原发性升高　　D. 血浆 HCO_3^- 浓度原发性减少

E. 血浆 HCO_3^- 浓度不变

【例题 2】动物某些原发性疾病导致体内 $NaHCO_3$ 含量降低，主要引起（C）。

A. 代谢性碱中毒　　B. 呼吸性碱中毒　　C. 代谢性酸中毒

D. 呼吸性酸中毒　　E. 呼吸性酸中毒合并代谢性碱中毒

考点 4：碱中毒的类型和特点★★

碱中毒是指由于 HCO_3^- 浓度升高或 H_2CO_3 浓度降低所引起的酸碱平衡障碍。碱中毒分为代谢性碱中毒和呼吸性碱中毒两类。

代谢性碱中毒：指以血浆 HCO_3^- 浓度原发性升高为特征的病理过程，临床上主要见于严重的呕吐、高位肠梗阻、低钾血症等。

呼吸性碱中毒：指以血浆中 H_2CO_3 浓度原发性降低为特征的病理变化，主要见于呼吸

中枢受刺激、环境缺氧（如高原地区）等情况。

酸碱混合型酸碱平衡紊乱：指酸中毒、碱中毒在同一动物个体上交叉发生，如代谢性酸中毒合并代谢性碱中毒（如犬尿毒症又有呕吐）。

【例题】呼吸性碱中毒的特点（E）。

A. 血浆 $NaHCO_3$ 原发性增加

B. 血浆 $NaHCO_3$ 原发性减少

C. 血浆 H_2CO_3 含量原发性增加

D. 血浆 H_2CO_3 含量继发性增加

E. 血浆 H_2CO_3 含量原发性减少

第七章 缺氧

轻装上阵

如何学？

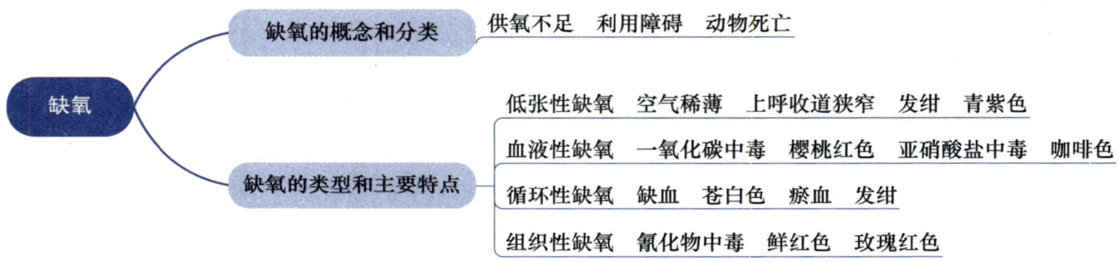

如何考？

本章考点在考试中主要出现在A1型题中，每年分值平均1分。下列所述考点均需掌握。对于重点内容，希望考生予以特别关注。注意各种缺氧时皮肤、黏膜的颜色变化。

考点冲浪

考点1：缺氧的概念和分类★★

缺氧是指当组织细胞供氧不足或利用氧的过程发生障碍时，机体代谢、功能以及形态结构发生异常变化的病理过程。脑是动物机体对氧依赖性最大的器官之一，脑组织的能量主要来源于葡萄糖的有氧氧化，脑对缺氧极为敏感。缺氧是许多疾病中引起动物死亡的直接原因。

根据缺氧的原因和血气变化的特点，缺氧分为低张性缺氧、血液性缺氧、循环性缺氧和组织性缺氧4种类型。

考点2：缺氧的类型和主要特点★★★★★

低张性缺氧：指血氧分压（氧张力）降低引起的组织供氧不足。如高山、高空空气稀薄处，呼吸肌麻痹，上呼吸道阻塞或狭窄，肺部和胸膜疾患。低张性缺氧时，皮肤和黏膜发绀，呈青紫色。

血液性缺氧是指由于血红蛋白含量减少或其性质发生改变，使血液携氧能力降低或血红蛋白结合的氧不易释出，导致组织细胞供氧不足而引起的缺氧。

一氧化碳中毒时，不完全燃烧产生的 CO 与血红蛋白有很高的亲和力，两者极易结合形成碳氧血红蛋白，从而使这部分血红蛋白丧失运氧的能力。动物一氧化碳中毒时，血液中碳氧血红蛋白增多，血液、皮肤、黏膜呈樱桃红色。

亚硝酸盐中毒时，亚硝酸盐可以将血红蛋白转化为高铁血红蛋白，从而使这部分血红蛋白丧失运氧的能力，使皮肤、黏膜呈咖啡色。

循环性缺氧：指因组织器官的血流量减少，使组织细胞供氧不足所引起的缺氧。循环性缺氧有缺血性缺氧和瘀血性缺氧两类。缺血性缺氧时，皮肤、黏膜及器官呈苍白色；瘀血性缺氧时，皮肤、黏膜出现发绀。

组织性缺氧：指由于组织细胞利用氧的过程发生障碍引起的缺氧，如氰化物、砷化物、硫化物、锑化物、汞化物中毒。病畜皮肤、黏膜呈鲜红色或玫瑰红色。

【例题 1】上呼吸道狭窄可以引起（B）。

A. 血液性缺氧　B. 低张性缺氧　C. 缺血性缺氧
D. 瘀血性缺氧　E. 组织性缺氧

【例题 2】动物亚硝酸盐中毒时，末梢血液呈（B）。

A. 浅红色　B. 咖啡色　C. 鲜红色　D. 樱桃红色　E. 玫瑰红色

【例题 3】下列引起血液性缺氧的病因是（E）。

A. 呼吸道狭窄　B. 心力衰竭　C. 氰化物中毒
D. 脉动脉栓塞　E. 一氧化碳中毒

【例题 4】动物一氧化碳中毒时，血液呈（E）。

A. 黑色　B. 咖啡色　C. 紫红色　D. 暗红色　E. 樱桃红色

【例题 5】可以引起组织性缺氧的原因是（B）。

A. 呼吸机能不全　B. 氰化物中毒　C. 贫血
D. 一氧化碳中毒　E. 缺血

【例题 6】对缺氧反应最敏感的器官是（E）。

A. 心脏　B. 肝脏　C. 脾脏　D. 肾脏　E. 大脑

第八章　发热

轻装上阵

如何学？

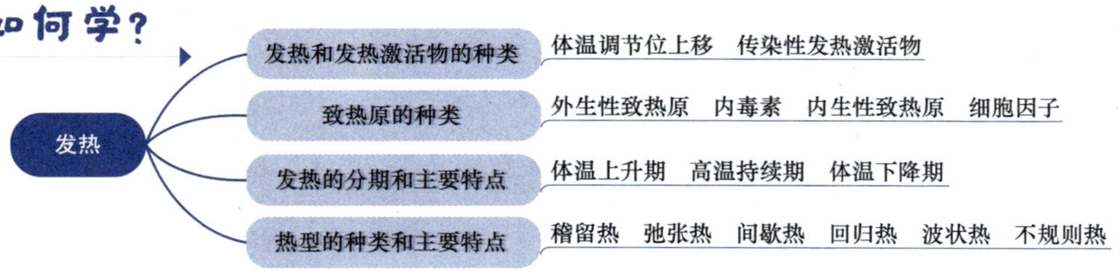

如何考？

本章考点在考试中主要出现在 A1 型题中，每年分值平均 1 分。下列所述考点均需掌握。发热分期和热型是考查最为频繁的内容，希望考生予以特别关注。

考点冲浪

考点 1：发热的概念和发热激活物的种类★★

发热是指恒温动物在内生性致热原的作用下，使体温调节中枢的调定点上移，引起调节性体温升高（高于正常温度 0.5℃）的过程。发热激活物的存在是引起发热的原因。

发热激活物是指能刺激机体产生和释放内生性致热原的物质。根据激活物的来源，发热激活物分为传染性发热激活物和非传染性发热激活物。

传染性发热激活物：革兰氏阴性细菌及其内毒素（活性成分是脂多糖），革兰氏阳性菌及其外毒素（A 群溶血性链球菌产生的致热外毒素），病毒（流感病毒、猪瘟病毒），其他（螺旋体、真菌、原虫）等。

非传染性发热激活物：尿酸盐结晶、硅酸盐结晶引起组织坏死，抗原 - 抗体复合物，恶性淋巴瘤、肉瘤等。

考点 2：致热原的种类★★★

致热原是指引起机体发热的物质有外生性和内生性两类。

外生性致热原有细菌内毒素、外毒素、病毒、原虫、立克次体等产生的致热原。

内生性致热原是由中性粒细胞、单核巨噬细胞和嗜酸性粒细胞所释放的致热原，现已明确的内生性致热原都属于细胞因子，包括白细胞介素 1（IL-1）、白细胞介素 6（IL-6）、干扰素、肿瘤坏死因子、巨噬细胞炎症蛋白 1（MIP-1）等。

【例题】能引起恒温动物体温升高的物质是（B）。

A. 钙离子　　B. 白细胞介素　　C. 精氨酸加压素

D. 脂皮质蛋白　　E. α- 黑素细胞刺激素

考点 3：发热的分期和主要特点★★★

发热过程可以分为 3 个阶段，即体温上升期、高温持续期和体温下降期。

体温上升期：发热的初期。其热代谢的特点是产热大于散热。临床表现为患病动物呈现兴奋不安、食欲减退、脉搏加快、皮温降低、畏寒战栗、被毛竖立等。

高温持续期：热代谢的特点是产热与散热在新的高水平上保持相对平衡。临床表现为患病动物呼吸、脉搏加快，可视黏膜充血、潮红，皮肤温度升高，尿量减少，开始排汗。

体温下降期：热代谢的特点是散热大于产热，体温下降。临床表现为患病动物体表血管舒张，排汗显著增多，尿量增加。

【例题】发热的体温上升期，表现为（D）。

A. 体表血管扩张　　B. 排汗显著增多　　C. 尿量增加

D. 脉搏加快　　E. 皮温升高

考点 4：热型的种类和主要特点★★★

热型是指疾病发生过程中，连续的体温动态变化曲线。

根据温度升高的程度，发热分为低热（超过正常温度 0.5~1℃）、中热（超过正常体温 1~2℃）、高热（超过正常体温 2~3℃）、超高热（超过正常体温 3℃）等。

根据热型曲线，发热可以分为稽留热、弛张热、间歇热、回归热、波状热、不规则热等，在畜禽疾病的诊断和鉴别上具有一定的临床意义。

稽留热：指体温升高一定程度后，高热稳定地持续数天，每天的温差在 1℃以内，常见于马传染性贫血、猪瘟、猪丹毒、流行性感冒。

弛张热：指体温升高后，昼夜温差变动范围较大，超过 1℃以上，常见于化脓性疾病、小叶性肺炎、败血症等。

间歇热：指发热期和无热期比较有规律地相互交替，间歇时间短而且重复出现，常见于慢性马传染性贫血、马锥虫病及马媾疫等。

回归热：指发热期和无热期间隔的时间较长，并且发热期和无热期的出现时间大致相同，多见于慢性马传染性贫血、梨形虫病等。

波状热：指动物体温上升到一定高度，数天后又逐渐下降到正常水平，持续数天后又逐渐升高，如此反复发作，主要见于布鲁氏菌病。

不规则热：指发热曲线无一定规律，见于牛结核病。

【例题 1】患化脓性炎症动物的热型通常为（B）。

A. 稽留热　　B. 弛张热　　C. 间歇热　　D. 回归热　　E. 波状热

【例题 2】牛结核病引起的发热类型是（D）。

A. 稽留热　　B. 弛张热　　C. 回归热　　D. 不规则热　　E. 波状热

【例题 3】持续高热，但昼夜温差超过 1℃以上的热型，称为（A）。

A. 弛张热　　B. 波状热　　C. 稽留热　　D. 间歇热　　E. 回归热

第九章　应激与疾病

轻装上阵

如何学？

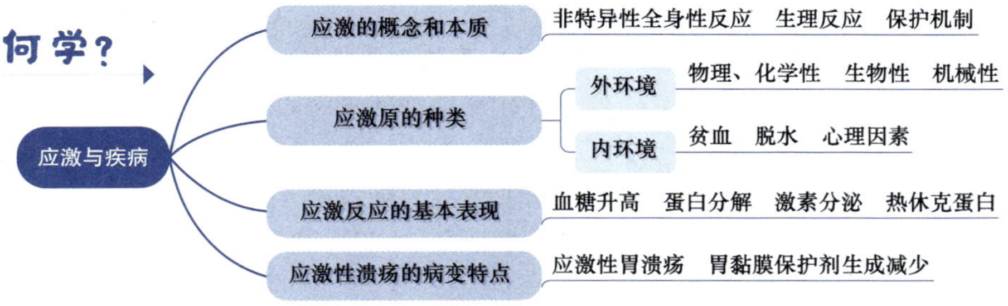

如何考？

本章考点在考试中主要出现在 A1 型题中，每年分值平均 1 分。下列所述考点均需掌握。对于重点内容，希望考生予以特别关注。

考点冲浪

考点 1：应激的概念和本质★★

应激是指在机体受到各种因子强烈刺激时出现的一种非特异性的全身性反应。应激的神经内分泌反应以蓝斑 - 交感 - 肾上腺髓质系统和下丘脑 - 垂体 - 肾上腺皮质系统兴奋为主。

应激在本质上是一种生理反应，目的在于维持正常的生命活动，是机体适应和保护机制的重要组成部分。

考点 2：应激原的种类★★★

应激原包括外环境因素、内环境因素和心理因素。外环境因素包括物理、化学性因素，如过冷、过热、噪声、化学毒物等；生物性因素，如细菌、病毒、真菌等；机械性因素，如骨折、挤压等；拥挤、长途运输、免疫接种、断角、去势、饲料更换等。内环境因素主要指机体稳态失衡，如贫血、失血、脱水、缺氧、休克等。心理因素如警觉、紧张、恐惧和焦虑等。

考点 3：应激反应的基本表现★★★★

动物发生应激反应时，物质代谢总的特点是动员增加，贮存减少，表现为物质代谢率升高，糖原分解加强，血糖升高；大量脂肪动员分解，血中游离脂肪酸和酮体含量升高；体内蛋白质分解加强，呈现负氮平衡。

应激时机体交感神经兴奋，儿茶酚胺分泌增多，出现保护反应，肾上腺素、胰高血糖素、甲状腺素、生长素等分泌增多，胰岛素分泌减少。心跳加快，心收缩力加强，代谢率升高，血液凝固性升高，细胞因子分泌增多，出现急性期蛋白和热休克蛋白。

急性期蛋白是指损伤性应激时，血浆内某些蛋白质发生迅速变化，这些蛋白质均由肝脏合成，称为急性期蛋白。

热休克蛋白（HSP）是指生物机体在热环境下所表现的以基因表达变化为特征的反应，因此合成的蛋白质称为热休克蛋白。热休克蛋白的基本功能是分子伴侣，帮助蛋白质的正确折叠、伸展、聚合和解聚；维持蛋白的自稳；增强机体抵抗力；抗细胞凋亡等。

【例题 1】应激时机体物质代谢改变的特点是（A）。

A. 血糖升高　B. 代谢率下降　C. 血中脂肪酸含量降低
D. 血中酮体含量降低　E. 血中游离氨基酸含量降低

【例题 2】动物应激儿茶酚胺分泌增多时，可以抑制分泌的激素是（B）。

A. 抗利尿激素　B. 胰岛素　C. 生长激素　D. 胰高血糖素　E. 糖皮质激素

【例题 3】在应激原作用下，细胞表达明显增加的蛋白是（B）。

A. 角蛋白　B. 热休克蛋白　C. 纤维蛋白　D. 白蛋白　E. 胶原蛋白

考点 4：应激性溃疡的病变特点★

应激时消化系统的特征性变化是胃黏膜出血、水肿、糜烂和溃疡形成，称为应激性胃溃疡，其主要是由于胃黏膜屏障功能破坏和内源性胃黏膜保护剂前列腺素 E 生成减少的综合作用，保护胃黏膜不受损伤。但是应激时肠黏膜上皮更新减慢，肠道消化吸收功能和屏障作用降低，肠道内的毒素可以透过肠黏膜侵害肠壁，甚至逆流入血，引起肠毒血症。

【例题 1】应激时，动物发生的特征性病变是（D）。

A. 坏死性肝炎　B. 胆囊炎　C. 心肌炎　D. 胃溃疡　E. 脑炎

【例题 2】猪应激性溃疡主要发生部位是（C）。

A. 口腔黏膜　B. 食道黏膜　C. 胃黏膜　D. 小肠黏膜　E. 大肠黏膜

第十章　炎症

轻装上阵

如何学？

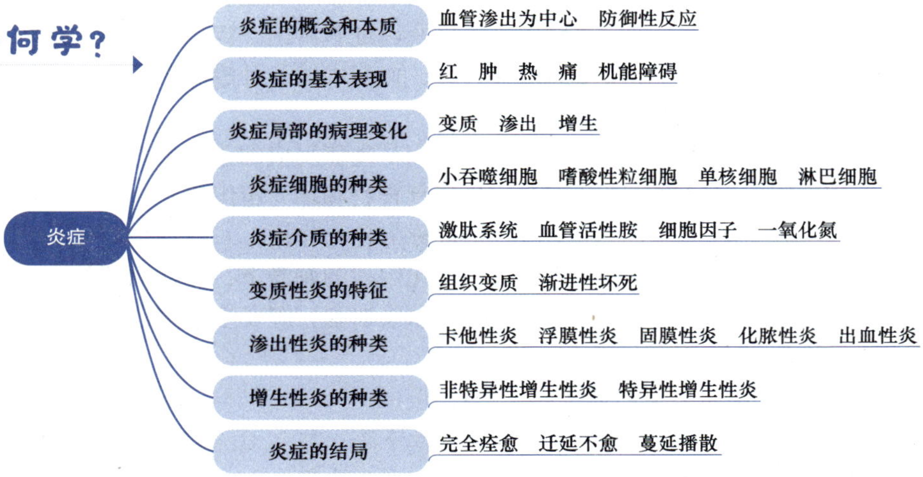

如何考？

本章考点在考试中主要出现在 A1、B1、A2、A3/A4 型题中，每年分值平均 4 分。下列所述考点均需掌握。本章内容是每年考查最为频繁的内容，希望考生予以特别关注，给予重点复习。

考点冲浪

考点 1：炎症的概念和本质★★

炎症是指动物机体对各种致炎因子及局部损伤所产生的以血管渗出为中心的以防御为主的应答性反应。炎症的本质是机体抗损害的防御性反应，是损伤与抗损伤的斗争过程。

考点 2：炎症的基本表现★★

炎症发生时，炎症局部出现红、肿、热、痛和机能障碍等基本表现。

红是由于炎症局部血管扩张，病灶内充血所致。肿主要是由于局部血管扩张充血，炎性渗出物聚积，特别是炎性水肿所致。热是由于局部动脉性充血，血流量增多，血流加快，组织分解代谢增强和产热增强所致。炎症时局部疼痛与多种因素有关，炎症局部分解代谢增强，钾离子、氢离子积聚刺激神经末梢引起疼痛；组织肿胀，张力升高，压迫或牵拉神经末梢引起疼痛及血管活性胺、缓激肽等炎症介质的刺激而引起疼痛。机能障碍是指炎症时局部组织损失或结构改变，实质细胞变性坏死，代谢功能异常。

【例题】红、肿、热、痛和机能障碍是指（C）。

A. 炎症的本质　B. 炎症的基本经过　C. 炎症局部的主要表现
D. 炎症时机体的全身反应　E. 炎症局部的基本病理变化

考点3：炎症局部的病理变化★★

炎症反应的基本过程包括组织细胞变质、血管反应即渗出和局部组织的增生性反应。一般炎症早期以变质和渗出变化为主，后期以增生为主。

变质：指炎症局部组织、细胞发生变性甚至坏死的全过程。变质的组织细胞呈现颗粒变性、脂肪变性、水泡变性等变性病变及组织细胞崩解和坏死变化。

渗出：指炎区局部炎性充血、血浆成分渗出及白细胞游出。渗出的液体和细胞成分，称为炎性渗出物或渗出液。随着血管壁通透性升高，血浆中的各种成分相继渗出，依次为白蛋白、血红蛋白、球蛋白、纤维蛋白原。

渗出是炎症最具特征性的变化。炎性细胞浸润是炎症反应的重要形态学特征，渗出的中性粒细胞和单核细胞可以吞噬和降解细菌、免疫复合物和坏死组织碎片，构成炎症反应的主要防御环节；白细胞边集、附壁并游出血管机理称为趋化作用。

增生：在致炎因子、组织崩解产物或某些理化因素的刺激下，炎症局部的实质细胞、间质细胞、炎性细胞（主要是吞噬细胞、淋巴细胞和浆细胞）等发生增殖，细胞数目增多，在炎症后期占主导地位。

【例题1】与炎性渗出有关的因素是（A）。

A. 血管壁通透性升高　B. 血管壁通透性下降　C. 血浆胶体渗透压升高
D. 组织内晶体渗透压下降　E. 组织内晶体渗透压升高

【例题2】渗出性炎症时，炎灶局部最先渗出的蛋白成分是（B）。

A. 血红蛋白　B. 白蛋白　C. α-球蛋白　D. β-球蛋白　E. γ-球蛋白

考点4：炎症细胞的种类和主要功能★★★★

中性粒细胞：又称为小吞噬细胞，是炎症反应中最活跃的一种细胞。中性粒细胞在炎症早期出现，且数目多，是机体清除和杀灭病原微生物的主要成分，是急性炎症、化脓性炎症及炎症早期最常见的炎细胞，又称为急性炎细胞。

嗜酸性粒细胞：细胞质内含有丰富粗大的强嗜酸性颗粒，在寄生虫引起的炎性病灶内，嗜酸性粒细胞释放物可吸附在虫体表面，其中所含的主要碱性蛋白、阴离子蛋白和过氧化物酶可导致虫体死亡；同时嗜酸性粒细胞具有一定的吞噬能力，对寄生虫有直接杀伤作用。

嗜碱性粒细胞和肥大细胞均存在有 IgE 和 Fc 受体，多见于变态反应性炎，如支气管哮喘、过敏性鼻炎等。

淋巴细胞：免疫系统的基本功能单位，分为 T 淋巴细胞、B 淋巴细胞。在慢性炎症、急性炎症的恢复期及病毒性炎症和迟发性变态反应过程中，淋巴细胞为主要的炎性细胞；肿瘤组织的边缘常见有淋巴细胞。

单核细胞：又称大吞噬细胞，能吞噬大的病原体、组织分解物和异物，常见于急性炎症后期、慢性炎症、某些非化脓性炎症、病毒及寄生虫感染时。单核细胞吞噬、消化含蜡质膜的细菌（如结核分枝杆菌）形成上皮样细胞。单核细胞吞噬较大的异物时，常形成多核巨细胞，见于异物性肉芽肿，结核、鼻疽等感染性肉芽肿中。

【例题 1】脓液中的脓球是指变性坏死的（E）。

A. 浆细胞　B. 淋巴细胞　C. 嗜酸性粒细胞　D. 单核细胞　E. 中性粒细胞

【例题 2】在病毒性脑炎时渗出的炎性细胞主要是（A）。

A. 淋巴细胞　B. 单核细胞　C. 中性粒细胞
D. 嗜酸性粒细胞　E. 嗜碱性粒细胞

【例题 3】寄生虫感染时常出现的炎性细胞是（D）。

A. 中性粒细胞　B. 淋巴细胞　C. 单核细胞
D. 嗜酸性粒细胞　E. 嗜碱性粒细胞

【例题 4】在结核肉芽肿性炎症灶内的特异性细胞成分是（B）。

A. 肥大细胞　B. 多核巨细胞　C. 淋巴细胞　D. 中性粒细胞　E. 嗜酸性粒细胞

考点 5：炎症介质的种类★★★

炎症介质是指在致炎因子的作用下，由局部细胞释放或由体液中产生的、参与或引起炎症反应的化学活性物质。

由体液产生的炎症介质包括激肽系统、补体系统、凝血系统及纤溶系统。

由细胞释放的炎症介质包括血管活性胺、花生四烯酸代谢产物、细胞因子、一氧化氮、白细胞产物和血小板凝血因子等。

血管活性胺主要有组胺和 5- 羟色胺或血清素，是炎症过程中血管反应最常见的活性物质。花生四烯酸代谢产物包括前列腺素和白细胞三烯；细胞因子炎症介质有淋巴因子和单核因子；一氧化氮参与炎症过程时，主要是作用于血管平滑肌，使血管扩张，抑制肥大细胞引起的炎症反应，抑制血小板粘着和聚集，减少微生物复制。5- 羟色胺、前列腺素、缓激肽、白三烯等刺激神经末梢引起疼痛。

【例题 1】一氧化氮参与炎症过程时，主要作用是（D）。

A. 激活肥大细胞　B. 促进微生物增殖　C. 激活血小板粘着和聚集
D. 扩张血管　E. 保护组织细胞免于损伤

【例题 2】引起炎症局部疼痛的炎症介质是（C）。

A. P 物质　B. 组胺　C. 缓激肽　D. 一氧化氮　E. 溶酶体酶

【例题 3】下列由细胞释放的炎症介质是（C）。

A. 激肽系统　B. 补体系统　C. 单核因子　D. 凝血系统　E. 纤溶系统

考点 6：变质性炎的特征★★

变质性炎的主要特征是以组织变质、营养不良或渐进性坏死的变化为主，同时伴有渗出和增生。这种炎症常见于心脏、肝脏、肾脏、脑等实质性器官，如鸡沙门菌病肝脏坏死。

考点7：渗出性炎的种类和病变特点★★★★

渗出性炎以在炎症灶内形成大量渗出液为特征，同时伴有组织细胞变性和坏死，但增生性变化一般较轻。

渗出性炎可以分为浆液性炎、卡他性炎、纤维素性炎、化脓性炎和出血性炎症等类型。

卡他性炎：指发生于动物黏膜的急性渗出性炎症，以在黏膜表面有大量渗出物流出为特征，常伴有黏膜腺分泌亢进。当黏膜发生轻度炎症时，由于分泌增强，浆液和黏液性渗出物从表面大量流出，故称卡他性炎。

纤维素性炎：以渗出物中含有大量纤维蛋白为特征的炎症。纤维素性炎多由于某些微生物的感染而引起，如鸡痘、猪瘟、牛急性卡他热、鸡支气管炎等。纤维素性炎常发生于浆膜（胸膜、腹膜和心包膜）、黏膜和肺等部位。

① 浮膜性炎：指发生在黏膜和浆膜上的炎症，特点是渗出的纤维蛋白凝固而形成一层浅黄色、有弹性的膜状物，被覆于炎灶的表面。由于组织损伤较轻，渗出的纤维蛋白大部分积聚于黏膜和浆膜表面，凝固形成一层易于剥离的薄膜，膜剥离后，其下的黏膜/浆膜结构无损，又称为伪膜性炎，如猪、牛、羊、马的纤维素性肺炎。

② 固膜性炎：又称纤维素性坏死性炎，特征是黏膜发炎时，渗出的纤维蛋白形成一层与深层组织牢固结合的纤维蛋白膜（痂），不易剥落，若强行剥离，则在黏膜面上留下溃疡病灶或出血，如仔猪副伤寒、猪瘟后期肠道上的扣状肿（淋巴滤泡），鸡新城疫肠黏膜上的枣核样溃疡灶等。

发生于心外膜上的纤维素性炎，如牛创伤性网胃心包炎，纤维蛋白被覆盖于心外膜上，由于心脏活动时不停地搏动、摩擦，使心外膜上的纤维蛋白形成无数的绒毛状物，覆盖于心脏的表面，称为“绒毛心”。心包膜发生慢性结核性纤维性炎时，可发展成“盔甲心”。

化脓性炎：以中性粒细胞大量渗出，并伴有不同程度的组织坏死和脓液形成为特征的炎症，是临床上常见的一种炎症，多由葡萄球菌、链球菌、棒状杆菌、大肠杆菌等化脓菌引起。化脓性炎表现为脓性卡他、蓄脓、脓肿、蜂窝织炎几种形式。蜂窝织炎是发生于疏松结缔组织的弥漫性化脓性炎症，多见于皮下或肌间，常由溶血性链球菌引起。

出血性炎：指渗出物中含有大量红细胞的炎症。它大部分与其他类型炎症混合存在，如浆液性出血性炎、纤维素性出血性炎等。

【例题1】卡他性炎发生的部位在（A）。

A. 黏膜　B. 浆膜　C. 肌膜　D. 筋膜　E. 滑膜

【例题2】被称为“绒毛心”的炎症是心外膜的（E）。

A. 化脓性炎　B. 出血性炎　C. 浆液性炎　D. 卡他性炎　E. 纤维素性炎

【例题3】疏松结缔组织内发生的弥漫性化脓性炎称为（B）。

A. 纤维素性炎　B. 蜂窝织炎　C. 浆液性炎　D. 出血性炎　E. 变质性炎

【例题4】纤维素性炎渗出物中的纤维素是指（B）。

A. 纤维组织　B. 纤维蛋白　C. 纤维细胞　D. 纤维蛋白原　E. 纤维蛋白酶

考点8：增生性炎的种类和主要病变特点★★★

增生性炎：指在炎症过程中，组织细胞的增生比较明显，而变质和渗出比较轻微的一类炎症，分为特异性增生性炎和非特异性增生性炎。

特异性增生性炎又称肉芽肿性炎，是由某些病原微生物（鼻疽杆菌、结核分枝杆菌）引起的以特异性肉芽肿组织增生为特征的炎症过程。

特异性增生性炎主要成分是巨噬细胞，可以变成类似上皮样细胞和多核巨细胞，四周围绕纤维组织，并有淋巴细胞和浆细胞浸润。

肉芽肿的组成成分，由内向外依次为干酪样坏死组织、上皮样细胞、多核巨细胞、淋巴细胞、成纤维细胞和胶原纤维。干酪样坏死组织为无结构的粉红色红染区，内含坏死组织细胞和白细胞，还有结核分枝杆菌等。上皮样细胞围绕在干酪样坏死灶周围。多核巨细胞散在于上皮样细胞之间。结核结节中的多核巨细胞又称为郎罕氏巨细胞。在上皮样细胞周围可见大量的淋巴细胞浸润，主要为T淋巴细胞。在结核结节外围常有多少不等的成纤维细胞和胶原纤维分布，尤其在已经钙化的结核病灶外围，纤维结缔组织成分更为明显。

【例题1】结核结节的病变属于（C）。

A. 化脓性炎　　B. 出血性炎　　C. 特异性增生性炎　　D. 非特异性增生性炎　　E. 急性增生性炎

【例题2】结核性肉芽肿病灶内的上皮样细胞来源于（C）。

A. 淋巴细胞　　B. 浆细胞　　C. 巨噬细胞　　D. 中性粒细胞　　E. 嗜酸性粒细胞

考点9：炎症的结局★★★★

炎症的结局主要取决于机体的抵抗力和反应性，致炎因子的性质、刺激强度和作用时间等因素也有一定的影响。炎症的结局分为痊愈、迁延不愈和蔓延播散3种类型。

痊愈：痊愈分完全痊愈和不完全痊愈。在大多数情况下，由于机体抵抗力较强或经过适当的治疗，病原微生物被消灭，炎症灶内坏死组织及渗出物被溶解吸收，通过周围健康细胞的再生修复，最后完全恢复其正常的结构和功能。炎症病灶较大，组织损伤较严重，或渗出物过多不能被完全溶解、吸收，形成肉芽组织，并逐渐变为纤维组织，此过程称为纤维化或机化。

迁延不愈：指由于治疗不及时、不彻底或机体抵抗力低下，致炎因子持续作用，造成局部炎症过程迁延不愈，时好时坏，反复发作，最后转为慢性炎症。

蔓延播散：在机体抵抗力低下，或病原微生物毒力强、数量多的情况下，病原微生物在局部大量繁殖，炎症局部的病原微生物向周围组织蔓延，或经淋巴道、血道向周围组织、器官播散，引起严重后果或死亡。

蔓延播散分为局部蔓延、淋巴道播散和血道播散。

【例题1】动物机体抵抗力较强，且经适当治疗，多数急性炎症局部的结构和功能均可恢复正常，此情形炎症结局最可能是（C）。

A. 局部蔓延　　B. 血道扩散　　C. 完全愈合　　D. 不完全愈合　　E. 淋巴道扩散

【例题2】肺结核时，结核分枝杆菌引起肺部损伤的结局不包括（E）。

A. 机化包围　　B. 不完全修复　　C. 完全修复　　D. 钙化　　E. 空洞形成

第十一章 败血症

轻装上阵

如何学？

- 败血症
  - 败血症的特征和主要病理变化
    - 病原体 毒素
    - 尸僵不全 全身出血 免疫器官炎症 内脏器官肿胀变质
  - 败血症的类型
    - 菌血症 毒血症 虫血症 病毒血症 脓毒败血症

如何考？

本章考点在考试中主要出现在A1型题中，每年分值平均1分。下列所述考点均需掌握。对于重点内容，希望考生予以特别关注。

考点冲浪

考点1：败血症的特征和主要病理变化★★

败血症是指病原体侵入机体后，机体抵抗力降低，不能抑制或清除入侵的病原体，使病原体迅速突破机体的防御机构而进入血液，并在血液内大量繁殖增生和产生毒素，造成机体严重的全身性中毒并产生一系列病理变化的过程。许多病原体都可能引起受感染动物的败血症，败血症也常常是引起动物死亡的一个重要原因。

不同病原微生物引起的败血症病理变化特点相似。各种败血症死后剖检均具有如下共同特点。

尸僵不全：由于死于败血症的动物，在病原微生物和毒素的作用下，尸体易发生变性、自溶和腐败，所以往往呈现尸僵不完全或尸僵不明显。

全身出血：由于在病原微生物和毒素的作用下，全身小血管和毛细血管发生严重的损伤，剖检时可见全身皮肤、浆膜与黏膜上多发性出血点或出血斑。

免疫器官发生急性炎症变化：败血症时全身淋巴结肿大、充血或出血，呈现急性淋巴结炎的病变；脾脏呈现急性脾炎变化。

内脏器官肿胀变质：实质器官外观明显瘀血肿大，实质细胞发生不同程度的颗粒变性、空泡变性、透明变性或脂肪变性等退行性变化，严重者发生点状或片状坏死。

神经内分泌系统水肿变性：败血症时中枢神经系统常无明显的肉眼可见病变，组织病理学观察常见神经细胞发生坏死，出现卫星现象或形成胶质细胞结节。

【例题1】关于败血症对机体的影响，表述错误的是（A）。

A. 心功能无异常　　B. 凝血功能异常　　C. 休克
D. 全身组织出血　　E. 尸僵不全

【例题2】败血症是指（E）。

A. 病畜血液内存在原虫　　B. 病畜血液内存在病原菌　　C. 病畜血液内存在病毒
D. 病畜血液内存在毒素　　E. 病原体侵入血液增殖、产生毒素引起的全身严重病变

考点2：败血症的类型★★

败血症的出现是机体抵抗力不足，病原体攻击力占明显优势的表现，如果治疗不及时，

常因出现败血性休克或重要器官机能衰竭而引起死亡。动物传染性疾病造成死亡的原因多由感染继发的败血症所致。

临床上败血症主要有菌血症、虫血症、病毒血症、毒血症和脓毒败血症。

菌血症：指局部病灶的细菌经血管或淋巴管侵入血流。

病毒血症：指病毒在血液中持续存在的现象。

虫血症：指寄生原虫大量进入血液的现象。

毒血症：病原微生物侵入血液后，未能被及时清除，在血液中繁殖，产生毒素，造成毒血症。

脓毒败血症：指化脓性病原微生物侵入血液后引起的败血症，血液中出现大量的化脓菌及其毒素。

【例题】脓毒败血症的主要特点是（E）。

A. 血液内出现化脓菌　　B. 体表有多发性脓肿

C. 血液中白细胞增多　　D. 病畜不断从鼻孔流出带血脓汁

E. 血液中出现大量的化脓菌及其毒素

第十二章　肿　瘤

轻装上阵

如何学？

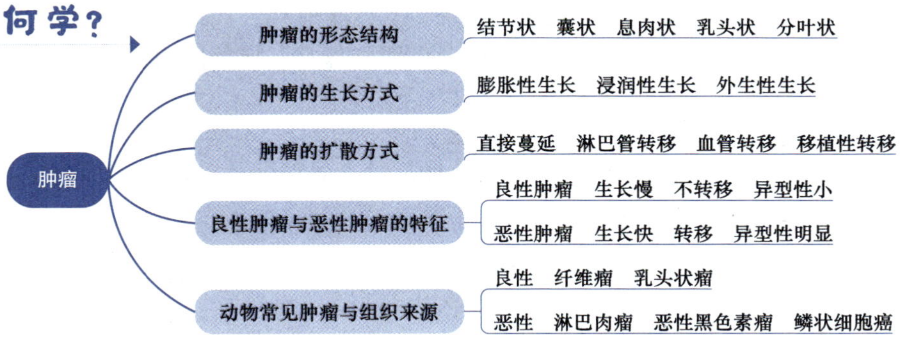

如何考？

本章考点在考试中主要出现在A1型题中，每年分值平均1分。下列所述考点均需掌握。对于重点内容，希望考生予以特别关注。

考点冲浪

考点1：肿瘤的概念和形态结构★★

肿瘤是在各种致瘤因素的作用下，机体局部的正常组织细胞异常分裂增生所形成的新生物。

肿瘤的形态：包括结节状、囊状、息肉状、乳头状、分叶状、肥原状、溃疡状和浸润状等。

肿瘤的大小和生长时间的长短、肿瘤的性状及发生的部位有关，大小极不一致。

考点2：肿瘤的生长方式★★

肿瘤生长方式可以分为膨胀性生长、浸润性生长、外生性生长和内生性生长4种生长方式。膨胀性生长、外生性生长多为良性肿瘤的生长方式；而浸润性生长、内生性生长主要是恶性肿瘤的生长方式。

【例题】良性肿瘤常见的生长方式是（D）。

A. 浸润性生长、外生性生长
B. 弥漫性生长、内生性生长
C. 膨胀性生长、弥漫性生长
D. 外生性生长、膨胀性生长
E. 内生性生长、弥漫性生长

考点3：肿瘤的扩散方式★★

肿瘤的扩散有直接蔓延和转移两种方式。

直接蔓延：呈浸润性生长的恶性肿瘤，由原发部位肿瘤细胞连续蔓延，侵入邻近组织和器官，称为肿瘤的直接蔓延。

转移：肿瘤细胞由原发部位侵入淋巴管、血管和体腔，到身体其他部位继续生长，形成相同肿瘤的过程称为转移。转移是恶性肿瘤的特性之一。

肿瘤的转移途径有淋巴管转移、血管转移和移植性转移。

考点4：良性肿瘤与恶性肿瘤的特征★★★★

良性肿瘤主要呈膨胀性生长，生长速度缓慢，一般没有转移，术后很少复发，细胞分化程度良好，极少出现核分裂象，核染色质接近正常，异型性小，对机体无严重影响。

恶性肿瘤主要呈浸润性生长，生长速度迅速，常发生转移，如纤维肉瘤等，复发情况严重，细胞分化程度较低，出现核分裂象，核染色质明显异常，异型性明显，对机体产生恶性影响。

【例题1】良性肿瘤的特点之一是（B）。

A. 易转移　B. 异型性小　C. 异型性大　D. 生长速度快　E. 常见核分裂象

【例题2】恶性肿瘤的特征之一是（A）。

A. 异型性明显
B. 生长缓慢
C. 异型性弱
D. 膨胀性生长
E. 核分裂象少见或无

【例题3】下列最易发生转移的肿瘤是（D）。

A. 乳头状瘤　B. 腺瘤　C. 平滑肌瘤　D. 纤维肉瘤　E. 血管瘤

考点5：动物常见肿瘤与组织来源★★

肿瘤细胞是从正常细胞转化而来，但具有异常的形态、代谢和功能，当致瘤因素停止作用后，仍然持续增长。来源于上皮组织的恶性肿瘤称为癌。

动物常见的良性肿瘤主要有乳头状瘤、腺瘤、纤维瘤、脂肪瘤，平滑肌瘤；常见的恶性肿瘤主要有淋巴肉瘤、恶性黑色素瘤、白血病、纤维肉瘤、鸡马立克病、鳞状细胞癌和原发性肝癌等。其中，乳头状瘤是由皮肤或黏膜的上皮转化而成，是最常见的表皮良性肿瘤之一。牛乳头状瘤发病率最高，病原为牛乳头状瘤病毒。猫淋巴肉瘤是猫最常见的肿瘤。原发性肝癌主要发生于牛、猪、鸡、鸭，主要由黄曲霉毒素中毒所致。

鳞状细胞癌组织中的癌细胞主要来源于上皮组织，纤维肉瘤主要来源于纤维结缔组织；脂肪肉瘤来源于脂肪组织；白血病来源于造血组织；恶性淋巴肉瘤来源于淋巴组织。

【例题 1】来源于间叶组织的恶性肿瘤称为（A）。

A. 肉瘤　B. 肝癌　C. 腺癌　D. 畸形瘤　E. 恶性混合瘤

【例题 2】复层扁平上皮发生的恶性肿瘤称（D）。

A. 纤维肉瘤　B. 纤维瘤　C. 乳头状瘤　D. 鳞状细胞癌　E. 癌肉瘤

【例题 3】癌原发于（D）。

A. 神经组织　B. 脂肪组织　C. 肌肉组织　D. 上皮组织　E. 结缔组织

【例题 4】鳞状细胞癌组织中的癌细胞来源于（A）。

A. 上皮组织　B. 神经组织　C. 脂肪组织　D. 纤维组织　E. 肌肉组织

第十三章　器官系统病理学

轻装上阵

如何学？

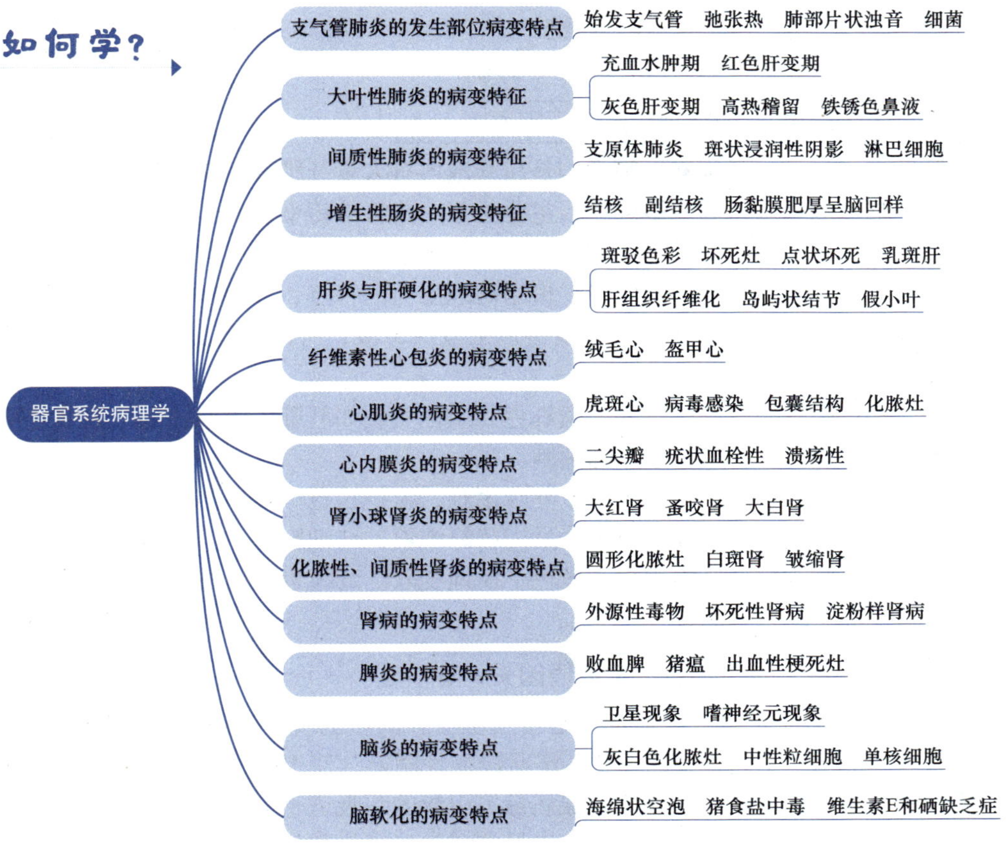

如何考？

本章考点在考试中主要出现在A1、A2、A3/A4型题中，每年分值平均5分。下列所述考点均需掌握。各种组织器官病变特点是每年考查最为频繁的内容，希望考生予以特别关注，给予重点复习。

考点冲浪

考点1：支气管肺炎的发生部位和病变特点★★★

支气管肺炎，又称为小叶性肺炎，是动物肺炎的一种最基本的形式，常发生于幼畜和老龄动物。临床表现为咳嗽、体温升高、弛张热型，肺部听诊有啰音，叩诊呈灶状或片状浊音。发炎的肺小叶灰红色，质地实变，呈岛屿状散在分布。

小叶性肺炎病变始发于支气管或细支气管，然后蔓延到邻近肺泡引起肺炎，每个病灶大致在一个肺小叶范围内。

引起小叶性肺炎的原因主要为病原微生物，如巴氏杆菌、链球菌、坏死杆菌、葡萄球菌、马棒状杆菌等细菌。

【例题1】引起小叶性肺炎的常见原因是（A）。

A. 细菌　B. 病毒　C. 毒物　D. 缺氧　E. 营养缺乏

【例题2】支气管肺炎的始发病灶位于（E）。

A. 肺大叶　B. 肺泡壁　C. 肺小叶间质
D. 肺支气管周围　E. 细支气管或肺小叶

考点2：大叶性肺炎的病变特征和发病原因★★★★

大叶性肺炎，又称为纤维素性肺炎，是指肺泡内有大量纤维素性渗出为特征的一种急性肺炎。大叶性肺炎的病因是病原微生物，主要见于一些特殊传染病的过程中，如牛传染性胸膜肺炎（牛肺疫），牛、绵羊、猪巴氏杆菌病，犊牛副伤寒等疾病。

大叶性肺炎的病理变化有一定阶段。根据病理变化的特点，分为以下四期。

充血水肿期：临床表现为咳嗽，流浅黄色浆液性鼻液；听诊时有肺部干啰音和湿啰音，甚至捻发音。

红色肝变期：眼观病变肺叶肿大，暗红色，质地变硬如肝脏。镜检肺泡壁毛细血管明显充血，肺泡内有大量的网状纤维素和红细胞。

灰色肝变期：临床表现为高热稽留，呼吸困难，流铁锈色鼻液，肺部叩诊时发浊音，听诊时出现支气管呼吸音。肺泡腔内充满大量网状纤维素，红细胞几乎溶解消失。

溶解消散期：眼观病变肺组织呈灰黄色，质地变软。纤维素逐渐被溶解，中性粒细胞大大减少，多呈变性、坏死状态。

考点3：间质性肺炎的病变特征和发病原因★★★

间质性肺炎，又称非典型性肺炎，是指发生在肺间质的炎症过程。临床特点是症状多样，X线检查肺部出现不同程度的片状、斑状浸润性阴影，使用磺胺、青霉素治疗无效。

间质性肺炎是由支原体、衣原体、腺病毒等引起的呼吸道感染综合征，发生的主要原因有病毒感染，如绵羊进行性肺炎、犬瘟热以及流感等病毒性传染病；猪支原体肺炎（猪地方流行性肺炎，以肺腺瘤病变为特征）、猪肺线虫病等。

支原体肺炎由肺炎支原体引起，突出症状为阵发性剧烈咳嗽。病变特点为支气管周围和肺泡间隔明显增宽、充血，水肿及大量的淋巴细胞和单核细胞浸润。

【例题 1】支原体肺炎时，肺间质中浸润的炎性细胞主要是（D）。

A. 中性粒细胞　　B. 嗜酸性粒细胞　　C. 嗜碱性粒细胞
D. 淋巴细胞　　E. 巨噬细胞

【例题 2】以非典型性间质性肺炎病变为特征的肺腺瘤病为（C）。

A. 猪弓形虫性肺炎　　B. 马气喘病肺炎　　C. 猪支原体性肺炎
D. 牛进行性肺炎　　E. 绵羊慢性进行性肺炎

考点 4：纤维素性肠炎、增生性肠炎的病变特点★★

纤维素性肠炎以黏膜有大量纤维素渗出为特征，分为浮膜性肠炎和固膜性肠炎，常见于猪瘟、猪副伤寒、小鹅瘟、鹅坏死杆菌病、牛病毒性腹泻、鸡新城疫等传染性疾病。

增生性肠炎是指肠壁明显增厚的一种炎症，多见于慢性疾病经过，如结核、副结核，常见肠壁肥厚，肠黏膜肥厚呈脑回样，黏膜表面常覆盖黄白色或黄色黏稠物。

【例题】牛副结核病时的肠炎属于（C）。

A. 出血性肠炎　　B. 坏死性肠炎　　C. 增生性肠炎
D. 慢性卡他性肠炎　　E. 纤维素性坏死性肠炎

考点 5：肝炎与肝硬化的病变特点★★★

病毒性肝炎：表现为肝脏肿大、边缘钝圆，切面呈暗红色与土黄色相间斑驳色彩，表面和切面可见大小不一的灰黄色、灰白色坏死灶。

细菌性肝炎：表现为肝脏肿胀，表面和切面散在大小不一的灰白色或灰黄色坏死灶。如禽霍乱呈现坏死灶小点状、散在分布，密集；鸡白痢呈现坏死灶、充血和出血变化；钩端螺旋体病肝脏呈黄绿色。

寄生虫性肝炎：主要由于某些寄生虫在肝脏、胆管内寄生，或虫卵沉积或幼虫移行造成，如鸡组织滴虫病（盲肠肝炎）、猪蛔虫幼虫移行性增生性肝炎（乳斑肝）。由于寄生虫结节或坏死灶钙盐沉着，质地坚硬，形成“砂粒肝”。

肝硬化：指大部分肝细胞被间质结缔组织取代，使肝脏变形、变硬的一种慢性病变。临床表现为肝脏质地坚硬，表面粗糙，常见颗粒状或结节状，肝小叶结构消失，可见许多圆形的岛屿状结节。镜检可见肝组织间质明显增宽，结缔组织明显增多，伴有淋巴细胞和单核细胞浸润。增生的纤维素将肝细胞分割成大小和形状不一的岛屿状，即假小叶。假小叶内肝细胞变性，一般无中央静脉。假小叶边缘有成堆的新生毛细胆管细胞，少见胆管腔。病程长久的病例，肝组织可能全部由结缔组织取代，肝组织不断扩大纤维化，最终导致肝硬化。

【例题 1】肝硬化的后期组织学病变特点是（D）。

A. 肝水肿　　B. 肝窦扩张、瘀血　　C. 肝细胞大量坏死
D. 假小叶生成和纤维化　　E. 胆管上皮呈乳头状增生

【例题 2】肝硬化时，肝脏变硬的主要原因是（E）。

A. 大量假小叶形成　　B. 肝脏出血、水肿　　C. 大量炎性细胞浸润
D. 肝细胞大量坏死消亡　　E. 间质结缔组织大量增生

考点 6：纤维素性心包炎的病变特点★

纤维素性心包炎是以心包腔内大量纤维素渗出为主要病变特征的心包炎。若浆液和纤维素渗出均较多，则称为浆液 - 纤维素性心包炎。病程较久时，纤维素成层不断沉积，或随心脏跳动而摩擦牵引，使沉积在外膜上的纤维素被搅成绒毛状，称为“绒毛心”。慢性经过时，被覆心包壁层和脏层的纤维素发生机化，称为“盔甲心”。

考点 7：心肌炎的病变特点★★★

心肌炎是指由各种原因引起心肌的局部性或弥漫性炎症。一般伴发于某些传染病、中毒性疾病、寄生虫病等全身性疾病过程。心肌炎分为实质性心肌炎、间质性心肌炎和化脓性心肌炎。

实质性心肌炎是指心肌纤维出现变质性变化为主的炎症，间质内可见不同程度的渗出和增生性变化。炎症病变多为局灶状，呈灰黄色或灰白色斑状或条纹，散布于黄红色心肌上，这种病灶在心内膜和心外膜下均可见到。当沿心冠部横切心脏时，可见灰黄色条纹围绕心腔，排列成环层状，形似虎皮的斑纹，称为“虎斑心”，常见于恶性口蹄疫、牛恶性卡他热、马传染性贫血、猪脑心肌炎病毒、犬细小病毒感染。

间质性心肌炎是以心肌间质的渗出性与增生性变化为主、心肌纤维变质性变化相对比较轻微的炎症。间质性心肌炎的主要原因是某些寄生虫感染及变态反应，如肉孢子虫、猪囊尾蚴、猪浆膜丝虫、旋毛虫以及弓形虫等。肉孢子虫在骨骼肌和心肌寄生是一种包囊结构，称为米氏囊。

化脓性心肌炎是由化脓性细菌引起，以大量中性粒细胞渗出和脓液形成为特征的心肌炎症，主要由化脓性细菌感染引起，在心肌内形成大小不等的化脓灶。

【例题 1】仔猪发生口蹄疫时，心脏常常呈现“虎斑心”外观，镜下可见心肌细胞脂肪变性，肌纤维断裂崩解，间质中见有淋巴细胞、巨噬细胞等浸润。此病变为（C）。

A. 化脓性心肌炎　B. 间质性心肌炎　C. 实质性心肌炎
D. 中毒性心肌炎　E. 免疫反应性心肌炎

【例题 2】化脓性心肌炎时，渗出的炎性细胞主要是（B）。

A. 嗜酸性粒细胞　B. 中性粒细胞　C. 淋巴细胞　D. 浆细胞　E. 单核细胞

考点 8：心内膜炎的类型和病变特点★★★

心内膜炎分为疣状血栓性心内膜炎和溃疡性心内膜炎两种。

疣状血栓性心内膜炎是以心瓣膜损伤轻微和形成疣状赘生物为特征的心内膜炎症，又称为单纯性心内膜炎，常伴发于慢性猪丹毒等疾病过程中，是一种自身变态反应的局部表现，其疣状物常见于二尖瓣的心房面以及主动脉半月状瓣。

溃疡性心内膜炎是以心内膜严重损伤并散发多数溃疡为特征的心内膜炎症，又称为败血性心内膜炎，常见于毒力强的细菌性感染，如化脓杆菌、溶血性链球菌、金黄色葡萄球菌等。溃疡性心内膜炎常见于二尖瓣，有时也见于三尖瓣和肺动脉瓣，出现溃疡性缺损。

考点 9：心肌病的类型和病变特点★

心肌病是指一组性质不同的累及心肌的疾病，不是一个独立的疾病实体。心肌病一般分为原发性和继发性两类，主要报道于猫、犬、猪、牛等。心肌病多见于继发性，主要见于各种原因引起的心肌炎、结缔组织疾病、代谢性疾病（如糖原贮积病等）、营养不良性疾病及心脏肿瘤等。心肌病主要有充血（扩张）型心肌病、肥厚型心肌病和限制性心肌病。

考点 10：肾小球肾炎的类型和病变特点★★★★

肾小球肾炎是一组以肾小球损害为主的变态反应性疾病，临床上主要表现为蛋白尿、血尿、管型尿、水肿和高血压。肾小球肾炎是变态反应性炎症，主要机制是抗原抗体免疫复合物在肾小球毛细血管上沉积所引起的变态反应。

急性增生性肾小球肾炎，又称急性链球菌感染后肾炎，表现为肾脏中度肿大，被膜紧张，表面充血，有"大红肾"之称，被膜剥离后，肾表面常见有小点出血，称为"蚤咬肾"。

膜性肾小球肾炎是一种免疫复合物沉积病，称为膜性肾病，病变初期体积增大，颜色苍白，有"大白肾"之称。

【例题 1】原发性肾小球肾炎的发病机制是（E）。

A. 内源性毒物损伤　B. 外源性毒物损伤　C. 应激反应

D. 缺血损伤　E. 变态反应

【例题 2】膜性肾小球肾炎初期的眼观病变呈（A）。

A. 大白肾　B. 大红肾　C. 皱缩肾　D. 白斑肾　E. 蚤咬肾

考点 11：化脓性肾炎和间质性肾炎的病变特点★★★

化脓性肾炎是指肾实质因感染化脓性细菌而发生的化脓性炎症，引起化脓性肾炎的细菌主要有链球菌、葡萄球菌、放线菌、大肠杆菌、化脓性棒状杆菌等。病变特点是肾组织化脓性改变，肾脏表面散布黄豆大小的黄白色、黄色圆形化脓灶。组织病理学检查可见黏膜血管扩张充血，组织水肿，大量中性粒细胞浸润，并可见到细菌团块。

间质性肾炎是指肾间质内呈现以单核细胞浸润和结缔组织增生为特征的原发性非化脓性炎症。主要病变表现为切面皮质部均散在针尖到米粒大小的灰白色或灰黄色病灶，中后期病灶相互融合，形成黄豆大小的灰白色斑块，称为"白斑肾"；后期实质萎缩，纤维结缔组织增生，肾脏体积缩小，表面呈现凹凸不平的颗粒状，称为"皱缩肾"。

【例题 1】犊牛感染化脓性棒状杆菌，剖检见肾脏有明显的化脓灶，组织病理学观察见病灶局部有大量炎性细胞浸润，该疾病炎症病灶中渗出的主要炎性细胞类型是（C）。

A. 单核细胞　B. 淋巴细胞　C. 中性粒细胞　D. 嗜酸性粒细胞　E. 嗜碱性粒细胞

【例题 2】"白斑肾"见于（E）。

A. 急性肾小球肾炎　B. 膜性肾小球肾炎　C. 亚急性肾小球肾炎

D. 化脓性肾炎　E. 间质性肾炎

考点 12：肾病的病因和病变特点★★★

肾病是指肾小管发生变性和坏死而无炎症变化的疾病，由内源性或外源性毒物经血液进入肾脏引起。外源性毒物如氯仿、重金属化合物、有毒植物等用量过大或被误食均可引起肾病；内源性毒物一般伴发于传染病、大面积烧伤、蜂窝织炎等，导致有毒的代谢产物在肾脏蓄积所致。

肾病主要有两种表现形式，即坏死性肾病（急性肾病）和淀粉样肾病（慢性肾病）。坏死性肾病多见于急性传染病和中毒病，表现为肾脏肿大、柔软，呈灰白或灰黄色，切面组织混浊，内有浅黄色与髓放线平行的混浊条纹；淀粉样肾病多见于一些慢性消耗性疾病，表现为肾脏肿大，质地坚硬，色泽灰白，切面呈灰黄色半透明的蜡样或油脂状，继续发展，变成淀粉样皱缩肾。

考点 13：脾炎的类型和病变特点★★★

脾炎是指脾脏的炎症，多伴发于各种传染病，是脾脏最常见的一种疾病。根据病变特征分为急性脾炎、坏死性脾炎、化脓性脾炎和慢性脾炎。

急性脾炎是指伴有脾脏明显肿大的急性炎症，多见于炭疽、急性猪丹毒、急性副伤寒等急性败血性传染病，以及急性血液原虫病，故常称为败血脾。临床表现为脾脏肿大数倍，切开时流出血样液体，严重时犹如血肿样。

坏死性脾炎是指脾脏实质坏死明显而体积不肿大或轻度肿大的急性脾炎，多见于巴氏杆菌、弓形虫病、猪瘟、鸡新城疫和鸡传染性法氏囊病等急性传染病。临床表现为脾脏体积肿大，表面或切面可见针尖大至粟粒大灰白色坏死灶。发生猪瘟时可在脾脏的边缘呈现出血性梗死灶。

【例题 1】非洲猪瘟引起的败血症典型病理变化是（D）。

A. 无溶血　B. 肝脏、肾脏明显瘀血肿大　C. 尸僵完全
D. 脾脏显著肿大　E. 血液凝固不良

【例题 2】发生急性猪丹毒时，脾脏的病变是（A）。

A. 急性脾炎　B. 慢性脾炎　C. 化脓性脾炎　D. 坏死性脾炎　E. 出血性梗死

考点 14：脑炎的类型和病变特点★★★★

根据病变特点，脑炎分为非化脓性脑炎和化脓性脑炎两类。

非化脓性脑炎是指由病毒感染引起的脑组织的炎症过程，又称为病毒性脑炎。临床表现为神经组织的变性坏死、血管反应及胶质细胞增生等变化，多见于病毒性传染病，如猪瘟、非洲猪瘟、猪传染性水疱病、伪狂犬病、乙型脑炎、牛瘟、新城疫等。非化脓性脑炎的病变特征有神经元变质、胶质细胞增生、血管反应（渗出）和包涵体形成。胶质细胞增生以小胶质细胞增生为主，形成卫星现象、嗜神经元现象和胶质小结。脑组织充血和水肿，小血管外形成淋巴细胞（少量巨噬细胞）性管套。

患猪伪狂犬病和马传染性脑脊髓炎（马流行性脑脊髓炎）时，在病变神经元内出现核内嗜酸性包涵体；狂犬病的脑神经元中见细胞质内嗜酸性包涵体，即内氏小体。

化脓性脑炎是指脑组织由于化脓菌感染引起的有大量中性粒细胞渗出，同时伴有局部组织液化性坏死和形成脓汁为特征的炎症过程，化脓性脑炎一般同时出现化脓性脑脊髓炎，引起化脓性脑膜脑脊髓炎。引起化脓性脑炎的主要病原菌有葡萄球菌、链球菌、棒状杆菌、李氏杆菌、大肠杆菌等。

化脓性脑炎主要在局部形成灰黄色、灰白色小化脓灶，也可见小胶质细胞和单核细胞增生；在血管周围中性粒细胞和少量淋巴细胞浸润形成管套。

由李氏杆菌引起的化脓性脑炎的病变特征为脑实质形成细小化脓灶和血管管套。但血管周围主要出现以单核细胞浸润为主的血管管套。

【例题 1】引起猪化脓性脑炎的病因是（A）。

A. 链球菌　B. 猪瘟病毒　C. 食盐中毒
D. 维生素 D 缺乏　E. 维生素 E－硒缺乏

【例题 2】鸡感染了新城疫病毒，临床见有观星姿势，组织病理学观察见有非化脓性脑炎，脑血管周围有大量炎性细胞浸润。该病灶中渗出的主要炎性细胞种类为（A）。

A. 淋巴细胞　　B. 中性粒细胞　　C. 嗜酸性粒细胞
D. 嗜碱性粒细胞　　E. 单核细胞

考点 15：脑软化的病变特点和发病原因★★★

脑软化是指脑组织坏死后，坏死部脑组织分解变软的现象。软化的脑组织在镜下呈现微细空洞如海绵状，甚至形成肉眼可见的空腔和囊肿。

引起脑软化的主要病因有朊病毒感染等生物性因素、猪食盐中毒、马霉玉米中毒等中毒性因素、维生素 B_1 缺乏、维生素 E 和硒缺乏等营养性因素。

常见引起脑软化病变的疾病主要有牛海绵状脑病、羊肠毒血症、马霉玉米中毒、鸡营养不良性脑软化等。牛海绵状脑病、羊痒病等表现为脑组织空泡样变性；马霉玉米中毒表现为脑白质软化灶，呈浅黄色糊状；维生素 E 和硒缺乏引起的脑软化表现为小脑可见绿黄色混浊的软化灶，纹状体的坏死灶呈苍白色。

【例题】维生素 E 或硒缺乏可以引起鸡小脑发生（C）。

A. 非化脓性脑炎　B. 化脓性脑炎　C. 脑软化　D. 脑脊髓炎　E. 脑膜脑炎

考点 16：脑膜炎的病因和病变特点★

脑膜炎是由化脓性链球菌等细菌感染所引起的脑膜和脑组织的化脓性炎症过程，多见于猪。病变特征主要表现为脑脊髓膜出现化脓性炎，可见脑脊髓蛛网膜及软膜血管充血、出血，大量炎性渗出物积聚于蛛网膜下腔，在血管周围形成由中性粒细胞、淋巴细胞和单核细胞组成的管套，神经细胞急性肿胀、空泡变性甚至坏死液化，胶质细胞增生，形成胶质小结，病变也可见于间脑、中脑、小脑和延脑。

考点 17：子宫内膜炎的类型和病变特点★

子宫内膜炎是指子宫黏膜或内膜的炎症，是雌性动物常发的疾病之一，在乳牛中多见。子宫内膜炎多因感染某些病原性细菌所引起，常见的有链球菌、葡萄球菌、化脓性棒状杆菌、大肠杆菌、坏死杆菌及恶性水肿杆菌等。

根据病程和炎性渗出物的性质子宫内膜炎分为急性卡他性子宫内膜炎、纤维素性或纤维素性坏死性子宫内膜炎、化脓性子宫内膜炎和慢性子宫内膜炎。

急性卡他性子宫内膜炎：子宫外形无明显异常，子宫腔内积有数量不等、混浊、黏稠的灰白色或褐红色的渗出物。子宫内膜出血、水肿，有散在出血斑。

纤维素性或纤维素性坏死性子宫内膜炎：子宫内膜表面附着一层膜状的纤维素性渗出物，严重时伴有内膜坏死，形成溃疡灶。

化脓性子宫内膜炎：子宫腔内蓄积大量脓液，子宫体积增大，触摸有波动感。子宫内膜表面粗糙、无光泽，并可见到糜烂或溃疡灶。

慢性子宫内膜炎：子宫内膜结缔组织增生，内膜上皮脱落和上皮化生为鳞状上皮等。病初多呈轻微的急性卡他性子宫内膜炎的变化，以后则以淋巴细胞和浆细胞浸润为主，并有成纤维细胞增生。细胞浸润和成纤维细胞增生以腺管周围最为显著。

第六篇

兽医药理学

第一章　总　论

轻装上阵

如何学？

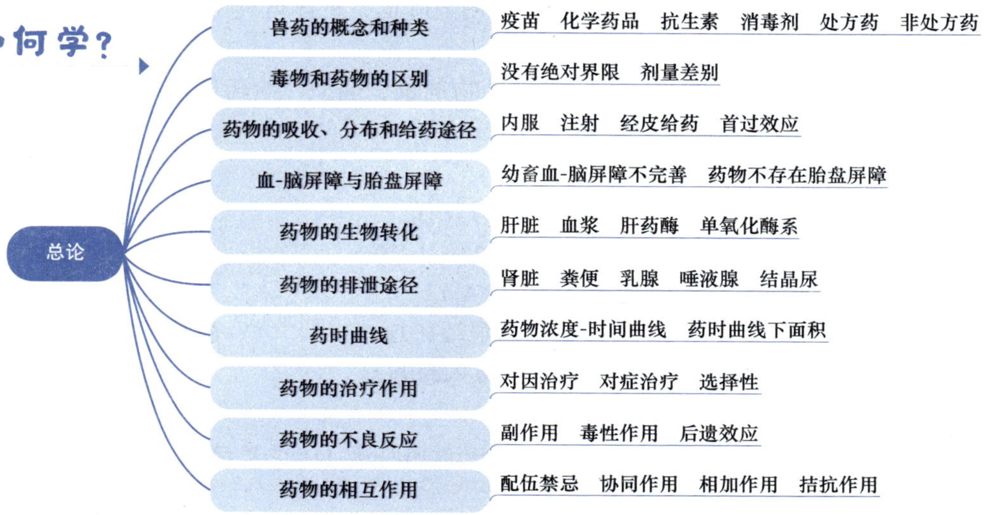

如何考？

本章考点在考试中主要出现在A1型题中，每年分值平均2分。下列所述考点均需掌握。对于重点内容，希望考生予以特别关注。

考点冲浪

考点1：兽药的概念和种类★

兽药是指用于预防、治疗、诊断疾病，或者有目的地调节生理机能的物质。

应用于动物的药物统称为兽药，主要包括血清制品、疫苗、诊断制品、微生态制品、中药材、中成药、化学药品、抗生素、生化药品、放射性药品、外用杀虫剂、消毒剂等。

兽药的使用对象为家畜、家禽、宠物、野生动物、水产动物、蜂和蚕等。

兽药分为处方药和非处方药。处方药是指凭兽医的处方才能购买和使用的兽药；非处方药是指由国务院兽医行政管理部门公布的、不需要凭兽医处方就能自行购买并按说明书使用的兽药。

考点2：毒物与药物的区别★

毒物是指对动物机体产生损害作用的物质。药物超过一定剂量或用法不当，对动物也能产生毒害作用，因此药物与毒物之间并没有绝对的界限，它们的区别仅在于剂量的差别。药物长期使用或剂量过大，也有可能成为毒物。

考点3：药物的吸收、分布和给药途径★★

药物的吸收是指药物从用药部位进入血液循环的过程。除静脉注射药物直接进入血液循环外，其他给药方法均有吸收过程。药物的分布是指药物从血液循环转运到各组织器官的过程。药物在动物体内的分布呈不均匀性，而且经常处于动态平衡。

药物的给药途径主要有内服给药、注射给药、呼吸道给药和经皮给药。不同的给药途径，吸收率由低到高的顺序为经皮给药、内服给药、皮下注射、肌内注射、呼吸道给药、静脉注射。

内服给药存在首过效应。首过效应是指内服药物从胃肠道吸收入门静脉系统，在到达血液循环前必须先通过肝脏，在肝药酶、胃肠道上皮酶等的联合作用下进行首次代谢，使进入全身循环的药量减少的现象，又称为“首过消除”或“首过代谢”。不同药物的首过效应强度不同，强首过效应的药物可使生物利用度明显降低，机体可利用的有效药物量少。因此，若治疗全身性疾病，则不宜内服给药。

在制定动物给药方案时，应充分考虑药物剂量、剂型、给药途径、疗程、给药时间间隔、联合用药等影响药物作用的因素。

【例题 1】吸收是指药物进入（C）。

A. 胃肠道的过程　B. 靶器官的过程　C. 血液循环的过程

D. 细胞内液的过程　E. 细胞外液的过程

【例题 2】药物的首过效应主要发生在（A）。

A. 内服给药后　B. 皮下注射给药后　C. 静脉注射给药后

D. 肌内注射给药后　E. 呼吸道吸入给药后

【例题 3】给药方案不包括（D）。

A. 剂量　B. 给药途径　C. 给药时间间隔　D. 适用动物　E. 疗程

考点 4：血 - 脑屏障与胎盘屏障★

血 - 脑屏障是指由毛细血管壁与神经胶质细胞形成的血浆与脑细胞之间的屏障，以及由脉络丛形成的血浆与脑脊液之间的屏障。这些膜的细胞间连接比较紧密，并比一般的毛细血管壁多一层神经胶质细胞，因此通透性较差，许多分子较大、极性较高的药物不能穿过此屏障进入脑内，与血浆蛋白结合的药物也不能进入。初生动物的血 - 脑屏障发育不全或脑膜炎病畜，血 - 脑屏障的通透性增加，进入脑脊液的药物会大大增多。

胎盘屏障是指胎盘绒毛血流与子宫血窦间的屏障，其通透性与一般毛细血管没有明显差别。大多数母体所用药物均可进入胎儿，故胎盘屏障的提法对药物来说是不准确的。

考点 5：药物的生物转化★★

药物的生物转化，又称为药物代谢，是指药物在动物体内发生的结构变化。

药物的生物转化是药物在体内消除的重要途径，药物经代谢后作用一般活性降低或完全失活。药物在体内进行生物转化的器官主要是肝脏，但血浆、肾脏、肺、脑、胎盘、肠黏膜、肠道微生物、皮肤也能进行部分药物的代谢。

药物在体内的生物转化是在各种酶的催化作用下完成的，参与生物转化的酶主要是肝脏微粒体药物代谢酶系，简称肝药酶。其中最重要的是细胞色素 P-450 混合功能氧化酶系（CYP450），又称为单氧化酶系。这种肝药酶还存在酶的诱导药（如苯巴比妥）和酶的抑制药（如氯霉素）。

考点 6：药物的排泄途径★★

药物的排泄是指药物的原型和 / 或代谢产物，通过排泄器官或分泌器官排出体外的过程。

药物及其代谢物主要经肾脏排泄，其次是通过胆汁随粪便排出，此外，乳腺、肺、唾液腺、汗腺也有少部分药物排泄，如青霉素、链霉素大部分以原型随尿排出，有利于治疗尿路感染。

磺胺类药物代谢产生的乙酰磺胺，由于浓度高，可析出结晶，引起结晶尿或血尿，尤其是犬、猫尿液呈酸性，更易出现，所以可同时使用碳酸氢钠提高尿液的 pH，增加溶解度，防止结晶尿的形成。

【例题】给犬内服磺胺类药物时，同时使用 $NaHCO_3$ 的目的是（D）。

A. 增加抗菌作用　B. 加快药物的吸收　C. 加快药物的代谢

D. 防止结晶尿的形成　E. 防止药物排泄过快

考点 7：药时曲线★

药物在体内的吸收、分布、代谢和排泄是一种连续变化的动态过程。我们常以时间作为横坐标，以血药浓度作为纵坐标绘制的曲线，称为药物浓度 - 时间曲线，简称药时曲线。药时曲线的最高点称为峰浓度，达到峰浓度的时间称为达峰时间，简称峰时。药时曲线下所覆盖的面积称为药时曲线下面积，其大小反映进入血液循环的药量。曲线升段反映药物吸收和分布过程，曲线的峰值反映给药后达到的最高血药浓度；曲线的降段反映药物的消除过程。

【例题】反映药物进入全身循环的速度和程度的药动学参数是（C）。

A. 药时曲线下面积　B. 表观分布容积　C. 生物利用度

D. 峰浓度　E. 达峰时间

【解析】反映药物进入全身循环的速度和程度的药动学参数是生物利用度。药时曲线下面积指药时曲线和横坐标围成的区域，表示一段时间内药物在血浆中的相对累积量。表观分布容积指理论上药物均匀分布应占有的体液容积。峰浓度和达峰时间指血管外给药后药物在血浆中的最高浓度值及其出现时间，分别代表药物吸收的程度和速度。

考点 8：药物的治疗作用★

药物的治疗作用是指药物在防止动物疾病时，产生好的治疗效果，有利于改变患病动物的生理、生化功能或病理过程，使患病动物恢复正常。

治疗作用分为对因治疗和对症治疗。对因治疗是指用药目的在于消除致病因子，彻底治愈疾病，如化疗药杀灭病原微生物以控制感染；对症治疗主要用于改善症状，如解热药用于降低发热动物的体温。

药物作用的选择性是治疗作用的基础，选择性高、针对性强，就能产生很好的治疗效果，很少或没有不良反应；选择性低、针对性不强，则副作用较多。

影响药物作用的主要因素有药物剂量、药物剂型、给药途径、动物种属差异、生理差异、环境因素等。

【例题 1】影响药物作用的主要因素不包括（B）。

A. 种属差异　B. 饲养人员　C. 给药方案　D. 病理因素　E. 环境因素

【例题 2】一般情况下，作用选择性低的药物，在治疗量时对畜禽的（B）。

A. 毒性较小　B. 副作用较多　C. 副作用较少

D. 不良反应较少　E. 过敏反应较剧烈

考点 9：药物的不良反应★★★

药物的不良反应是指与用药目的无关，甚至对机体不利的作用。不良反应分为副作用、毒性作用、变态反应、继发性反应、后遗效应、特异质反应。

副作用：指用治疗量时，药物出现与治疗无关的不适反应。

毒性作用：指用药剂量过大或时间过长，使药物在体内蓄积过多时，引起机体比较严重的功能紊乱，甚至造成组织器官病理变化的一种比较严重的不良反应。其中急性毒性多由药物剂量过大所引起，常表现为心血管、呼吸功能的损害；慢性毒性是在长期蓄积后逐渐产生，多数表现肝脏、肾脏、骨髓的损害；少数药物还能产生特殊毒性，即致癌、致畸、致突变反应，简称“三致”作用。

变态反应：又称过敏反应，是指有特异体质的患病动物使用某种药物后产生的不良反应，如皮疹、过敏性休克等，其本质是药物产生的病理性免疫反应。

继发性反应：药物治疗作用引起的不良效应，又称治疗矛盾。

后遗效应：停药后血药浓度已降至阈值以下时的残留药理效应。

特异质反应：极少数动物应用某些药后产生与药理作用毫不相关的反应，少数特异质患病动物对某些药物特别敏感，导致产生不同的损害性反应。

【例题 1】药物的不良反应不包括（C）。

A. 副作用　B. 毒性作用　C. 拮抗作用　D. 过敏反应　E. 特异质反应

【例题 2】用治疗剂量时，出现与用药目的无关的不适反应是指药物的（A）。

A. 副作用　B. 变态反应　C. 毒性作用　D. 继发性反应　E. 特异质反应

【例题 3】猪长期使用乙酰甲喹后，可以引起肝脏、肾脏的损害，此作用属于（B）。

A. 副作用　B. 毒性作用　C. 过敏反应　D. 二重感染　E. 后遗效应

【例题 4】犬麻醉前使用阿托品时，出现抑制腺体分泌、减轻心脏抑制、抑制胃肠平滑肌的作用，其中抑制胃肠平滑肌的作用属于（A）。

A. 副作用　B. 毒性作用　C. 过敏反应　D. 二重感染　E. 后遗效应

【解析】本题考查药物的不良反应。副作用是指治疗剂量下产生的与治疗无关或危害不大的不良反应。原因是药物选择性低，药理效应广泛，利用其中一个作用作为治疗目的时，其他作用便成了副作用。例如，用阿托品作为麻醉前给药，主要目的是抑制腺体分泌和减轻心脏抑制，同时产生的抑制胃肠平滑肌的作用便成了副作用。

考点 10：药物的相互作用★★

配伍禁忌是指两种以上的药物配伍或混合使用时，出现药物中和、水解、破坏失效等理化反应，结果是产生混浊、沉淀、气体或变色等外观异常的现象。

药动学的相互作用是指对动物同时使用两种以上药物，由于药物效应或作用机理不同，可使总效应发生改变的作用。这种相互作用包括协同作用、相加作用和拮抗作用。

协同作用：指两种药物合用的总效应大于单药效应的代数和，如磺胺嘧啶钠和甲氧苄啶联合用药。

相加作用：指两药合用的总效应等于它们分别单用的代数和。

拮抗作用：指两种药物合用的总效应小于它们单用效应的代数和，如青霉素的抗菌机理是抑制细菌细胞壁的合成，而四环素类（如土霉素）的抗菌机理是干扰细菌蛋白质的合成，使得青霉素不能发挥抑制细胞壁合成的作用，二者相互拮抗。

【例题】猪，3 月龄，患链球菌病并继发肺炎支原体感染，兽医采用肌内注射青霉素钠治疗（每千克体重 3 万 IU），并同时肌内注射盐酸土霉素（每千克体重 15mg）的治疗方案，该联合用药最有可能发生的相互作用是（D）。

A. 配伍禁忌　　B. 协同作用　　C. 相加作用　　D. 拮抗作用　　E. 无关作用

第二章　化学合成抗菌药

轻装上阵

如何学？

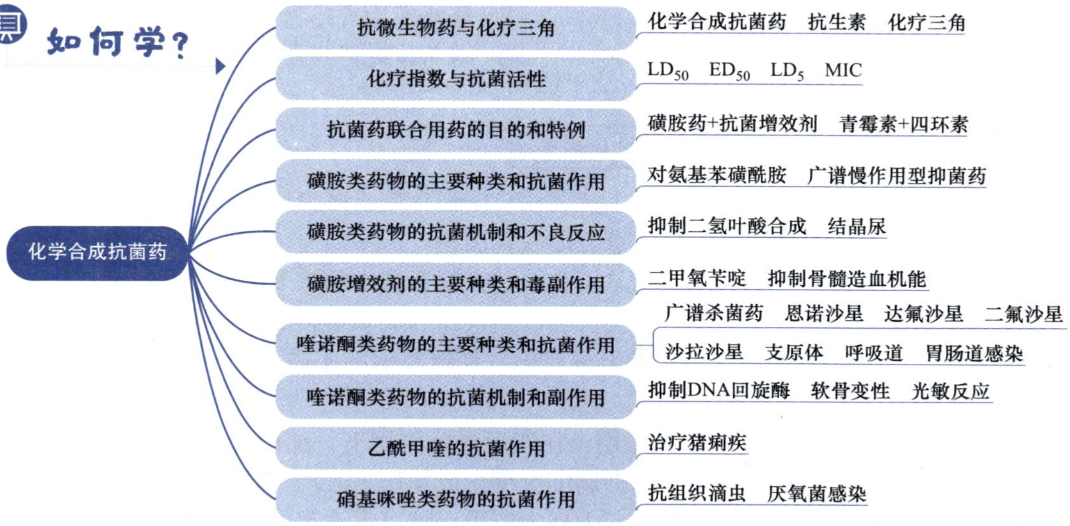

如何考？

本章考点在考试中主要出现在 A1、A2 型题中，每年分值平均 2 分。下列所述考点均需掌握。药物抗菌机制、副作用等重点内容，希望考生予以特别关注。

考点冲浪

考点 1：抗微生物药的概念与化疗三角★

抗微生物药是指对细菌、真菌、支原体和病毒等病原微生物具有选择性抑制或杀灭作用的化学物质，包括化学合成抗菌药和抗生素。

在使用化学治疗药物（化疗药）防治动物疾病的过程中，药物、机体、病原微生物三者之间存在复杂的相互作用关系，称为“化疗三角”，用药时注意处理好这三者之间的关系。

考点 2：化疗指数与抗菌活性的概念★★

化疗指数：指动物的半数致死量（LD_{50}）与治疗感染动物的半数有效量（ED_{50}）的比值；或动物的 5% 致死量（LD_5）与治疗感染动物的 95% 有效量（ED_{95}）的比值。一般认为抗菌药的化疗指数大于 3 才有实际应用价值，如青霉素的化疗指数高达 1000 以上。

抗菌活性：指抗菌药抑制或杀灭病原微生物的能力，可用体外抑菌试验和体内试验治疗方法测定。体外测定抗菌活性或病原菌敏感性的方法主要有试管二倍稀释法和纸片法。

最小抑菌浓度（MIC）：指能够抑制培养基内细菌生长的最低浓度。

抗菌药后效应（PAE）：指细菌与抗菌药接触后，当抗菌药完全除去，细菌的生长受到持续抑制的效应。

耐药性：是指病原体在长期多次接触药物后，产生了结构、生理及生化功能的改变，对药物的敏感性下降或消失的现象。

【例题 1】化疗指数是指（D）。

A. LD_{95}/ED_{50}　B. LD_{10}/ED_{90}　C. LD_{95}/ED_{5}　D. LD_{50}/ED_{50}　E. LD_{50}/ED_{95}

【例题 2】因连续用药而产生的耐药性是指（A）。

A. 病原体对药物的敏感性降低　B. 患病畜禽对药物的敏感性降低

C. 病原体对药物产生了依赖性　D. 病原体对药物的敏感性提高

E. 患病畜禽对药物的敏感性提高

考点 3：抗菌药联合用药的目的和特例★★★

抗菌药联合应用的目的主要在于扩大抗菌谱，增强疗效，减少用量，降低或避免毒副作用，减少或延缓耐药菌株的产生。应注意合理联合用药。

细菌性的脑部感染首选磺胺嘧啶，是因为该药在脑脊液中的浓度高。

磺胺药与抗菌增效剂联合应用，使细菌的叶酸代谢形成双重阻断，抗菌作用增强。青霉素和链霉素合用，青霉素使细菌细胞壁合成受阻，使链霉素易于进入细菌细胞内发挥作用，同时扩大抗菌谱。

青霉素与四环素合用会出现拮抗作用，在四环素的作用下，细菌蛋白质合成迅速抑制，细菌停止生长繁殖，青霉素便不能发挥抑制细胞壁合成作用，表现拮抗作用。氨基糖苷类之间合用，能增加对第八对脑神经的毒性；大环内酯类、林可霉素类的作用机理相似，均竞争细菌同一靶位，可能出现拮抗作用。

考点 4：磺胺类药物的主要种类和抗菌作用★★

磺胺类药物具有其独特的优点：抗菌谱广，性质稳定，使用方便，价格低廉，我国能大量生产等。磺胺类药物与抗菌增效剂联合使用后，抗菌作用大大加强，疗效显著提高。

磺胺类药物的基本化学结构是对氨基苯磺酰胺。其中，肠道难吸收的磺胺药主要有磺胺脒（SG）、酞磺胺噻唑（酞酰磺胺噻唑，PST）、琥珀酰磺胺噻唑（琥磺胺噻唑、琥磺噻唑，SST）；外用磺胺药主要有醋酸磺胺米隆（甲磺灭脓，SML）、磺胺嘧啶银（烧伤宁，SD-Ag）。

磺胺类药物属广谱慢作用型抑菌药，对多数革兰氏阳性菌和部分革兰氏阴性菌有效，对衣原体和某些原虫也有效。对磺胺类高度敏感的病原菌有链球菌、肺炎球菌、沙门菌和化脓棒状杆菌等。一般分子较大、极性较高、与血浆蛋白结合的药物不能通过血-脑屏障。进入血液的磺胺药大部分与血浆蛋白结合，而磺胺嘧啶的血浆蛋白结合率最低，所以易于通过血-脑屏障进入脑脊液，其脑脊液浓度可以达到血药浓度的50%~80%。

【例题】治疗犬脑部细菌感染应该首选（D）。

A. 新霉素内服　B. 庆大霉素内服　C. 磺胺氯丙嗪内服

D. 磺胺嘧啶内服　E. 磺胺二甲嘧啶内服

考点 5：磺胺类药物的抗菌机制和不良反应★★★

抗菌机制：磺胺类药物的化学结构与对氨基苯甲酸的结构相似，能与对氨基苯甲酸竞争二氢叶酸合成酶，抑制二氢叶酸的合成，使核酸合成受阻，细菌生长繁殖被阻止。

不良反应：磺胺类药物长期或大量使用，易损害肾脏，主要表现为结晶尿、血尿和蛋白尿，忌与酸性药物配伍，如维生素 C。用药期间应提供充足饮水，宜与等量的碳酸氢钠同服。磺胺药可以引起肠道菌群失调；蛋鸡产蛋期禁用。

【例题】犬，2 月龄，为预防外科手术后的细菌感染，兽医在犬日粮中添加磺胺二甲嘧啶（500mg/kg）10d，根据药物使用剂量、时间，最有可能发生的不良反应是（B）。

A. 耳毒性　　B. 结晶尿　　C. 致突变　　D. 免疫抑制　　E. 软骨变性

考点 6：磺胺增效剂的主要种类、抗菌机理和毒副作用★★★

抗菌增效剂是指能增强磺胺药和多种抗生素抗菌活性的一类药物，是人工合成的二氨基嘧啶类。常用品种有甲氧苄啶和二甲氧苄啶，后者为动物专用品种。临床上二甲氧苄啶常以 1∶5 的比例与磺胺喹噁啉（SQ）等合用，主要用于防治禽、兔球虫病及肠道感染。

抗菌机理：抑制二氢叶酸还原酶，使二氢叶酸不能还原成四氢叶酸，阻碍敏感菌叶酸代谢和利用，从而妨碍菌体核酸的合成。

毒副作用：易产生耐药性，不宜单独应用；大剂量长期应用会抑制骨髓的造血机能。

考点 7：喹诺酮类药物的主要种类和抗菌作用★★★★

喹诺酮类药物是人工合成的具有 4- 喹诺酮环结构的药物，因其 6 位被氟取代，又称为氟喹诺酮类。它的抗菌谱广，杀菌作用强，抗菌作用机理独特，使用方便，不良反应小。

喹诺酮类药物为广谱杀菌性抗菌药，对革兰氏阳性菌、革兰氏阴性菌、支原体及某些厌氧菌均有效。

我国批准在兽医临床应用的有诺氟沙星、环丙沙星，以及 6 种动物专用的氟喹诺酮类药物，即恩诺沙星、达氟沙星、二氟沙星、沙拉沙星、马波沙星和氟甲喹。

诺氟沙星：适用于治疗敏感细菌及支原体所致各种感染性疾病，如禽大肠杆菌病、禽霍乱、鸡白痢，以及仔猪黄痢、白痢。因生物利用度较低，适用于胃肠道疾病的治疗。

环丙沙星：适用于敏感细菌及支原体所致的各种感染性疾病。主要用于治疗鸡大肠杆菌病，传染性鼻炎、禽霍乱、禽伤寒、败血支原体病、葡萄球菌病，以及仔猪黄痢、白痢等。

恩诺沙星：对支原体有特效，对耐泰乐菌素或泰妙菌素的支原体也有效。主要用于治疗支原体病、巴氏杆菌病、大肠杆菌病、沙门菌病、链球菌病、犬的外耳炎和化脓性皮炎等。

达氟沙星：适用于敏感细菌及支原体所致各种呼吸道感染性疾病，如巴氏杆菌、支原体病；猪传染性胸膜肺炎、气喘病；禽败血支原体病、大肠杆菌病、禽霍乱等。

马波沙星：主要应用于犬、猫的急性上呼吸道感染、尿道感染、皮肤感染及母猪产后乳腺炎 - 子宫炎 - 无乳综合征。

考点 8：喹诺酮类药物的抗菌机制和副作用★★★

抗菌机制：喹诺酮类药物的抗菌作用机制是抑制细菌的 DNA 回旋酶，干扰 DNA 复制，产生杀菌作用。

不良反应：使幼龄动物软骨发生变性，引起跛行及疼痛；皮肤反应有红斑、瘙痒、荨麻疹及光敏反应等。

【例题】犬，2 月龄，患细菌性腹泻，兽医在犬日粮中添加恩诺沙星（200mg/kg）10d，根据药物的使用剂量、时间，最有可能发生的不良反应是（E）。

A. 耳毒性　B. 结晶尿　C. 致突变　D. 免疫抑制　E. 软骨变性

考点9：乙酰甲喹与硝基咪唑类药物的抗菌作用和应用★★★

乙酰甲喹（痢菌净）：抗菌机理为抑制细菌核糖核酸的合成；主要用于猪密螺旋体性痢疾的治疗，不能用作促生长剂。

硝基咪唑类：指一类具有抗原虫和抗菌活性的药物，同时具有很强的抗厌氧菌作用。在兽医临床上常用的有甲硝唑、地美硝唑。我国规定不能用作食品动物的促生长剂。

甲硝唑（灭滴灵）：具有抗滴虫和阿米巴原虫的作用，对革兰氏阳性和阴性厌氧菌作用强，主要用于治疗牛、鸽毛滴虫病、禽组织滴虫病等；还可用于治疗厌氧菌感染。

地美硝唑（二甲硝唑）：主要用于治疗禽组织滴虫病、猪密螺旋体性痢疾和厌氧菌感染。

【例题1】甲硝唑适用于治疗（C）。

A. 鸡球虫病　B. 皮肤真菌病　C. 厌氧菌感染
D. 猪支原体性肺炎　E. 猪放线杆菌性胸膜肺炎

【例题2】在我国，目前可以用作猪促生长剂的药物是（D）。

A. 雌二醇　B. 沙丁胺醇　C. 碘化酪蛋白　D. 喹乙醇　E. 地西泮

第三章　抗生素与抗真菌药

轻装上阵

如何学？

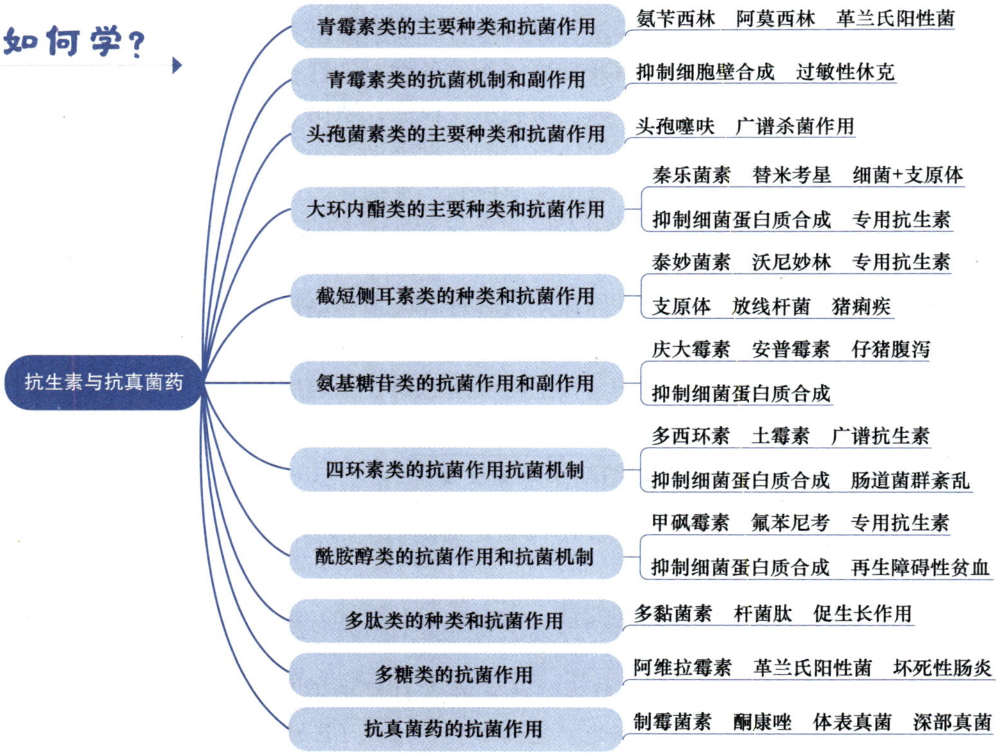

如何考？

本章考点在考试中主要出现在A1、A2、B1型题中，每年分值平均3分。下列所述考点均需掌握。各种抗生素的抗菌作用、抗菌机理和副作用是考查最为频繁的内容，希望考生予以特别关注。

考点冲浪

考点1：青霉素类的主要种类和抗菌作用★★

青霉素类主要包括青霉素、普鲁卡因青霉素、苄星青霉素、氨苄西林、阿莫西林、苯唑西林和氯唑西林等。

青霉素类属窄谱的杀菌性抗生素，抗菌作用很强，对革兰氏阳性和阴性球菌、革兰氏阳性杆菌、放线菌和螺旋体等高度敏感，常作为首选药使用。

考点2：青霉素类的抗菌机制和副作用★★★

抗菌机制：青霉素能与细菌细胞膜上的青霉素结合蛋白结合，引起转肽酶、羧肽酶、内肽酶活性丢失，导致敏感菌肽聚糖的交叉联结受阻，抑制细菌细胞壁合成，造成细胞壁缺损，从而使细菌死亡。

青霉素与链霉素合用，表现为抗菌协同作用；与红霉素、四环素类和酰胺醇类合用，表现为拮抗作用。

不良反应：主要是引起过敏反应，严重时表现为过敏性休克。过敏性休克可选用肾上腺素和糖皮质激素类药物治疗。

【例题】青霉素类抗生素的抗菌作用机理是抑制细菌（C）。

A. 叶酸的合成　B. 蛋白质合成　C. 细胞壁的合成
D. 细胞膜的合成　E. DNA回旋酶的合成

考点3：头孢菌素类的主要种类和抗菌作用★★★

头孢菌素类，又称为先锋霉素类，是一类广谱的半合成抗生素，主要包括头孢氨苄（先锋霉素Ⅳ）、头孢西丁、头孢噻呋、头孢喹肟等。

头孢噻呋：属于第三代头孢菌素，具有广谱杀菌作用，对革兰氏阳性菌、革兰氏阴性菌均有效，敏感菌主要有多杀性巴氏杆菌、溶血性巴氏杆菌、胸膜肺炎放线杆菌、大肠杆菌、链球菌和葡萄球菌等。对链球菌的活性比喹诺酮类强。副作用是在牛可引起特征性的脱毛和瘙痒。

头孢喹肟：属于第四代头孢菌素，具有广谱杀菌作用，对部分革兰氏阳性菌、革兰氏阴性菌的抗菌活性较强，主要用于治疗敏感菌引起的牛、猪呼吸系统感染及奶牛乳腺炎，如牛、猪支气管肺炎，猪放线菌性胸膜肺炎、渗出性皮炎等。

【例题1】头孢噻呋适用于治疗（E）。

A. 鸡球虫病　B. 皮肤真菌病　C. 厌氧菌感染
D. 猪支原体性肺炎　E. 猪放线杆菌性胸膜肺炎

【例题2】能引起牛特征性脱毛和瘙痒等不良反应的药物是（B）。

A. 林可霉素　B. 头孢噻呋　C. 庆大霉素　D. 甲砜霉素　E. 金霉素

考点4：大环内酯类的主要种类、抗菌机制和抗菌作用★★★

大环内酯类抗生素的抗菌谱基本相似，主要有红霉素、泰乐菌素、替米考星、泰万菌素、泰拉霉素等，对多数革兰氏阳性菌、革兰氏阴性球菌、厌氧菌及军团菌、支原体、衣原体有良好作用。

红霉素：主要用于耐青霉素金黄色葡萄球菌所致的严重感染和对青霉素过敏的病例，对禽慢性呼吸道病（败血支原体病）有较好的疗效。

泰乐菌素：为畜禽专用抗生素，主要用于防治鸡、火鸡和猪的支原体感染，牛的莫拉菌感染，猪的弧菌性痢疾、传染性胸膜肺炎，以及犬的结肠炎。不良反应为牛静脉注射可引起震颤、呼吸困难和精神沉郁等；马属动物注射本品可致死。蛋鸡产蛋期和泌乳奶牛禁用；禁用于马属动物。

替米考星：为畜禽专用抗生素，主要对革兰氏阳性菌、少数革兰氏阴性菌和支原体等有抑制作用，对胸膜肺炎放线菌、巴氏杆菌、金黄色葡萄球菌和畜禽支原体，具有比泰乐菌素更强的抗菌活性。

抗菌机制：大环内酯类药物与细菌核糖体的50S亚单位可逆性结合，阻断转肽作用和mRNA移位，抑制细菌蛋白质合成。

【例题1】泰乐菌素抗菌的作用机理是抑制细菌（B）。

A. 叶酸的合成　　B. 蛋白质的合成　　C. 细胞壁的合成

D. 细胞膜的合成　　E. DNA回旋酶的合成

【例题2】对替米考星不敏感的病原微生物是（C）。

A. 支原体　　B. 巴氏杆菌　　C. 大肠杆菌

D. 金黄色葡萄球菌　　E. 胸膜肺炎放线杆菌

【例题3】不属于畜禽专用的抗生素是（B）。

A. 泰拉霉素　　B. 多西环素　　C. 泰乐菌素　　D. 替米考星　　E. 沃尼妙林

【解析】本题考查大环内酯类抗生素的种类。畜禽专用的大环内酯类抗生素主要有泰乐菌素、泰万菌素、泰拉霉素、替米考星。沃尼妙林为截短侧耳素类畜禽专用抗生素。不属于畜禽专用的抗生素是多西环素。

考点5：截短侧耳素类的主要种类和抗菌作用★★★

泰妙菌素：抗菌谱与大环内酯类抗生素相似，主要抗革兰氏阳性菌，对金黄色葡萄球菌、链球菌、支原体、猪胸膜肺炎放线杆菌、猪密螺旋体性痢疾等有较强的抑制作用，对支原体的作用强于大环内酯类。

沃尼妙林：为新一代截短侧耳素半合成抗生素，是泰妙菌素的同类药物，是动物专用抗生素，主要用于治疗由猪肺炎支原体引起的猪地方性肺炎、猪痢疾密螺旋体引起的猪痢疾、猪胸膜肺炎放线杆菌引起的传染性胸膜肺炎、细胞内劳森菌引起的猪增生性肠炎。

【例题1】鸡，6周龄，咳嗽，流浆液性鼻液，眼睑肿胀，频频摇头甩头。剖检见气囊混浊变厚，有干酪样渗出物，渗出物接种马丁琼脂固体培养基，长出“荷包蛋”状菌落，治疗本病应选用的药物是（A）。

A. 泰妙菌素　　B. 青霉素　　C. 阿莫西林　　D. 乙酰甲喹　　E. 磺胺喹噁啉

【解析】本题考查截短侧耳素类药物的抗菌作用。根据鸡“咳嗽，流浆液性鼻液，眼睑肿胀，频频摇头甩头。剖检见气囊混浊变厚，有干酪样渗出物”等临床病变特征和“渗出物接种马丁琼脂固体培养基，长出‘荷包蛋’状菌落”等病原特征，可以判定为鸡败血支原体感染。治疗本病应选用抗支原体药物泰妙菌素。

【例题 2】8 月龄母猪因怀疑患细菌性肺炎，用青霉素、链霉素肌内注射治疗 3d，疗效欠佳，经实验室诊断为支原体肺炎混合感染胸膜肺炎放线杆菌，应改用的治疗药物是（C）。

A. 新霉素　B. 头孢噻呋　C. 泰妙菌素　D. 氟苯尼考　E. 地美硝唑

考点 6：氨基糖苷类的抗菌作用、抗菌机制和副作用★★

氨基糖苷类主要有链霉素、庆大霉素、卡那霉素、新霉素、大观霉素及安普霉素等，性质稳定，在碱性环境中抗菌作用增强；内服吸收很少，几乎完全从粪便中排出，可作为肠道感染治疗药。

链霉素：主要用于防治敏感菌所致的急性感染，如大肠杆菌引起的各种腹泻、乳腺炎、子宫炎、败血症等；巴氏杆菌引起的牛出血性败血症、犊牛肺炎、猪肺疫和禽霍乱等。

庆大霉素：对革兰氏阴性菌和阳性菌均有作用，特别是对肠道菌及绿脓杆菌有高效；在阳性菌中，对耐药金黄色葡萄球菌的作用最强，主要用于防治敏感菌引起的呼吸道、肠道、泌尿生殖道感染和败血症等。

大观霉素：用于防治大肠杆菌病、禽霍乱、禽沙门菌病。常与林可霉素联合用于防治仔猪腹泻、猪的支原体性肺炎和鸡毒支原体病。

安普霉素：主要用于防治幼龄畜禽的大肠杆菌、沙门菌感染，对猪密螺旋体性痢疾、畜禽支原体病有效。猫较敏感，易产生神经毒性。

抗菌机制：氨基糖苷类药物的作用机制为抑制细菌蛋白质合成，对静止期细菌的杀灭作用较强，为静止期细菌杀菌剂。

副作用：链霉素常引起前庭神经损害，具有耳毒性；与头孢菌素、红霉素合用，增强本品的耳毒性；对肾脏有较严重的损害作用。

【例题】与大观霉素合用能产生协同作用的药物是（A）。

A. 林可霉素　B. 头孢噻呋　C. 庆大霉素　D. 甲砜霉素　E. 金霉素

考点 7：四环素类的抗菌作用和抗菌机制★★

四环素类为广谱抗生素，兽医临床上常用的有四环素、土霉素、金霉素和多西环素，主要用于治疗某些革兰氏阳性和阴性菌、支原体、立克次体、螺旋体、衣原体等所致的感染。也可用于治疗猪附红细胞体病。

按抗菌活性的大小排列，顺序为多西环素、金霉素、四环素、土霉素。

抗菌机制：四环素类药物抗菌作用机理是本类药物与细菌核蛋白体 30S 亚单位氨酰基的 A 位结合，妨碍氨酰基 -tRNA 连接，抑制细菌蛋白质的合成。

不良反应：成年草食动物长期内服或剂量过大，易引起肠道菌群紊乱，形成二重感染。

【例题 1】四环素类药物的抗菌作用机制是抑制（B）。

A. 细菌叶酸的合成　B. 细菌蛋白质的合成　C. 细菌细胞壁的合成
D. 细菌细胞膜的通透性　E. 细菌 DNA 回旋酶的合成

【例题 2】能抑制细菌、螺旋体、支原体和衣原体的抗菌药物是（A）。

A. 土霉素　B. 庆大霉素　C. 沃尼妙林　D. 头孢噻呋　E. 乙酰甲喹

考点 8：氯霉素类的抗菌作用和抗菌机制★★★

酰胺醇类又称氯霉素类，包括氯霉素、氟苯尼考及甲砜霉素。其中氟苯尼考（氟甲砜霉素）属动物专用的抗生素，主要用于防治牛、鸡、猪、鱼类的细菌性疾病，如牛的呼吸道感染、乳腺炎；猪传染性胸膜肺炎、巴氏杆菌病、仔猪黄痢、仔猪白痢、鸡大肠杆菌病、禽霍乱等。

抗菌机制：氯霉素类药物与细菌 70S 核蛋白体的 50S 亚基上的 A 位点结合，阻碍了肽酰基转移酶的转肽反应，抑制细菌蛋白质的合成。

不良反应：氯霉素可能影响动物造血机能，主要表现为可逆性的血细胞减少和不可逆的再生障碍性贫血。目前世界上大部分国家均禁止氯霉素用于所有食品动物。而氟苯尼考及甲砜霉素不会引起再生障碍性贫血，但有胚胎毒性，妊娠动物禁用。

【例题】酰胺醇类抗生素的抗菌作用机理是抑制细菌（C）。

A. 叶酸的合成　　B. 核酸的合成　　C. 蛋白质的合成
D. 细胞壁的合成　　E. DNA 回旋酶的合成

考点 9：多肽类的种类和抗菌作用★★

多肽类抗生素包括多黏菌素类、杆菌肽类。

多黏菌素类抗生素为窄谱杀菌剂，对革兰氏阴性杆菌的抗菌活性强。它有 A、B、C、D、E 五种，兽医临床上应用的主要有多黏菌素 B 和多黏菌素 E，主要用于治疗畜禽的大肠杆菌性腹泻和对其他药物耐药的细菌性腹泻；外用于烧伤和外伤引起的绿脓杆菌局部感染。

杆菌肽：临床上应用于革兰氏阳性菌所致的皮肤、伤口感染，眼部感染和乳腺炎等；常用作牛、猪、禽的促生长作用，提高饲料转化率。

【例题】多黏菌素的抗菌谱主要是（C）。

A. 革兰氏阳性菌和阴性菌　　B. 革兰氏阳性菌　　C. 革兰氏阴性菌
D. 支原体　　E. 衣原体

考点 10：多糖类的抗菌作用★

兽医临床上应用的多糖类抗生素主要品种是阿维拉霉素，主要对葡萄球菌、链球菌、肠道球菌等革兰氏阳性菌有效，对革兰氏阴性菌作用较差，主要通过与细菌核糖体结合而抑制细菌蛋白质合成，还可影响大肠杆菌对宿主黏膜的黏附，达到抗感染作用。

临床上主要用于预防产气荚膜梭菌引起的肉鸡坏死性肠炎。

考点 11：抗真菌药的抗菌作用★★★★

兽医临床上广泛应用的抗真菌药主要有两性霉素 B、制霉菌素、灰黄霉素、酮康唑、克霉唑、水杨酸等。

两性霉素 B：治疗深部真菌感染的首选药，主要用于治疗犬组织胞浆菌病、芽生菌病、球孢子菌病，也可预防白念珠菌感染以及各种真菌感染的局部炎症。

制霉菌素：主要用于治疗胃肠道真菌感染，如犊牛真菌性胃炎、禽曲霉菌病；局部应用治疗皮肤、黏膜的真菌感染。

灰黄霉素：为内服的抗真菌药，对各种皮肤真菌有强大的抑菌作用，对其他真菌无效，主要用于治疗小孢子菌、表皮癣菌和毛癣菌引起的各种皮肤真菌病。

酮康唑：为广谱抗真菌药，对全身及浅表真菌均有抗菌活性。一般浓度对真菌有抑制作用，高浓度时对敏感真菌有杀灭作用，对芽生菌、球孢子菌、隐球菌、组织胞浆菌、小孢子菌和毛癣菌等真菌有抑制作用，也可防治皮肤真菌病等。

克霉唑：主要用于治疗体表真菌病，如耳部真菌感染和毛癣。

水杨酸：主要用于治疗体表真菌感染，可以软化角质层，角质层脱落的同时真菌菌丝随之脱出，具有中等程度的治疗作用。

【例题 1】可用于治疗犊牛、马属动物皮肤真菌病的药物是（E）。

A. 泰万菌素　B. 苯唑西林　C. 黏菌素　D. 氨苄西林　E. 灰黄霉素

【例题 2】酮康唑适用于治疗（B）。

A. 鸡球虫病　B. 皮肤真菌病　C. 厌氧菌感染

D. 猪支原体性肺炎　E. 猪放线杆菌性胸膜肺炎

第四章　消毒防腐药

轻装上阵

如何学？

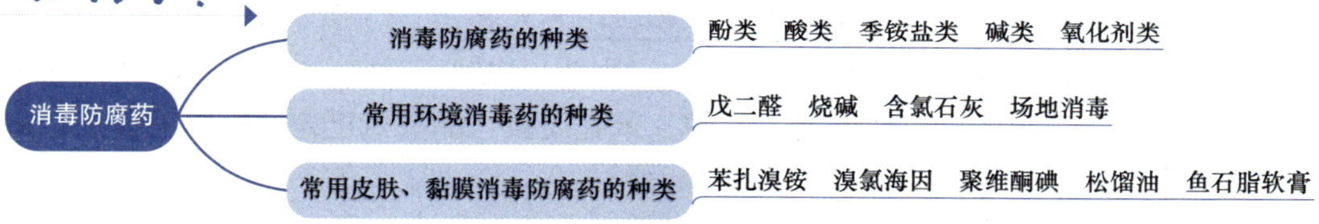

如何考？

本章考点在考试中主要出现在 A1 型题中，每年分值平均 1 分。下列所述考点均需掌握。对于重点内容，希望考生予以特别关注。

考点冲浪

考点 1：消毒防腐药的概念和种类★

消毒防腐药是指杀灭病原微生物或抑制其生长繁殖的一类药物。

消毒药是指能杀灭病原微生物的药物，主要用于环境、厩舍、动物排泄物、用具和器械等非生物表面的消毒。

防腐药是指能抑制病原微生物生长繁殖的药物，主要用于抑制局部皮肤、黏膜和创伤等生物表面的微生物感染。

兽医临床上将消毒防腐药分为酚类、醛类、醇类、卤素类、季铵盐类（或表面活性剂）、氧化剂类、酸类、碱类和染料类等。

考点 2：常用环境消毒药的种类和应用★★

环境消毒药主要用于周围环境、厩舍、动物排泄物和手术器械的消毒。

常用的环境消毒药有苯酚、六氯酚、甲醛、聚甲醛、戊二醛、氢氧化钠（烧碱）、氧化钙、含氯石灰、溴氯海因、癸甲溴铵（百毒杀）、二氯异氰脲酸钠（优氯净）、三氯异氰脲酸、二氧化氯和过氯乙酸等。

甲醛溶液不仅能杀死繁殖型细菌，还能杀死细菌芽孢（如炭疽芽孢）和抵抗力较强的结核分枝杆菌、病毒及真菌等，主要用于厩舍、仓库、孵化室、种鸡舍、皮毛、衣物、器具等的熏蒸消毒和标本、尸体防腐，可用40%的甲醛溶液（福尔马林）联合高锰酸钾用于厩舍熏蒸消毒。一般要求消毒温度应在20℃以上，使用浓度不得低于15mL/m^3。

含氯石灰加入水中生成次氯酸，释放活性氯而呈现杀菌作用，对细菌繁殖体、细菌芽孢、病毒及真菌都有杀灭作用，其杀菌作用快而强，但不持久，主要用于饮水消毒，也可配制成5%~20%混悬液用于畜舍、场地、车辆的消毒。

溴氯海因为有机溴氯复合型消毒剂，有广谱杀菌作用，药效持久。其杀菌消毒机理为次氯酸的氧化作用、新生氧作用和卤化作用。但对炭疽芽孢无效。可用于厩舍、运载工具等消毒。

【例题1】对炭疽芽孢无效的消毒药是（D）。

A. 含氯石灰　B. 过氧乙酸　C. 苯扎溴铵　D. 溴氯海因　E. 氢氧化钠

【例题2】可用于饮水消毒的药物是（C）。

A. 复合酚　B. 戊二醛　C. 含氯石灰　D. 聚维酮碘　E. 溴氯海因

【例题3】畜禽舍熏蒸消毒时，需与高锰酸钾合用的药物是（E）。

A. 聚维酮碘　B. 二氯异氰尿酸钠　C. 环氧乙烷

D. 过氧乙酸　E. 福尔马林

考点3：常用皮肤、黏膜消毒防腐药的种类和应用★★★

皮肤、黏膜消毒防腐药主要用于动物体表，如防治皮肤、黏膜、创面等的微生物感染。

常用于皮肤、黏膜的消毒防腐药有乙醇、苯扎溴铵、醋酸氯己定（醋酸洗必泰）、辛氨乙甘酸、碘酊、聚维酮碘、过氧化氢和高锰酸钾等。

碘制剂具有强大的杀菌作用，还可杀灭真菌、病毒和原虫。2%碘溶液不含酒精，适用于皮肤的浅表破损和创面，以防止细菌感染。在紧急条件下可以用于饮水消毒，每升水中加入2%碘溶液5~6滴，15min后可供饮用；2%碘酊可用于术前和注射前的皮肤消毒，5%的溶液治疗慢性炎症，10%的浓溶液涂于局部皮肤，用作刺激药；5%聚维酮碘溶液用于皮肤消毒及治疗皮肤病，0.5%~1%聚维酮碘溶液用于奶牛乳头浸泡。

松馏油具有防腐、溶解角质、止痒、促进炎性物质吸收和刺激肉芽生长等作用，主要用于治疗慢性皮肤病，如湿疹、皮癣、过敏性皮炎等；还可用于治疗蹄病，如蹄叉腐乱等。

鱼石脂软膏作用温和，能消炎、消肿，促进肉芽组织生长，临床可用于蜂窝织炎、慢性关节炎、冻伤、溃疡与湿疹等。

【例题1】常用于犬术前或注射药物前皮肤消毒的碘酊浓度是（B）。

A. 1%　B. 2%　C. 3%　D. 4%　E. 5%

【例题2】治疗蹄叉腐烂时，局部用药起防腐、溶解角质、止痒、刺激肉芽生长的药物是（E）。

A. 酮康唑软膏　B. 氨苯磺胺粉　C. 碘酊　D. 碘甘油　E. 松馏油

【例题3】对奶牛乳头浸泡消毒时，聚维酮碘合适的浓度是（B）。

A. 0.1%　B. 1%　C. 2%　D. 3%　E. 5%

第五章 抗寄生虫药

轻装上阵

如何学？

- 抗寄生虫药
  - 抗蠕虫药的种类和临床应用
    - 阿苯达唑 非班太尔 左旋咪唑 伊维菌素
    - 氯硝柳胺 硝氯酚 吡喹酮
  - 抗原虫药的种类和临床应用
    - 莫能菌素 地克珠利 氨丙啉
    - 盐霉素 三氮脒 球虫 巴贝斯虫
  - 杀虫药的种类和临床应用
    - 蝇毒磷 氰戊菊酯 体表寄生虫

如何考？

本章考点在考试中主要出现在 A1、A2 型题中，每年分值平均 2 分。下列所述考点均需掌握。抗球虫药是考查最为频繁的内容，希望考生予以特别关注。

考点冲浪

考点 1：抗蠕虫药的种类和临床应用★★★★

抗蠕虫药是指对动物寄生蠕虫具有驱除、杀灭或抑制活性的药物。抗蠕虫药分为抗线虫药、抗吸虫药、抗绦虫药和抗血吸虫药。

阿苯达唑（丙硫咪唑）：畜、禽常见胃肠道线虫、肺线虫、肝片吸虫和部分绦虫的有效驱虫药，也是驱除混合感染多种寄生虫的有效药物。不但对成虫作用强，对未成熟虫体和幼虫也有较强的杀灭作用。对牛、猪囊尾蚴（囊虫）感染有效。对囊尾蚴作用强，毒性小，为治疗囊尾蚴的良好药物。

非班太尔：本身无驱虫活性，在动物体内转化为芬苯达唑，用于驱除羊、猪胃肠道线虫和肺线虫。禁止与吡喹酮合用于妊娠动物。

左旋咪唑（左咪唑）：主要用于治疗畜禽胃肠道线虫病、肺线虫病和猪肾虫（冠尾线虫）的感染，对犬、猫恶丝虫（心丝虫）病也有效；也可用于免疫功能低下动物的辅助治疗和提高疫苗的免疫效果。

伊维菌素：新型的广谱、高效、低毒大环内酯类半合成的抗寄生虫药，抗虫作用机理独特，能增加抑制性递质 γ-氨基丁酸的释放，从而抑制虫体突触前神经末梢，使虫体麻痹、死亡，对线虫和节肢动物（如螨、蜱、蝇）有极佳疗效，但对吸虫、绦虫和原虫无效。

氯硝柳胺（灭绦灵）：一种驱绦虫药，对牛、羊的莫尼茨绦虫，犬、猫的复孔绦虫、豆状带绦虫和带状带绦虫有效；可用于治疗畜禽绦虫病、反刍动物前后盘吸虫感染。

硝氯酚：属于抗吸虫药，对牛、羊和猪的肝片吸虫成虫具有杀灭作用，用于牛、羊肝片吸虫病。

吡喹酮：具有广谱抗血吸虫和抗绦虫作用，对血吸虫有很好的效果，是国家推荐的抗血吸虫药，主要用于治疗动物血吸虫病，也用于治疗绦虫病和囊尾蚴病。

【例题 1】对羊胃肠道线虫、牛绦虫和肝片吸虫均有效的药物是（B）。

A. 阿维菌素 B. 阿苯达唑 C. 氯硝柳胺 D. 吡喹酮 E. 三氯苯达唑

【例题 2】奶牛，经检查确诊为肺线虫病，并发现皮肤上有疥螨，有效的治疗药物是（C）。

A. 阿苯达唑 B. 左旋咪唑 C. 阿维菌素 D. 氯硝柳胺 E. 硝氯酚

【例题 3】育肥猪出现消瘦，异嗜，有的成为僵猪。剖检可见小肠内有大量浅黄色、圆柱状，体长为 15~30cm 的虫体，有的虫体尾端弯曲呈钩状。治疗本病应选用的药物是（D）。

A. 氯羟吡啶 B. 三氮脒 C. 吡喹酮 D. 伊维菌素 E. 氰戊菊酯

【解析】本题考查抗蠕虫药的药理作用。根据病猪的临床特征和虫体形态特征，可以判定为猪蛔虫病，伊维菌素是新型的广谱、高效、低毒大环内酯类半合成的抗蠕虫药。因此治疗该病应选用伊维菌素。

【例题 4】犬，4 月龄，生长缓慢、呕吐、腹泻、贫血。经粪便检查确诊为蛔虫和复孔绦虫混合感染，最佳的治疗药物是（B）。

A. 吡喹酮 B. 阿苯达唑 C. 伊维菌素 D. 地克珠利 E. 三氯苯达唑

考点 2：抗原虫药的种类、药理作用和临床应用★★★★

抗原虫药是指对动物寄生原虫具有驱除、杀灭或抑制活性的药物。抗原虫药分为抗球虫药、抗锥虫药和抗梨形虫药。

莫能菌素：为单价离子载体类抗球虫药，具有广谱抗球虫作用，其杀球虫机理是通过干扰球虫细胞内 K^+、Na^+ 的正常渗透，大量的 Na^+ 进入球虫细胞内，同时大量的水分进入细胞，引起球虫细胞肿胀而死亡，对鸡的毒害、柔嫩、巨型、变位、堆型、布氏艾美耳球虫等均有很好的杀灭效果，可用于预防鸡球虫病。莫能菌素能促进肉牛生长，提高饲料转化率。不可与泰乐菌素、泰妙菌素、竹桃霉素等合用，否则有中毒危险。

地克珠利：三嗪类抗球虫药，具有广谱抗球虫作用，是目前混饲浓度最低的抗球虫药，主要用于预防家禽、兔球虫病。

盐霉素：主要用于预防鸡球虫病，促进畜禽生长。甲基盐霉素，又称拉那菌素，可用于猪的促生长，提高饲料转化率，对鱼类毒性较大，马属动物禁用。

马杜拉霉素：主要用于预防鸡球虫病。蛋鸡产蛋期禁用，本品的毒性较大，仅用于鸡，禁用于其他动物。

尼卡巴嗪：主要用于预防鸡球虫病。产蛋鸡产蛋期及种鸡禁用。

氨丙啉：广谱抗球虫药，主要用于预防和治疗禽球虫病。注意饲料中维生素 B_1 的含量在 10mg/kg 以上时，与本品有明显的拮抗作用，因此在用氨丙啉治疗球虫病时，应减少维生素 B_1 的用量，氨丙啉过量中毒时，可以增加维生素 B_1 的饲喂量。

三氮脒（贝尼尔）：主要用于治疗家畜巴贝斯虫病、泰勒虫病、伊氏锥虫病和马媾疫锥虫病等血液原虫病。

【例题 1】聚醚类抗球虫药不包括（C）。

A. 莫能菌素 B. 马杜拉霉素 C. 地克珠利 D. 甲基盐霉素 E. 海南霉素

【例题 2】通过干扰球虫细胞内钠、钾离子的正常渗透而产生杀虫作用的抗球虫药是（B）。

A. 地克珠利 B. 莫能菌素 C. 托曲珠利 D. 尼卡巴嗪 E. 氯羟吡啶

【例题 3】某 25 日龄蛋用鸡群，因患维生素缺乏症，已在饲料中添加维生素 B_1 进行治疗，此时预防球虫病，不适宜添加的药物是（C）。

A. 磺胺喹噁啉 B. 地克珠利 C. 盐酸氨丙啉 D. 氯羟吡啶 E. 莫能菌素

【例题 4】具有抗球虫作用的药物是（C）。

A. 伊维菌素 B. 多西环素 C. 莫能菌素 D. 大观霉素 E. 泰乐菌素

考点 3：杀虫药的种类和临床应用★★★

杀虫药是指能杀灭节肢昆虫，主要是螨、蜱、虱、蚤、蝇、蚊等外寄生虫所引起的畜禽皮肤病的一类药物。

有机磷化合物：常用的有机磷杀虫药有蝇毒磷、马拉硫磷、倍硫磷、甲基吡啶磷、二嗪农、巴胺磷和辛硫磷等。除蝇毒磷外，其他有机磷杀虫剂一般不适用于泌乳期奶牛。

拟除虫菊酯类：为菊科植物除虫菊的有效成分，具有杀灭各种昆虫的作用，对各种害虫有高效速杀作用，对人、畜无害。兽医临床上常用的有氰戊菊酯、溴氰菊酯、氟氰胺菊酯和氟氯苯氰菊酯等。

氰戊菊酯：主要用于驱杀畜禽体表寄生虫，如螨、虱、蜱、虻等；也用于杀灭环境、畜禽厩舍的有害昆虫，如蝇、蚊等。

溴氰菊酯：主要用于防治牛、羊的体外寄生虫病。

非泼罗尼：主要用于驱除犬、猫体表的跳蚤、犬蜱及其他体表寄生虫。对人、畜有中等毒性，对鱼有高毒性。应注意防护。

第六章 外周神经系统药物

轻装上阵

如何学？

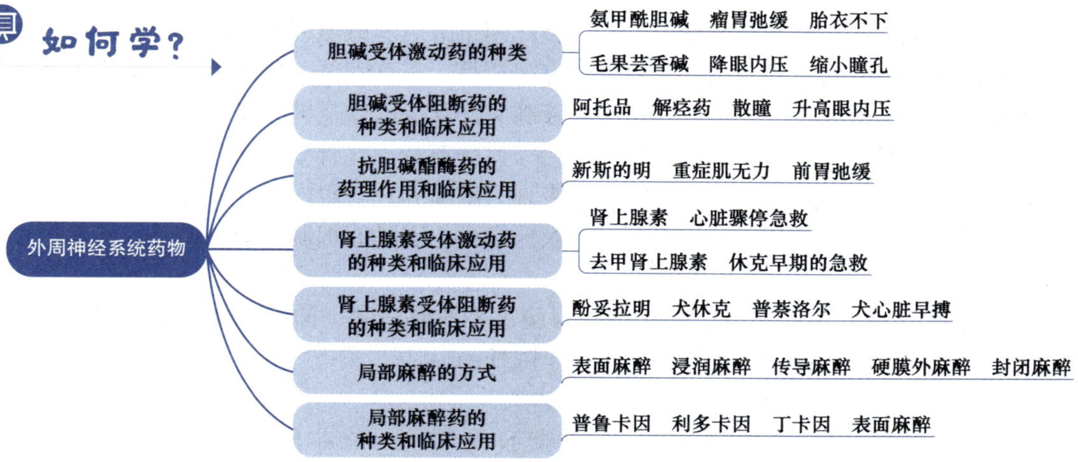

如何考？

本章考点在考试中主要出现在 A1、B1 型题中，每年分值平均 2 分。下列所述考点均需掌握。药物的药理作用和临床应用等重点内容，希望考生予以特别关注。

考点冲浪

考点 1：胆碱受体激动药的种类、药理作用和临床应用★★★★

胆碱受体激动药是一类直接作用于乙酰胆碱 M 受体和 N 受体，产生与乙酰胆碱相似作用的外周神经药物。胆碱受体激动药分为 M 和 N 受体激动药（如氨甲酰胆碱）、M 受体激动药（如毛果芸香碱）、N 受体激动药（如烟碱）。

氨甲酰胆碱：属于完全拟胆碱药，具有直接兴奋 M 和 N 受体的作用，是胃肠、子宫平滑肌的强兴奋药，主要用于治疗瘤胃弛缓、积食；分娩后子宫弛缓、胎衣不下及子宫蓄脓等。

毛果芸香碱：属于 M 受体激动药，可以直接选择兴奋 M 受体，产生与节后胆碱能神经兴奋时相似的效应，特点是对多种腺体和胃肠平滑肌有强烈的兴奋作用，但对心血管系统及其他器官的影响较小。

毛果芸香碱对眼部作用明显，无论是局部点眼还是注射，都能使瞳孔缩小，这是兴奋虹膜括约肌上的 M 受体使虹膜括约肌收缩的结果，同时还具有降低眼内压作用。

毛果芸香碱主要用于治疗肠胃弛缓、前胃弛缓、不完全阻塞性肠便秘等。1%~3% 毛果芸香碱（缩瞳药）与扩瞳药（1%~3% 阿托品）交替点眼，可以治疗虹膜炎，防止粘连。中毒时可以用阿托品解救。

【例题 1】属于 M 受体激动剂的药物是（A）。

A. 氨甲酰胆碱　B. 肾上腺素　C. 多巴胺　D. 阿托品　E. 克伦特罗

【例题 2】毛果芸香碱的药理作用是（C）。

A. 镇静　B. 镇痛　C. 缩小瞳孔　D. 抑制腺体分泌　E. 抑制胃肠平滑肌收缩

考点 2：胆碱受体阻断药的药理作用和临床应用★★★★

胆碱受体阻断药又称为抗胆碱药，是一类作用于节后胆碱能神经支配的效应细胞，阻断节后胆碱能神经兴奋效应的药物，主要药物有阿托品、东莨菪碱、琥珀胆碱、筒箭毒碱等。

阿托品的药理作用很广泛，可以抑制唾液腺、汗腺等腺体过多分泌，改善心脏活动，用于麻醉前给药；缓解平滑肌痉挛，主要用于治疗胃肠道及支气管平滑肌过度痉挛，也用作马疝痛的解痉药；松弛虹膜括约肌和睫状肌，表现为散瞳和升高眼内压，治疗虹膜炎和周期性眼炎；和胆碱酯酶复活剂合用，治疗有机磷农药中毒。因其能抑制胃肠道蠕动，不能用于治疗瘤胃弛缓。

东莨菪碱为 M 受体拮抗剂，用于解除胃肠道平滑肌痉挛、抑制腺体分泌过多和动物兴奋不安等。扩大瞳孔和抑制腺体分泌作用强于阿托品。

【例题 1】东莨菪碱的药理作用机制是（A）。

A. 阻断 M 受体　B. 兴奋 M 受体　C. 阻断 N 受体　D. 兴奋 N 受体　E. 阻断 α 受体

【例题 2】阿托品不适用于（D）。

A. 麻醉前给药　B. 有机磷农药中毒解救　C. 治疗虹膜炎　D. 治疗瘤胃弛缓　E. 治疗马疝痛

【例题 3】牛麻醉前给予东莨菪碱的主要目的是（B）。

A. 增加支气管分泌　B. 减少支气管分泌　C. 加强支气管收缩

D. 增强胃肠蠕动　　E. 扩散瞳孔

考点 3：抗胆碱酯酶药的药理作用和临床应用★★

新斯的明属于胆碱酯酶抑制剂，能可逆性抑制胆碱酯酶，使其不能水解乙酰胆碱，对胃肠、膀胱平滑肌作用较强，对骨骼肌的作用最强。临床上主要用于治疗重症肌无力，牛、羊前胃弛缓或马肠道弛缓，子宫收缩无力和胎衣不下等。1% 溶液用作缩瞳药。中毒时可以用阿托品解救。

【例题】能抑制胆碱酯酶活性的药物是（E）。

A. 阿托品　B. 肾上腺素　C. 毛果芸香碱　D. 氨甲酰胆碱　E. 新斯的明

考点 4：肾上腺素受体激动药的种类、药理作用和临床应用★★★★

肾上腺素受体激动药，又称为拟肾上腺素药，能与肾上腺素受体结合，产生与肾上腺素相似的药理作用，分为 α 和 β 肾上腺素受体激动药（如肾上腺素）、α 肾上腺素受体激动药（如去甲肾上腺素）和 β 肾上腺素受体激动药（异丙肾上腺素）。

肾上腺素能使心肌收缩力加强，兴奋性升高，传导加速，心输出量增多。由于它能直接作用于冠状血管，引起血管扩张，改善心脏供血，因此是一种作用快而强的强心药，可以用于动物心脏骤停的急救，如麻醉过度、一氧化碳中毒和溺水等；用于治疗急性、严重的过敏反应，如过敏性休克；松弛支气管平滑肌、扩张支气管等。

去甲肾上腺素：能使心肌收缩力增强，兴奋性升高，传导加速，使皮肤、黏膜等外周血管收缩，引起血压升高，用于动物外周循环衰竭休克时的早期急救。用于动物休克早期的应急抢救时，在短时间内小剂量静脉滴注。静脉滴注时严防药液外漏，以免引起局部组织坏死。

异丙肾上腺素主要用作平喘药，治疗急性支气管痉挛。

【例题 1】肾上腺素的药理作用不包括（A）。

A. 增加胃肠蠕动　B. 扩张冠状动脉　C. 扩张支气管

D. 增强心肌收缩力　E. 扩张骨骼肌血管

【例题 2】去甲肾上腺素的药理作用主要是（A）。

A. 激动 α 受体　B. 阻断 α 受体　C. 激动 β 受体　D. 阻断 β 受体　E. 激动 M 受体

【例题 3】肾上腺素适合于治疗动物的（B）。

A. 心律失常　B. 心脏骤停　C. 急性心力衰竭

D. 慢性心力衰竭　E. 充血性心力衰竭

考点 5：肾上腺素受体阻断药的种类、药理作用和临床应用★★★

肾上腺素受体阻断药，又称抗肾上腺素药，能与肾上腺素受体结合，从而产生抗肾上腺素作用，分为 α 肾上腺素受体阻断药（如酚妥拉明）和 β 肾上腺素受体阻断药（如普萘洛尔）。

酚妥拉明：主要用于犬休克的治疗。应用时需补充血容量，最好与去甲肾上腺素合用。

普萘洛尔（心得安）：主要用于抗心律失常，如犬心脏期前收缩（早搏）的治疗。

考点 6：局部麻醉药的概念和局部麻醉方式★★★★

局部麻醉药，简称为局麻药，是一类能在用药局部可逆性地阻断感觉神经发出的冲动与传导，使局部组织痛觉暂时丧失的药物。

常用的诱导局部麻醉的方式主要有表面麻醉、浸润麻醉、传导麻醉、硬膜外麻醉和封闭麻醉。

表面麻醉是指将穿透力强的局部麻醉药滴于、涂布或喷雾在黏膜表面，使黏膜下的感觉神经麻醉，适用于眼、鼻、咽喉、尿道、气管黏膜等部位麻醉。

浸润麻醉是指将局麻药注入皮下、皮内和肌层组织中，使用药部位的感觉神经麻醉，适用于各种浅表手术。

传导麻醉是指将局麻药注入神经干周围，使其支配的区域感觉丧失，阻断传导。

硬膜外麻醉是指将局麻药注入硬膜外腔，阻断通过此孔的脊神经，使后躯麻醉。

封闭麻醉是指将局麻药注入患部周围和神经通路，阻断该部位的神经冲动向中枢传导。

考点 7：局部麻醉药的种类和临床应用★★★★

临床上常用的局部麻醉药主要有普鲁卡因、利多卡因、丁卡因。

普鲁卡因：不易穿透黏膜，一般用于浸润麻醉、封闭疗法。临床上常用普鲁卡因注射液，0.25%~0.5% 的溶液用于浸润麻醉、封闭疗法；2%~5% 的溶液用于传导麻醉。与肾上腺等配伍，可以延长其麻醉时间。

利多卡因：用于表面麻醉、浸润麻醉、传导麻醉和硬膜外麻醉，还可用于治疗室性心律失常。临床上常用利多卡因注射液，0.25%~0.5% 溶液用于浸润麻醉；2%~5% 溶液用于表面麻醉；2% 溶液用于传导麻醉和硬膜外麻醉。

丁卡因：亲脂性高，组织穿透力强，局麻作用比普鲁卡因强 10 倍，维持时间长，最常用于表面麻醉。临床上 0.5%~1% 等渗液用于眼科表面麻醉；1%~2% 溶液用于鼻、喉头喷雾或气管插管；0.1%~0.5% 溶液用于泌尿道黏膜麻醉。

【例题 1】适用于表面麻醉的药物是（A）。

A. 丁卡因　B. 咖啡因　C. 戊巴比妥　D. 普鲁卡因　E. 硫喷妥钠

【例题 2】为了延长局部麻醉药的作用时间，宜配伍使用的药物是（A）。

A. 肾上腺素　B. 普萘洛尔　C. 酚妥拉明　D. 氨甲酰胆碱　E. 阿托品

第七章　中枢神经系统药物

轻装上阵

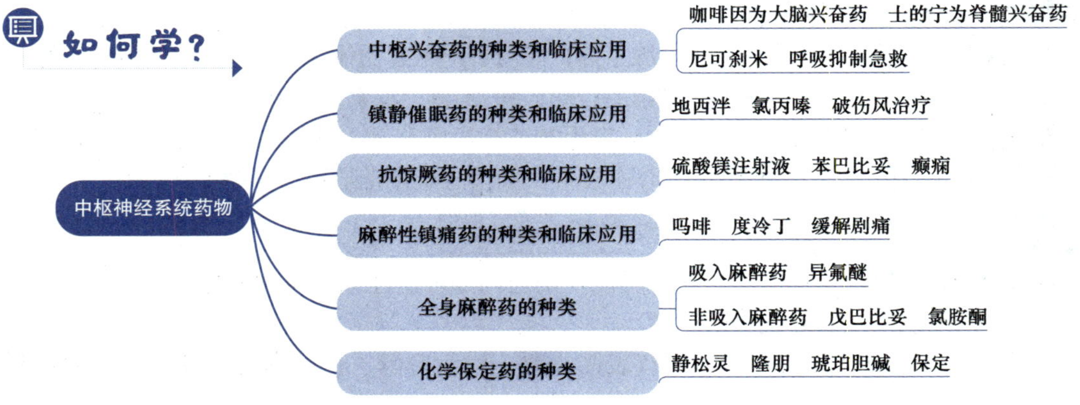

如何考？

本章考点在考试中主要出现在A1型题中，每年分值平均1分。下列所述考点均需掌握。麻醉药等重点内容，希望考生予以特别关注。

考点冲浪

考点1：中枢兴奋药的种类、药理作用和临床应用★★★

中枢兴奋药是指能选择性地兴奋中枢神经系统，提高其机能活动的一类药物。根据药物的主要作用部位，分为大脑兴奋药、延髓兴奋药和脊髓兴奋药。

咖啡因：大脑兴奋药，具有兴奋中枢神经系统、兴奋心肌和松弛平滑肌等作用。它还可松弛支气管平滑肌，但强度不如氨茶碱。其兴奋心肌、松弛平滑肌的作用机理主要是抑制细胞内磷酸二酯酶的活性，减少环磷酸腺苷被磷酸二酯酶分解，提高细胞内环磷酸腺苷的水平。主要用于中枢性呼吸、循环抑制和麻醉药中毒的解救，加速麻醉药的苏醒过程。

尼可刹米：延髓兴奋药，对延髓呼吸中枢具有选择性直接兴奋作用，常用于各种原因引起的呼吸中枢抑制，如中枢抑制药中毒、疾病引起的中枢性呼吸抑制、新生仔畜窒息、加速麻醉动物的苏醒等。

士的宁：脊髓兴奋药，选择性兴奋脊髓，增强脊髓反射的应激性，提高骨骼肌的紧张度。临床上主要用于治疗脊髓性不全麻痹，如后躯麻痹、膀胱麻痹和阴茎下垂等。

【例题1】咖啡因的药理作用不包括（B）。

A. 扩张血管　　B. 抑制呼吸　　C. 松弛平滑肌
D. 增强心肌收缩力　　E. 兴奋中枢神经系统

【例题2】治疗牛的后躯麻痹时，应选用的中枢兴奋药是（C）。

A. 咖啡因　　B. 戊四氮　　C. 士的宁　　D. 尼可刹米　　E. 安钠咖

考点2：镇静催眠药的种类、药理作用和临床应用★★

镇静药是指对中枢神经系统具有轻度抑制作用，从而起到减轻或消除动物狂躁不安，使其恢复安静的一类药物，如地西泮、氯丙嗪等。

地西泮（安定）：具有镇静、催眠、抗惊厥、抗癫痫及中枢性肌肉松弛作用，主要用于狂躁动物安静、保定、抗惊厥和抗癫痫，如治疗犬癫痫、破伤风及士的宁中毒。禁止用作所有动物促生长剂。

氯丙嗪：具有镇静、催眠、镇吐、降温作用，是一种强化中枢抑制药，主要用于强化麻醉以及使动物安静，如临床上用于破伤风的辅助治疗。禁止用作食品动物的促生长剂。静脉注射前应进行稀释，注射速度宜慢。不可与pH 5.8以上的药液配伍，如青霉素钠、苯巴比妥、氨茶碱等。

【例题】地西泮（安定）不具有的药理作用是（C）。

A. 镇静　　B. 催眠　　C. 收缩肌肉　　D. 抗惊厥　　E. 抗癫痫

考点3：抗惊厥药的种类、药理作用和临床应用★★

抗惊厥药是指能对抗或缓解中枢神经因病变而造成的过度兴奋状态，从而消除或缓解全身骨骼肌不自主强烈收缩的一类药物。常用药物有硫酸镁注射液、巴比妥类药、水合氯醛和地西泮等。

硫酸镁注射液：主要用于治疗破伤风及其他痉挛性疾病，如缓解破伤风、脑炎、士的宁等中枢兴奋药中毒所致的惊厥等。硫酸镁注射给药能产生较强的抗惊厥、解痉挛和降低血压的作用，而内服具有增加肠内容物，软化粪便，泻下的作用。与链霉素、青霉素、四环素、普鲁卡因存在配伍禁忌。

苯巴比妥：具有镇静、催眠和抗惊厥作用。主要用于缓解脑炎、破伤风等疾病及中枢神经兴奋药，如士的宁中毒所致的惊厥；也可用于犬、猫的镇静和癫痫的治疗。

【例题】内服无抗惊厥作用、静脉注射有抗惊厥作用的药物是（C）。

A. 地西泮　　B. 苯巴比妥　　C. 硫酸镁　　D. 氯丙嗪　　E. 水合氯醛

考点4：麻醉性镇痛药的种类、药理作用和临床应用★★

临床上缓解疼痛的药物按作用机制可分为两类：一类是选择性作用于中枢神经系统，缓解疼痛作用较强，用于剧痛的药物，称为镇痛药；另一类作用部位不在中枢神经系统，缓解疼痛作用较弱，同时还具有解热消炎作用，即解热镇痛抗炎药，如阿司匹林、对乙酰氨基酚、安乃近。

镇痛药可以选择性消除或缓解痛觉，减轻疼痛引起的紧张、烦躁不安，反复应用易成瘾。这类药物多为阿片类生物碱，如吗啡、可待因，也有人工合成代用品，如哌替啶（度冷丁、杜冷丁），属于依法管制的药物。临床上主要用于缓解创伤性疼痛和某些内脏疾病的剧痛。

【例题】对创伤、手术等引起的剧烈疼痛有良好镇痛效果的药物是（D）。

A. 地西泮　　B. 氯丙嗪　　C. 安乃近　　D. 杜冷丁　　E. 扑热息痛

考点5：全身麻醉药的概念和种类★

全身麻醉药是指对中枢神经系统有广泛作用，导致意识、感觉及反射活动逐渐消失，特别是痛觉消失，以便于进行外科手术的一类药物。

全身麻醉药分为诱导麻醉药（硫喷妥钠、丙泊酚）、吸入麻醉药与非吸入麻醉药。

全身麻醉药种类很多，为了克服麻醉药物的缺点，增强麻醉效果，减少剂量，降低毒副作用等，临床上常采用复合麻醉方式，比如诱导麻醉与维持麻醉，为避免麻醉药诱导期过长的缺点，先用诱导期短的药物如硫喷妥钠、丙泊酚，使动物快速进入外科麻醉期，然后再用其他麻醉药来维持麻醉。

【例题1】对犬进行诱导麻醉时，首选的药物是（A）。

A. 硫喷妥钠　　B. 戊巴比妥钠　　C. 氯胺酮　　D. 异氟烷　　E. 水合氯醛

【例题2】硫喷妥钠临床上主要用于（C）。

A. 镇静　　B. 局部麻醉　　C. 诱导麻醉　　D. 镇痛　　E. 保定

考点6：吸入麻醉药和非吸入麻醉药的种类和临床应用★★★

吸入麻醉药多为挥发性液体，如氟烷；少数为气体，如氧化亚氮。吸入麻醉药均可经呼吸道迅速进入体内而发挥麻醉作用。麻醉的诱导与苏醒的速度，可通过调节吸入气体中的药物浓度加以控制。

在吸入麻醉药中以异氟醚（异氟烷）最为安全。异氟醚对黏膜无刺激性，诱导麻醉比乙醚快，主要用于各种手术麻醉。

非吸入麻醉药主要用于静脉注射给药，临床上应用最普遍。常用的药物有戊巴比妥、异戊巴比妥、氯胺酮和水合氯醛等。

戊巴比妥：主要用作中小动物的全身麻醉药。

氯胺酮：一种作用迅速的全身麻醉药，具有明显的镇痛作用，对心肺功能几乎无影响。氯胺酮在抑制丘脑皮层冲动传导的同时又能兴奋脑干和边缘系统，产生“分离”麻醉。本品主要用于马、猪、牛、羊和野生动物的化学保定、全身麻醉和基础麻醉。

【例题】临床上常用的吸入麻醉药是（B）。

A. 丙泊酚　B. 异氟醚　C. 水合氯醛　D. 硫喷妥钠　E. 普鲁卡因

考点7：化学保定药的种类、药理作用和临床应用★★

化学保定药，又称制动剂，是指在不影响意识和感觉的情况下，可使动物情绪转为平静和温顺、嗜睡或肌肉松弛，从而停止抗拒和各种挣扎活动，达到保定目的的药物。

化学保定药主要有塞拉唑、赛拉嗪和琥珀胆碱。

塞拉唑（静松灵）：我国合成的一种具有镇静、镇痛与中枢性肌肉松弛作用的化学保定药，主要用于家畜和野生动物的化学保定及基础麻醉。

赛拉嗪（隆朋）：镇痛性化学保定药，作用与塞拉唑相似，主要用于家畜和野生动物的化学保定。

琥珀胆碱：超短时间去极化型骨骼肌松弛药，为肌松性保定药，主要用于梅花鹿、马鹿锯茸或野生动物断角时的保定。

第八章　解热镇痛抗炎药

轻装上阵

如何学？

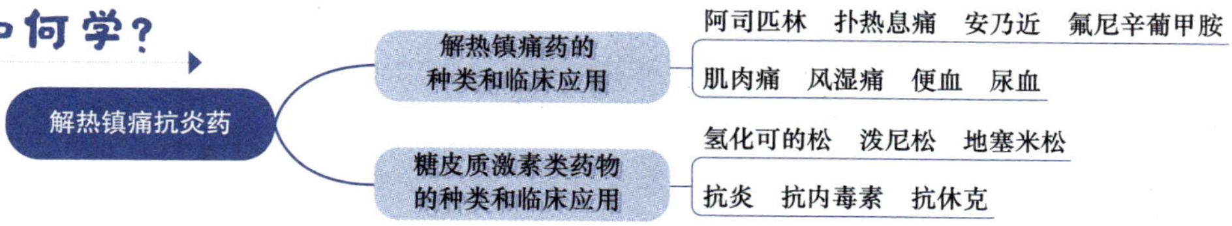

如何考？

本章考点在考试中主要出现在A1、A2型题中，每年分值平均2分。下列所述考点均需掌握。药物的药理作用和临床应用是考查最为频繁的内容，希望考生予以特别关注。

考点冲浪

考点1：解热镇痛药的种类、药理作用和临床应用★★★★

解热镇痛药是一类具有退热、减轻局部疼痛作用的药物。其中大多数还具有抗炎、抗风湿作用。它们都具有抑制前列腺素合成的共同作用机理，主要是通过抑制中枢神经系统的前列腺素合成酶，减少中枢前列腺素合成而发挥解热作用，能使升高的动物体温恢复正常，但不能使正常的体温下降，这与氯丙嗪、水合氯醛的降温作用不同；通过抑制外周前列腺素合成而发挥镇痛作用；通过抑制环氧化酶，减少前列腺素的合成与释放，从而产生抗炎、抗风湿作用。

解热镇痛药主要有阿司匹林、对乙酰氨基酚、安乃近、替泊沙林、安替比林、氨基比林、保泰松和氟尼辛葡甲胺等。

阿司匹林（乙酰水杨酸）：解热、镇痛效果较好，抗炎、抗风湿作用强。主要用于发热、风湿症、肌肉和关节疼痛、软组织炎症和痛风症的治疗。阿司匹林能抑制凝血酶原合成，连续长期应用可发生出血倾向。

对乙酰氨基酚（扑热息痛）：主要作为中小动物的解热镇痛药，用于肌肉痛、关节痛的治疗。对乙酰氨基酚的代谢物亚氨基醌在体内能氧化血红蛋白使其失去携氧能力，可造成组织缺氧、发绀、红细胞溶解、黄疸和肝损害等不良反应。猫禁用（猫没有对应的转移酶除去代谢产物，微量即可致死）。

安乃近：具有解热、镇痛、消炎作用，主要用于治疗动物肌肉痛、疝痛、风湿症。长期应用可引起粒细胞减少。

替泊沙林：抑制环氧化酶和脂氧化酶的产生，能阻止前列腺素和白三烯合成，抗炎作用明显，用于控制犬肌肉、骨骼病所致的疼痛和炎症。

氟尼辛葡甲胺：新型的动物专用解热镇痛抗炎药，具有镇痛、解热、抗炎和抗风湿作用，是一种强效环氧化酶抑制剂。镇痛作用是通过抑制外周前列腺素或其痛觉神经增敏物质的合成，从而阻断痛觉冲动传导实现的；外周组织的抗炎作用可能是通过抑制环氧化酶、减少前列腺素前体物质的形成及抑制其他介质引起局部炎症反应实现的。本品主要用于治疗家畜和小动物的发热性、炎性疾病，肌肉痛和软组织痛等。大剂量或长期使用，马会发生胃肠溃疡；牛连续使用超过 3d，可能出现便血和尿血。犬的不良反应为呕吐和腹泻。

【例题 1】解热镇痛抗炎药的抗炎作用机理是抑制（A）。

A. 环氧化酶　B. 磷酸二酯酶　C. 葡萄糖苷酸转移酶　D. 胆碱酯酶　E. 二氢叶酸还原酶

【例题 2】安乃近的主要不良反应是（E）。

A. 组织缺氧　B. 贫血　C. 胃肠溃疡　D. 黄疸　E. 粒细胞减少

【例题 3】具有解热、镇痛和抗炎作用的药物是（A）。

A. 安乃近　B. 氯丙嗪　C. 杜冷丁　D. 水合氯醛　E. 地塞米松

【例题 4】猫禁用的解热镇痛抗炎药物是（D）。

A. 安乃近　B. 萘普生　C. 安替比林　D. 对乙酰氨基酚　E. 氟尼辛葡甲胺

【例题 5】能抑制环氧化酶和脂氧化酶，产生抗炎镇痛作用的药物是（D）。

A. 安乃近　B. 氨基比林　C. 托芬那酸　D. 替泊沙林　E. 扑热息痛

【例题 6】动物专用的解热镇痛抗炎药是（E）。

A. 安乃近　B. 萘普生　C. 阿司匹林　D. 氨基比林　E. 氟尼辛葡甲胺

考点 2：糖皮质激素类药物的种类、药理作用和临床应用★★★

糖皮质激素类药物属甾体类抗炎药，在药理剂量下，表现出良好的抗炎、抗免疫、抗过敏、抗内毒素和抗休克等作用。根据药物的消除半衰期，分为短效、中效和长效糖皮质激素类药物。

短效糖皮质激素类药物主要有氢化可的松、可的松、泼尼松、泼尼松龙、甲基氢化泼尼松；中效糖皮质激素主要有曲安西龙（去炎松）；长效糖皮质激素类药物主要有地塞米松、氟地塞米松、氟轻松和倍他米松。

糖皮质激素类药物主要用于治疗酮血症、妊娠毒血症、眼科疾病、休克和感染性疾病。

一般的感染性疾病不应该使用糖皮质激素类药物治疗。当感染对动物生命或将来的生产力可能带来严重危害时，用糖皮质激素类药物控制过度炎症反应是必需的。在感染发生毒血症时，用糖皮质激素类药物治疗具有重要意义，它对内毒素中毒能提供保护作用，但应与大剂量的有效抗菌药一起应用。特点是具有抗炎作用而无抗菌作用，即治标不治本。

不良反应：糖皮质激素类药物具有保钠排钾作用，常致动物出现水肿和低钾血症；还可使动物出现骨质疏松、幼年动物出现生长抑制等。

【例题 1】不属于糖皮质激素类药物的是（E）。

A. 地塞米松　B. 可的松　C. 泼尼松　D. 氟轻松　E. 保泰松

【例题 2】地塞米松的药理作用不包括（B）。

A. 抗毒素　B. 抗菌　C. 抗过敏　D. 抗休克　E. 抗炎

【例题 3】抗生素治疗动物严重感染时，辅助应用糖皮质激素类药物的目的是（D）。

A. 增强机体的免疫机能　B. 增强抗生素的抗菌作用　C. 延长抗生素的作用时间

D. 控制机体过度的炎症反应　E. 抵抗抗生素的某些副作用

第九章　消化系统药物

轻装上阵

如何学？

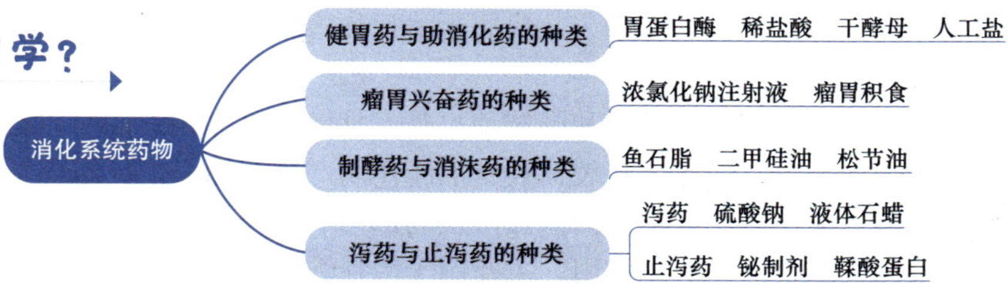

如何考？

本章考点在考试中主要出现在 A1 型题中，每年分值平均 1 分。下列所述考点均需掌握。对于重点内容，希望考生予以特别关注。

考点冲浪

考点 1：健胃药与助消化药的种类、药理作用和临床应用★★

健胃药是指提高食欲、促进唾液和胃液等分泌，提高消化功能的一种药物，分为苦味健胃药、芳香性健胃药和盐类健胃药。

助消化药是指促进胃肠消化过程的药物，多为消化液的成分或促进消化液分泌的药物。

健胃药与助消化药主要有人工矿泉盐、胃蛋白酶、稀盐酸和干酵母等。

人工矿泉盐：又称为人工盐，由干燥硫酸钠、碳酸氢钠、氯化钠和硫酸钾等制成，能促进胃肠的蠕动和分泌，产生健胃作用。主要用于治疗消化不良、前胃弛缓和早期大肠便秘。

胃蛋白酶：可使胃内蛋白质分解为蛋白胨。在酸性环境中作用强，pH 为 1.8 时活性最强。主要用于治疗胃液分泌不足所引起的消化不良。宜同时服用稀盐酸，忌与碱性药物、鞣酸、重金属盐合用。

稀盐酸：胃液的主要成分之一，可激活胃蛋白酶原。主要用于治疗胃酸缺乏引起的消化不良、胃内异常发酵。

干酵母：临床用于维生素 B_1 缺乏症，如多发性神经炎、酮血症的治疗和消化不良的辅助治疗，可以拮抗磺胺类药物的抗菌作用。

【例题】禁止与碱性药物配伍使用的药物是（C）。

A. 人工盐　　B. 胰淀粉酶　　C. 胃蛋白酶　　D. 胰脂肪酶　　E. 胰蛋白酶

考点 2：瘤胃兴奋药的种类、药理作用和临床应用★★

瘤胃兴奋药，又称为反刍兴奋药，是指能加强瘤胃收缩、促进蠕动、兴奋反刍的药物。临床上常用的瘤胃兴奋药主要有浓氯化钠注射液、酒石酸锑钾等。

浓氯化钠注射液：静脉注射能增加血液中的钠离子和氯离子，对调节神经肌肉兴奋性起重要作用，提高瘤胃运动能力，促进蠕动。主要用于治疗反刍动物前胃弛缓、瘤胃积食、马胃扩张和马属动物便秘等。心力衰竭病畜慎用。

考点 3：制酵药与消沫药的种类、药理作用和临床应用★★

凡能制止胃肠内容物异常发酵的药物称为制酵药，常用的药物有鱼石脂等。

消沫药是指能降低泡沫液膜的局部表面张力，使泡沫破裂的药物，常用的药物有二甲硅油、松节油等。

鱼石脂：具有较弱的抑菌作用和温和的刺激作用，内服能制止发酵，促进胃肠蠕动，外用具有局部消炎和刺激肉芽生长的作用，主要用于治疗瘤胃臌胀、前胃弛缓、胃肠臌气和急性胃扩张等。

松节油：内服后能刺激消化道黏膜和肠蠕动，具有抑菌制酵作用；同时也能迅速降低气体泡沫液膜局部的表面张力，使泡沫破裂，具有消沫作用，主要用于治疗泡沫性臌气病。

二甲硅油：内服后能迅速降低瘤胃内泡沫液膜局部的表面张力，使小泡沫破裂，融合成大泡沫并随嗳气排出，产生消除泡沫作用。主要用于治疗泡沫性臌气病。

【例题】松节油内服可用于（D）。

A. 止泻　　B. 镇吐　　C. 中和胃酸　　D. 止酵健胃　　E. 解胃肠痉挛

考点 4：泻药与止泻药的种类、药理作用和临床应用★★★

泻药是一类能促进肠道蠕动，增加肠内容积，软化粪便，加速粪便排泄的药物，如硫酸钠、硫酸镁、液体石蜡。

硫酸钠内服后在肠内可解离出钠离子和硫酸根离子，提高肠内渗透压，在肠管中保持大量水分，扩大肠管容积，软化粪便，并刺激肠壁，增强其蠕动，产生泻下作用。主要用于治疗大肠便秘，排除肠内毒物、毒素或作为驱虫药的辅助用药。

止泻药是一类能制止腹泻，保护肠黏膜、吸附有毒物质或收敛消炎的药物，如鞣酸蛋白、铋制剂（碱式硝酸铋、碱式碳酸铋）、药用炭等，用于胃肠炎和腹泻。

【例题 1】猪内服硫酸钠可以产生（C）。

A. 消沫　B. 制酵　C. 泻下　D. 催吐　E. 抗惊厥

【例题 2】具有增加肠内容积、软化粪便、加速粪便排泄作用的药物是（B）。

A. 稀盐酸　B. 硫酸钠　C. 鱼石脂　D. 铋制剂　E. 鞣酸蛋白

第十章　呼吸系统药物

轻装上阵

如何学？

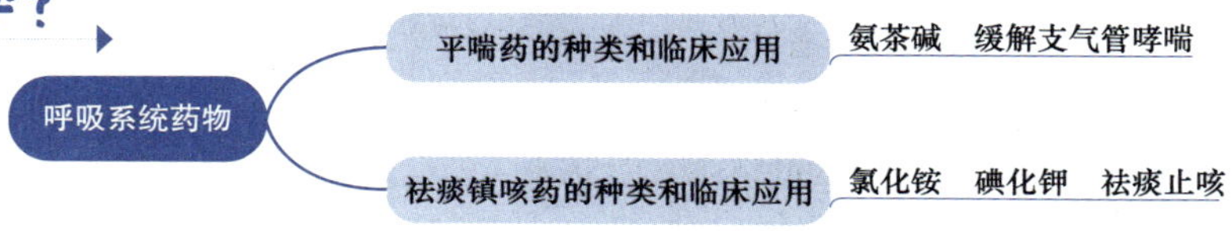

如何考？

本章考点在考试中主要出现在 A1 型题中，每年分值平均 1 分。下列所述考点均需掌握。对于重点内容，希望考生予以特别关注。

考点冲浪

考点 1：平喘药的种类、药理作用和临床应用★★★

平喘药是指能解除支气管平滑肌痉挛，扩张支气管的一类药物，如氨茶碱。

氨茶碱对支气管平滑肌具有较强的松弛作用，其作用机制是抑制磷酸二酯酶，抑制组胺和慢反应物质等过敏介质的释放，促进儿茶酚胺释放，使支气管平滑肌松弛；同时，还有直接松弛支气管平滑肌的作用，从而解除支气管平滑肌痉挛，缓解支气管黏膜的充血水肿，发挥平喘功效。

氨茶碱主要用于缓解家畜支气管哮喘症状；也可用于心功能不全或肺水肿的病畜。氨茶碱注射液碱性较强，应做深部肌内注射。

【例题 1】兽医临床上氨茶碱主要用于（A）。

A. 平喘　B. 抗过敏　C. 导泻　D. 镇痛　E. 抗炎

【例题 2】氨茶碱平喘的作用机理是（A）。

A. 抑制磷酸二酯酶　B. 激活磷酸二酯酶　C. 抑制腺苷酸环化酶　D. 激活腺苷酸环化酶　E. 激活磷酸激酶

【例题 3】通过松弛支气管平滑肌产生平喘作用的药物是（A）。

A. 氨茶碱　B. 氯化铵　C. 碘化钾　D. 可待因　E. 喷托维林

考点 2：祛痰镇咳药的种类、药理作用和临床应用★★★

祛痰药是能增加呼吸道分泌、使痰液变稀并易于排出的药物。镇咳药是能抑制咳嗽中枢或抑制咳嗽反射弧中某一环节，从而能减轻或制止咳嗽的药物。

氯化铵：用作祛痰药，刺激胃黏膜迷走神经末梢，反射性引起支气管腺体分泌增加，使痰液稀释，易于咳出，主要用于支气管炎初期；有机碱中毒时，用于加速药物和毒物的排出。

碘化钾：用作祛痰药，刺激呼吸道黏膜，引起支气管腺体分泌增加，使痰液稀释，呈现祛痰作用，主要用于慢性呼吸系统疾病的辅助治疗，也可防治碘缺乏症。

【例题】动物支气管炎感染初期，对症治疗应选择具有祛痰作用的药物是（D）。

A. 麻黄碱　B. 可待因　C. 氨茶碱　D. 氯化铵　E. 异丙肾上腺素

第十一章　血液循环系统药物

轻装上阵

如何学？

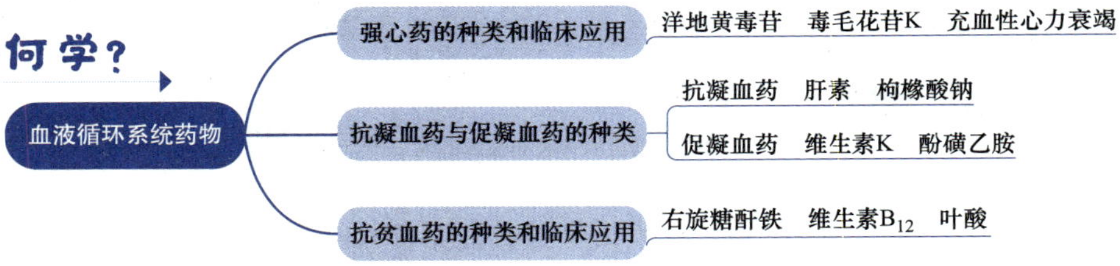

如何考？

本章考点在考试中主要出现在A1型题中，每年分值平均1分。下列所述考点均需掌握。对于重点内容，希望考生予以特别关注。

考点冲浪

考点1：强心药的种类、药理作用和临床应用★★★★

强心药是指能提高心肌兴奋性，加强心肌收缩力，改善心脏功能的药物。常用的强心药有肾上腺素、咖啡因和强心苷类药物。

肾上腺素适用于心脏骤停时的急救；咖啡因适用于过劳、中暑、中毒等过程中的急性心力衰竭；而强心苷类药物适用于治疗急、慢性充血性心力衰竭。

强心苷类药物是治疗充血性心力衰竭的首选药物，临床上常用的强心苷类药物有洋地黄毒苷、毒毛花苷K和地高辛等。强心苷类药物主要作用是加强心肌收缩力（正性肌力作用），使心输出量和心肌耗氧量降低，减慢心率（负性心率作用），同时加强肾小球滤过功能，继发产生利尿作用，但在作用强度、快慢及持续时间长短上有所不同。洋地黄毒苷为慢作用强心苷；毒毛花苷K和地高辛为快作用强心苷。

强心苷中毒的有效治疗方法是立即停药，内服或注射补充钾盐。

【例题1】用于治疗动物充血性心力衰竭的药物是（E）。

A. 樟脑　B. 咖啡因　C. 氨茶碱　D. 肾上腺素　E. 洋地黄毒苷

【例题2】强心苷类药物不具有的药理作用是（C）。

A. 正性肌力　B. 负性心率　C. 收缩血管　D. 继发性利尿　E. 心肌耗氧减少

【例题 3】强心苷的药理作用是（C）。

A. 正性肌力和平喘　B. 负性心率和平喘　C. 正性肌力和利尿
D. 正性心率和利尿　E. 利尿和平喘

【例题 4】用于治疗动物慢性心功能不全的慢作用强心苷类药物是（A）。

A. 洋地黄毒苷　B. 咖啡因　C. 地高辛　D. 氯化铵　E. 毒毛花苷 K

考点 2：抗凝血药与促凝血药的种类、药理作用和临床应用★★★

常用的抗凝血药有肝素、枸橼酸钠，它们具有抗凝血作用，临床上常用于输血、血样保存、实验室血样检查、体外循环以及防治具有血栓形成倾向的疾病，主要用于马和小动物急性血栓性疾病的治疗。肝素过量使用会导致出血，特效解毒药是鱼精蛋白。

促凝血药（止血药）既可通过影响某些凝血因子，促进或恢复凝血过程而止血，也可通过抑制纤维蛋白溶解系统而止血。常用的止血药有维生素 K、氨甲苯酸、酚磺乙胺（止血敏）、安络血等。酚磺乙胺能增加血小板的数量，增强其聚集性和黏附力，缩短凝血时间而产生止血作用。适用于各种出血，预防外科手术出血，应在手术前 15~30min 用药；安络血（安特诺新）用于手术后出血和产后子宫出血。

【例题 1】动物采血时，血样抗凝应选用的药物是（C）。

A. 酚磺乙胺　B. 维生素 K　C. 枸橼酸钠　D. 安络血　E. 叶酸

【例题 2】能增加血小板数量的药物是（E）。

A. 氨甲环酸　B. 维生素 K　C. 氨甲苯酸　D. 安特诺新　E. 酚磺乙胺

考点 3：抗贫血药的种类、药理作用、作用机理和临床应用★★

抗贫血药是指能增进机体造血机能、补充造血必需物质、改善贫血状态的药物。临床上常用的抗贫血药是用于防治缺铁性贫血和巨幼红细胞性贫血的药物。

缺铁性贫血是机体摄入的铁不足或损失过多，导致供造血用的铁不足所致。临床上常见的缺铁性贫血有哺乳期仔猪贫血和急、慢性失血性贫血等。铁制剂（如硫酸亚铁、右旋糖酐铁等）是防治缺铁性贫血的有效药物。

巨幼红细胞性贫血是机体摄入的叶酸不足或损失过多，导致叶酸不足所致。叶酸是防治巨幼红细胞性贫血的有效药物，与维生素 B_{12} 合用效果更好。

【例题】治疗仔猪缺铁性贫血的药物是（E）。

A. 叶酸　B. 维生素 K　C. 维生素 B_{12}　D. 酚磺乙胺　E. 右旋糖酐铁

第十二章 泌尿生殖系统药物

轻装上阵

如何学？

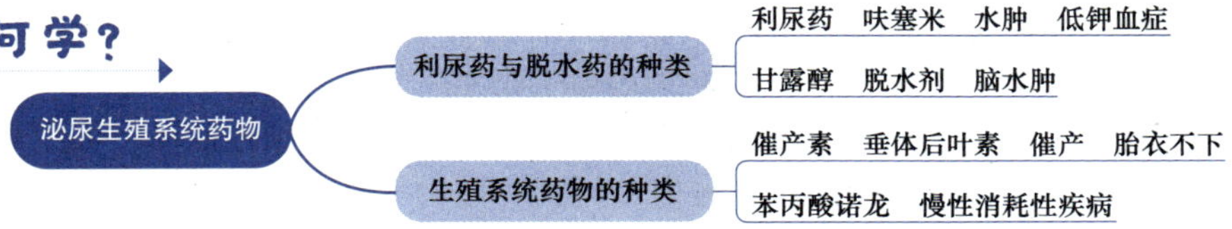

如何考？

本章考点在考试中主要出现在A1型题中，每年分值平均1分。下列所述考点均需掌握。对于重点内容，希望考生予以特别关注。

考点冲浪

考点1：利尿药与脱水药的种类、药理作用和临床应用★★★

利尿药是一类作用于肾脏，增加电解质和水的排泄，使尿量增多的药物，临床主要用于治疗各种类型的水肿、急性肾功能衰竭及促进毒物的排出。

脱水药又称为渗透性利尿药，是一类显著增加血浆渗透压、肾小球滤过率和肾小管内液量，产生利尿脱水作用的药物，临床主要用于消除脑水肿等局部组织水肿。

呋塞米（速尿）：利尿药，主要用于治疗各种原因引起的全身水肿及其他利尿药无效的严重病例，也可用于预防急性肾功能衰竭及药物中毒时加快药物排出。长期大量使用可诱发低钾血症、低钠血症、低钙血症。还应避免与氨基糖苷类抗生素合用。呋塞米有耳毒性，而氨基糖苷类药物（如庆大霉素）也具有强烈的耳毒性，二者合用具有协同作用，会增加耳毒性的风险。

氢氯噻嗪：为利尿药，用于治疗肝、心、肾性水肿，但大剂量或长期应用会引起体液和电解质平衡紊乱、导致低钾性碱血症。

甘露醇：为高渗性脱水剂，主要用于预防急性肾功能衰竭，降低眼内压和颅内压，辅助治疗脑水肿、脑炎。静脉注射时勿漏出血管外。

【例题1】应避免与呋塞米合用的抗生素（A）。

A. 庆大霉素　B. 红霉素　C. 阿莫西林　D. 泰妙菌素　E. 土霉素

【例题2】甘露醇的最佳适应证是（B）。

A. 肺水肿　B. 脑水肿　C. 肝性水肿　D. 乳房水肿　E. 肾性水肿

【例题3】能引起低钾血症的药物是（C）。

A. 高渗葡萄糖　B. 甘露醇　C. 氢氯噻嗪　D. 氨茶碱　E. 螺内酯

【例题4】适合治疗急性少尿症肾功能衰竭的药物是（A）。

A. 甘露醇　B. 氨茶碱　C. 氯苯那敏　D. 右旋糖酐　E. 螺内酯

考点2：生殖系统药物的种类、药理作用和临床应用★★★

生殖系统药物一般为性激素及其类似物，广泛用于控制动物的发情周期，提高或抑制繁殖能力，调控繁殖进程，治疗内分泌紊乱引起的繁殖障碍。

生殖系统药物主要有催产素、垂体后叶素、苯丙酸诺龙、孕酮、绒促性素等。

催产素（缩宫素）：子宫收缩药，主要用于产前子宫收缩无力时催产、引产及产后出血、胎衣不下和子宫复原不全的治疗。

垂体后叶素：子宫收缩药，主要用于催产，以及治疗产后子宫出血和胎衣不下等。

苯丙酸诺龙：具有促进蛋白质合成，促进骨骼生长，刺激红细胞生成等作用，临床用于慢性消耗性疾病的恢复期，也可用于贫血性疾病的辅助治疗。

孕酮（黄体酮）：主要用于预防习惯性或先兆性流产（安胎）和控制母畜同期发情。

绒促性素：具有促卵泡素（FSH）和促黄体素（LH）样作用，主要用于诱导排卵、同期发情，治疗卵巢囊肿、习惯性流产和公畜性机能减退。

【例题】兽医临床诊断中用于慢性消耗性疾病的恢复期，也可以用于某些贫血性疾病辅助治疗的药物是（D）。

A. 绒毛膜促性腺激素　　B. 垂体后叶素　　C. 雌二醇
D. 苯丙酸诺龙　　E. 促黄体素释放激素

第十三章　调节组织代谢药物

轻装上阵

如何学？

调节组织代谢药物——维生素、矿物质类药物的种类——维生素A　维生素D　维生素E　维生素B_1　亚硒酸钠

如何考？

本章考点在考试中主要出现在A1型题中，每年分值平均1分。对于重点内容，希望考生予以特别关注。

考点冲浪

考点：维生素、矿物质类药物的种类、药理作用和临床应用★★

维生素是维持动物体正常代谢和机能所必需的一类低分子化合物。维生素类药物主要用于防治维生素缺乏症，临床上也可用于某些疾病的辅助治疗。

维生素A：主要用于防治维生素A缺乏症所引起的角膜软化症、干眼症、夜盲症及皮肤粗糙等；也可用于皮肤黏膜炎症的辅助治疗。

维生素D：对钙、磷代谢和幼畜骨骼生长有重要影响，主要生理功能是促进钙、磷在小肠内正常吸收，调节肾小管对钙的重吸收，维持循环血液中钙的水平，并促进骨骼的正常发育。主要用于防治维生素D缺乏所致的疾病，如佝偻病、骨软症等。

维生素E：主要用于治疗因维生素E缺乏所致的不孕症、白肌病和雏鸡渗出性素质。

B族维生素：维生素B_1主要用于防治维生素B_1缺乏症，如多发性神经炎、疲劳和衰竭；还可用于牛酮血症、心肌炎的辅助治疗。维生素B_2主要用于防治维生素B_2缺乏症，如口炎、皮炎。

钙：钙制剂（如氯化钙、葡萄糖酸钙、碳酸钙等）具有促进骨骼和牙齿形成，保持骨骼的正常结构的作用，用于治疗软骨病、佝偻病、生产瘫痪等。

亚硒酸钠：在临床上作为硒补充药，主要用于治疗白肌病、雏鸡渗出性素质和脑软化。

【例题1】用于治疗犬干眼症的药物是（A）。

A. 维生素A　B. 维生素D　C. 维生素K　D. 维生素C　E. 维生素E

【例题2】对动物钙、磷代谢及幼畜骨骼生长有重要影响的药物是（D）。

A. 维生素A　B. 维生素B_1　C. 维生素C　D. 维生素D　E. 维生素E

【例题 3】用于防治动物骨软症的药物是（B）。

A. 维生素 A B. 维生素 D C. 维生素 K D. 维生素 C E. 维生素 E

【例题 4】亚硒酸钠可以用于防治仔猪的（A）。

A. 白肌病 B. 贫血 C. 佝偻病 D. 骨软症 E. 干眼症

【例题 5】可以治疗成年动物软骨病的药物是（A）。

A. 氯化钙 B. 硫酸铜 C. 氯化镁 D. 亚硒酸钠 E. 碘化钾

第十四章 组胺受体阻断药

轻装上阵

如何学？

组胺受体阻断药 — 组胺受体阻断药的种类和临床应用

- H_1受体阻断药 苯海拉明 抗过敏
- H_2受体阻断药 西咪替丁 胃溃疡

如何考？

本章考点在考试中主要出现在 A1 型题中，每年分值平均 1 分。对于重点内容，希望考生予以特别关注。

考点冲浪

考点：组胺受体阻断药的种类、药理作用和临床应用★★

组胺受体阻断药分为 H_1 受体阻断药和 H_2 受体阻断药。H_1 受体主要分布于皮肤血管、支气管和胃肠平滑肌，被激活后引起皮肤血管通透性增加，导致皮炎；呼吸道平滑肌痉挛，引起呼吸困难和哮喘；胃肠平滑肌痉挛，出现腹痛。H_2 受体主要分布在胃壁腺细胞上，被激活后增加胃酸的分泌。

H_1 受体阻断药能选择性对抗组胺兴奋 H_1 受体所致的血管扩张和平滑肌痉挛等作用。H_1 受体阻断药主要有苯海拉明、异丙嗪和马来酸氯苯那敏。

苯海拉明：主要用于治疗动物因组胺引起的过敏性疾病，如荨麻疹、药物过敏、过敏性皮炎、血清病、血管性水肿等具有充血、水肿、瘙痒等症状的皮肤和黏膜过敏反应。对于严重的过敏性疾病，一般先给予肾上腺素。

马来酸氯苯那敏（扑尔敏）：主要用于治疗过敏性疾病，如荨麻疹、过敏性皮炎和血清病等。

H_2 受体阻断药对 H_2 受体具有高度的选择性，能竞争性与胃壁腺细胞上的 H_2 受体结合，抑制胃酸分泌。H_2 受体阻断药主要有西咪替丁、雷尼替丁。

西咪替丁（甲氰咪胍）：为较强的组胺 H_2 受体阻断剂，能抑制胃酸分泌，并有一定的免疫调节作用。主要用于治疗胃炎、胃及十二指肠溃疡和急性胃肠出血等。

【例题 1】马来酸氯苯那敏抗过敏作用的机理是（B）。

A. 激动 H_1 受体 B. 阻断 H_1 受体 C. 激动 H_2 受体 D. 阻断 H_2 受体 E. 激动 N_2 受体

【例题 2】属于 H_1 受体阻断药的是（D）。

A. 阿托品　B. 普萘洛尔　C. 新斯的明　D. 苯海拉明　E. 肾上腺素

【例题 3】西咪替丁能阻断（C）。

A. M 受体　B. H_1 受体　C. H_2 受体　D. N_2 受体　E. N_1 受体

第十五章　解毒药

轻装上阵

如何学？

解毒药 —— 解毒药的种类和临床应用

- 非特异性解毒药　维生素C
- 金属络合剂　二巯丙醇　重金属中毒
- 碘解磷定+阿托品　有机磷中毒
- 亚甲蓝（美蓝）　亚硝酸盐中毒
- 亚硝酸钠+硫代硫酸钠　氰化物中毒
- 乙酰胺　杀鼠药氟乙酰胺中毒

如何考？

本章考点在考试中主要出现在 A1、A2、B1 型题中，每年分值平均 3 分。下列所述考点均需掌握。解毒药的药理作用等重点内容，希望考生予以特别关注。

考点冲浪

考点 1：解毒药的概念和种类★★

解毒药是指兽医临床上用于解救急性中毒的药物。解毒药分为非特异性解毒药和特异性解毒药。

非特异性解毒药是指能阻止毒物继续被吸收和促进其排出的药物，如诱吐剂、吸附剂、泻药和利尿药，如维生素 C。

特异性解毒药可以特异性地对抗或阻断毒物的效应，其本身并不具有与毒物相反的效应。特异性解毒药主要有金属络合剂、胆碱酯酶复活剂、高铁血红蛋白还原剂、氰化物解毒剂和氟中毒解毒剂。

【例题】除慢性中毒以外，无机毒物的致病特点之一是（D）。

A. 与毒物性质无关　B. 与机体整体无关　C. 对组织无选择性

D. 与毒物剂量有关　E. 潜伏期长

【解析】本题考查无机毒物中毒的特点。无机毒物中毒的特点主要包括可以引起急性或慢性中毒，对组织有严格的选择性，与毒物剂量密切相关。

考点 2：特异性解毒药的药理作用和临床应用★★★★★

金属络合剂：主要有二巯丙醇和二巯丙磺钠。二巯丙醇为竞争性解毒剂，应深部肌内注射，对急性金属中毒有效，动物慢性中毒时疗效不佳，主要用于解救砷、汞、金等金属中毒；二巯丙磺钠作用比二巯丙醇强，主要用于解救砷、汞中毒，也用于解救铅、镉中毒，一般采用肌内注射，静脉注射速度宜慢，本品为无色透明液体，混浊变色时不能使用。

胆碱酯酶复活剂：主要有碘解磷定（解磷定）和氯解磷定（氯解定）。

一般来说，对轻度有机磷中毒，可单独应用碘解磷定或阿托品控制中毒症状；但中度或重度有机磷中毒时，因碘解磷定对体内已蓄积的乙酰胆碱无作用，必须联合应用阿托品。阿托品能解除有机磷中毒症状，有助于磷酰化胆碱酯酶的复活，严重中毒时与胆碱酯酶复活剂联合应用，具有协同作用。

高铁血红蛋白还原剂：主要是亚甲蓝（美蓝），作用类似还原型辅酶Ⅱ高铁血红蛋白还原酶的作用，促进高铁血红蛋白还原为正常血红蛋白，并使血红蛋白重新恢复携氧功能。亚甲蓝主要用于解救亚硝酸盐中毒。

氰化物解毒剂：主要有亚硝酸钠和硫代硫酸钠。

氰化物中毒时，氰离子迅速与氧化型细胞色素氧化酶的三价铁结合，阻碍酶的还原，抑制酶的活性，使组织细胞缺氧，导致动物中毒。亚硝酸钠为氧化剂，能使血红蛋白中的二价铁氧化成三价铁，形成高铁血红蛋白，三价铁能使已与氧化性细胞色素氧化酶结合的氰离子重新释放，恢复酶的活力。亚硝酸钠主要用于解救氰化物中毒。

硫代硫酸钠能与体内游离的或已与高铁血红蛋白结合的氰离子结合，使其转化为无毒的硫氰酸盐并随尿排出。硫代硫酸钠主要用于解救氰化物中毒，也可用于解救砷、汞、铅、铋等中毒。

临床上一般先静脉注射亚硝酸钠，再缓慢注射硫代硫酸钠，解毒效果良好。注意禁止将两种药液混合静脉注射。

氟中毒解毒剂：乙酰胺（解氟灵）为有机氟杀虫和杀鼠药氟乙酰胺和氟乙酸钠中毒的解毒剂，其解毒机理是其结构与氟乙酰胺相似，乙酰胺的乙酰基与氟乙酰胺争夺酰胺酶，使氟乙酰胺不能转化为氟乙酸；乙酰胺被分解为乙酸，阻止氟乙酸对三羧酸循环的干扰，恢复组织的正常代谢功能。主要用于解救氟乙酰胺等有机氟中毒。

【例题1】二巯丙醇适用于解救动物的（B）。

A. 氢氰酸中毒 B. 汞中毒 C. 钙中毒 D. 马拉硫磷中毒 E. 硒中毒

【例题2】亚甲蓝适用于解救动物的（E）。

A. 铜中毒 B. 氰化物中毒 C. 有机氯中毒 D. 有机磷中毒 E. 亚硝酸盐中毒

【例题3】亚硝酸钠适用于解救动物的（A）。

A. 氰化物中毒 B. 重金属中毒 C. 有机氟中毒 D. 有机磷中毒 E. 磷化锌中毒

【例题4】可以用乙酰胺解救的动物中毒病是（A）。

A. 有机氟中毒 B. 亚硝酸盐中毒 C. 有机磷中毒 D. 有机砷中毒 E. 氰化物中毒

【例题5】与亚硝酸盐联合应用，解救动物氰化物中毒的药物是（D）。

A. 解磷定 B. 乙酰胺 C. 亚甲蓝 D. 硫代硫酸钠 E. 二巯丙醇

【例题6】解磷定用于解救动物严重有机磷中毒时，必须联合应用的药物是（B）。

A. 亚甲蓝 B. 阿托品 C. 亚硝酸钠 D. 氨甲酰胆碱 E. 毛果芸香碱

参考文献

[1] 陈耀星，崔燕 . 动物解剖学与组织胚胎学 [M]. 北京：中国农业出版社，2019.
[2] 董玉兰 . 动物解剖及组织胚胎学彩色实验教程 [M]. 北京：中国农业出版社，2018.
[3] 赵茹茜 . 动物生理学 [M]. 6 版 . 北京：中国农业出版社，2020.
[4] 陈守良 . 动物生理学 [M]. 4 版 . 北京：北京大学出版社，2012.
[5] 邹思湘 . 动物生物化学 [M]. 5 版 . 北京：中国农业出版社，2013.
[6] 马海田 . 动物生物化学 [M]. 6 版 . 北京：中国农业出版社，2023.
[7] 佘锐萍 . 动物病理学 [M]. 北京：中国农业出版社，2017.
[8] 郑世民 . 动物病理学 [M]. 2 版 . 北京：高等教育出版社，2021.
[9] 陈杖榴，曾振灵 . 兽医药理学 [M]. 4 版 . 北京：中国农业出版社，2017.
[10] 曾振灵 . 兽医药理学实验指导 [M]. 2 版 . 北京：中国农业出版社，2017.
[11] 陈杰 . 家畜生理学 [M]. 4 版 . 北京：中国农业出版社，2003.
[12] 中国兽医协会 . 2018 年执业兽医资格考试应试指南：兽医全科类 [M]. 北京：中国农业出版社，2018.
[13] 陈明勇 . 2011—2020 年全国执业兽医资格考试考试试卷汇编：兽医全科类 [M]. 北京：中国农业大学出版社，2021.